集成电路设计实验教程

主 编 赵 武

副主编 马晓龙 齐晓斐

邓周虎 张志勇

西安电子科技大学出版社

内 容 简 介

本书全面介绍了模拟集成电路和数字集成电路设计中实用性很强的EDA软件的使用。

本书分为上下两篇。上篇介绍模拟集成电路设计中电路图编辑与电路仿真、版图设计与验证(包括DRC、LVS、LPE和后仿真等)及其他高级仿真技术等。下篇介绍VLSI的设计流程以及逻辑仿真、逻辑综合、静态时序分析、版图综合、自动测试向量生成和形式验证等实用技术。书中所有实验皆给出了详细的实验步骤，便于读者自学与上机实践。本书结构合理，内容实用精练。

本书可作为高等院校微电子学、集成电路设计工程等专业本科生的集成电路设计实验教材，亦可供从事集成电路设计、生产和测试的科研人员参考。

图书在版编目(CIP)数据

集成电路设计实验教程/赵武主编. —西安：西安电子科技大学出版社，2015.2
高等学校电子信息类“十二五”规划教材
ISBN 978-7-5606-3546-0

Ⅰ. ① 集…　Ⅱ. ① 赵…　Ⅲ. ① 集成电路—电路设计—实验—高等学校—教材
Ⅳ. ① TN402-33

中国版本图书馆CIP数据核字(2015)第013914号

策　　划　戚文艳
责任编辑　马武装　董小兵
出版发行　西安电子科技大学出版社(西安市太白南路2号)
电　　话　(029)88242885　88201467　　邮　　编　710071
网　　址　www.xduph.com　　电子邮箱　xdupfxb001@163.com
经　　销　新华书店
印刷单位　陕西华沐印刷科技有限责任公司
版　　次　2015年2月第1版　2015年2月第1次印刷
开　　本　787毫米×1092毫米　1/16　　印　　张　14.5
字　　数　341千字
印　　数　1～3000册
定　　价　25.00元
ISBN 978-7-5606-3546-0/TN
XDUP 3838001-1

前　　言

自 1958 年 Jack Kilby 在 TI 发明第一块平面集成电路算起，历经五十余载，集成电路的集成度始终遵循着摩尔定律以指数的速度增长。当今，集成电路在制造工艺上已进入纳米尺度，而在规模上则可达到单个芯片容纳几十亿个晶体管的惊人数量。为了保证集成电路设计的可靠性、时效性，各种用于集成电路设计的计算机辅助设计(CAD)软件应运而生。为了进一步将设计人员从繁琐复杂的设计工作中解放出来，人们开发了可以部分或全部替代人工自动完成电路设计的软件，例如逻辑综合软件，称之为电子设计自动化(EDA)软件。毋庸置疑，没有 CAD 或 EDA 软件(以下统称 EDA 软件)工具，就不可能设计制造出有竞争力的芯片。所以，熟练掌握 EDA 软件的使用是集成电路设计工程的基本技能要求，也是一个芯片能否设计成功的关键因素之一。

集成电路设计 EDA 软件可分为模拟/射频和数字 EDA 软件。模拟/射频 EDA 软件注重于电路性能的仿真、版图的设计与验证等。它所处理的电路规模通常并不大，其核心在于仿真，主要是验证电路指标能否达到设计要求。而现代数字集成电路的规模通常非常大，设计中要较多地考虑系统的功能，设计人员通常会借助 EDA 软件完成大量的设计工作，所以数字 EDA 软件的核心在于综合。当然，两者会有交集，例如 VLSI 设计中的标准单元电路就需要用模拟 EDA 软件进行设计。本书中，我们将向读者介绍模拟和数字集成电路设计中几种常用专业 EDA 软件的使用。本书所介绍的 EDA 软件都是在工业界长期应用的，在实用性、稳定性等方面得到肯定的软件。

本书上篇以 Cadence 公司的模拟集成电路设计软件组 IC5141 和其版图设计软件组 Assura 为主线，介绍全定制模拟集成电路的设计、仿真、版图设计与验证等。其中，第 1 章概述模拟集成电路的设计流程及各主要设计步骤的功能，使读者初步了解模拟集成电路的设计过程。第 2～6 章介绍了 IC5141 中电路图的输入、层次化电路结构设计及应用模拟设计环境(ADE)进行电路仿真等内容。第 7 章介绍了版图编辑设计组件 Virtuoso 的使用。第 8～11 章分别介绍了应用 Assura 相关组件进行设计规则检查(DRC)、版图与电路图一致性检查(LVS)、寄生参数提取(RCX)和后仿真等功能。第 12 章通过两个综合实验，介绍了 Cadence 的交互式版图设计、工艺角仿真等技术。

本书下篇以一个 UART 的设计为例，详细介绍了 VLSI 设计流程中主要 EDA 软件的使用。其中，第 13 章概述了 VLSI 的设计流程，并对后面设计中所要用到的 TCL 脚本(Script)语言进行了简要介绍。第 14 章讲述了逻辑仿真软件 ModelSim 的使用。对该软件的时序仿真、波形追踪和代码覆盖等高级功能进行了详细介绍。第 15 章介绍了 Synopsys 公司的逻辑综合软件 Design Compiler(DC)的使用，分别以图形界面和脚本操作的方式，详述了 DC 的约束设置、优化综合等，并对可测试性设计(DFT)的综合进行了介绍。第 16 章介绍了静态时序分析软件 Prime Time。第 17 章通过对版图综合软件 SOC Encounter 的介绍，使读者熟悉应用标准单元进行 VLSI 设计的自动布局、自动布线等功能。自动测试向量生成是集成电路测试与可测性设计的重要内容，在第 18 章介绍了测试向量自动生成软件 TetraMAX 的使用。随着形式验证理论的不断完善，其实用的 EDA 软件也在 VLSI 设计中逐渐得到广泛应用。第 19 章介绍了常用的形式验证软件 Formality 的使用。

集成电路设计是一项实践性非常强的专业技术。从业人员不但需要掌握集成电路设计的基本理论，而且必须有相当程度的专业实验训练。同时，集成电路设计的训练过程也是繁复的，这就要求设计人员能熟练应用不同 EDA 软件的功能，并熟悉不同软件的输入输出工艺文件等。EDA 软件在应用层面不仅仅只是通过点击软件界面的各种菜单项与工具图标完成设计的，对于一个芯片的设计，应该从项目管理、设计规划着手，并遵循严谨的设计流程，才能保证设计结果的正确性。将这一复杂的设计过程通过 Script 语言编写为设计规范，不仅可以保证设计的正确性，还会大大缩短设计时间。集成电路设计实验课程就是要将设计理论与 EDA 软件的使用相结合，通过若干实验实例，使学生掌握现代集成电路设计的基本流程及主流 EDA 软件的使用，从而具备从事集成电路设计的基本技能。

书中所有实验的完整内容，可联系作者(E-mail：zhaowu@nwu.edu.cn)免费索取。

本书可作为微电子学与固体电子学、集成电路设计工程及相关专业本科生的集成电路设计实验教材，也可供从事集成电路设计、生产与测试等的科研人员参考。

由于集成电路设计所用 EDA 软件种类多样、功能繁杂，加之编写时间仓促，书中难免有不妥甚至错误之处，望读者不吝赐教。

编　者

2014 年 7 月

目　　录

上篇　模拟集成电路设计

下篇 数字集成电路设计

上篇　模拟集成电路设计

第 1 章　模拟 IC 设计概述

1.1　模拟 IC 设计流程

集成电路是指采用一定的工艺，把一个电路中需要的晶体管、二极管、电阻、电容和电感等元件及布线互连在一起，制作在一小块半导体晶片或介质基片上，然后封装在一个管壳内形成的具有所需电路功能的微型结构。其中，所有元件在结构上已经形成一个整体。集成电路使电子元件向着微小型化、低功耗和高可靠性方面迈进了一大步。

集成电路又分为模拟、数字及混合信号集成电路。

模拟集成电路主要是指用来产生、放大和处理各种模拟信号的集成电路。

完成一个集成电路的设计需要多个步骤，不管是数字集成电路、模拟集成电路还是混合信号集成电路设计，都要遵循一定的设计流程，在设计流程的不同阶段，有相应的 EDA 工具支持。图 1-1 给出了一个简单的模拟集成电路设计流程，其中电路设计阶段的主要步骤有：规格与指标制定，电路设计，电路仿真，版图设计，版图验证，寄生参数提取与后仿真等。

1. 规格与指标制定

设计规格的定义需要系统设计人员和客户进行细致的沟通，明确设计的目标，然后由设计人员制定相应的设计规格。实际中，由于成本和性能的要求，可能需要在各种性能之间进行折中，有些折中是相当复杂甚至是非常痛苦的。不管怎样，一份清晰、完善、合理的设计规格对整个设计是至关重要的。

规格定义给出的设计指标在很大程度上影响着所能选用的工艺和具体的电路结构，通常在设计规格定义好之后，都会尽可能广泛地选择工艺流程，并精心设计电路的结构以满足规格定义的要求。

2. 电路设计

电路设计是整个设计过程中最具创造性的环节，也是逐步实现规格定义中各个性能指标的过程，要求设计人员具有对实际系统进行建模的能力，建立的模型要能全面体现系统的性能，并思考改进系统性能的方法，设计人员要根据建模得到的结构，找出合适的电路结构。

3. 电路仿真

在手工计算对电路进行设计之后，应用仿真软件对电路进行仿真是必不可少的。因为手工计算的模型都是忽略了很多高阶效应之后的模型，和实际的电路性能还有一定的差距。

而仿真软件可以计算更复杂的效应，得到更为精确的结果。

需要指出的是，虽然仿真软件比手工计算更为精确，但绝不意味着仿真可以代替手工的设计和计算，仿真只是用来验证手工计算的结果。

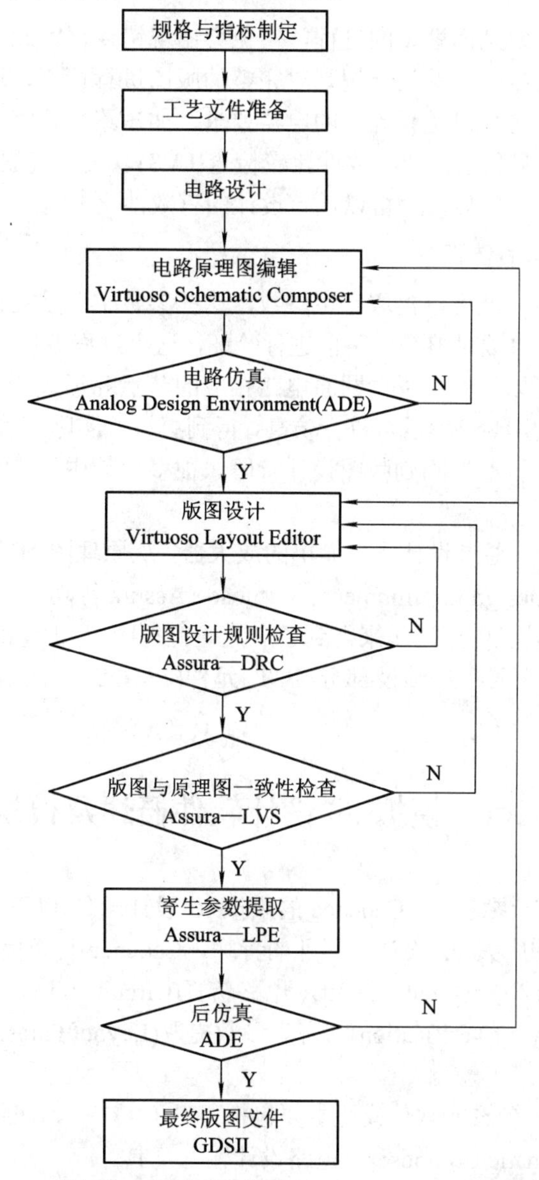

图 1-1　模拟集成电路设计流程(以 Cadence 公司 EDA 为例)

4. 版图设计

最终的电路是要做在硅片上的。版图的设计就是按照一定的设计规则，将电路仿真阶段得到验证的结构用物理层次的几何图形表达出来。在版图设计时，要充分考虑到模拟版图对电路性能的影响，要有合理的电路芯片版图布局。一个模拟电路芯片的成败有一半取决于版图的设计，特别是在特征尺寸不断缩小的情况下，版图设计显得更加重要。

对于不同的工艺，版图规则可能有不同的要求，设计人员需要在版图设计之前认真研读。模拟集成电路的版图设计几乎都是全定制的设计方法，需要设计人员对工艺知识和版图规则有比较深入的理解。

5. 版图验证

版图的设计是一个复杂而繁琐的过程，难免会出现错误，因此对版图的验证是必不可少的。版图验证就是依据一定的设计规则对完整的版图进行检查，这个规则可以是代工厂提供的设计规则文件，也可以是设计上的电器要求，如短路、开路等。版图验证需进行设计规则检查(DRC)、版图和原理图一致性比较检查(LVS)以及电气规则检查(ERC)等，只有确认所有的检查都完全正确后，才可以认定设计的有效性。

6. 寄生参数提取与后仿真

版图设计完成之后，就可以提取寄生参数，这些参数主要是元件互连引入的寄生电阻和电容，加入这些寄生参数对整个电路再进行验证，这个过程被称为“后仿真”。一旦完成寄生参数的提取，就可以把结果反标回原电路相应的节点并形成新的网表文件，从而得到更符合实际版图情况的网表，然后再进行仿真，得到更符合实际芯片工作情况的信号波形。若得到的结果不满意，就要返回到版图设计阶段。很多设计中，需要在版图设计和后仿真之间多次反复。

本书针对以上流程，通过设计一个简单的放大器，从原理图到最终的版图，对 Cadence 的 Composer、Analog Design Environment、Virtuoso、Assura 等功能模块逐一进行简单介绍。

由于 CMOS 模拟集成电路近年来得到了广泛研究与应用，所以本书的实验实例主要以 CMOS 工艺为主，在实验中也涉及部分 BJT 元件(CMOS 工艺中的双极元件)及其简单应用。

1.2　Cadence 模拟 IC 设计软件概述及模块功能介绍

作为流行的 EDA 工具之一，Cadence 的模拟 IC 设计软件(以下简称为 Cadence)一直以来以其强大的功能受到广大 IC 设计工程师的青睐。Cadence 可以完成整个 IC 设计流程的各个方面，如电路图输入(Schematic Input)、电路仿真(Circuits Simulation)、版图设计(Layout Design)、版图验证(Layout Verification)、寄生参数提取(Layout Parasitic Extraction)以及后仿真(Post Simulation)等。

Cadence 的全定制 IC 设计软件模块主要包括：

(1) Virtuoso Schematic Composer：电路设计输入工具。

(2) Analog Design Environment：混合信号仿真环境。

(3) Virtuoso Layout Editor：版图设计工具，支持参数化单元设计。

(4) Spectre：高级电路仿真引擎。

(5) Virtuoso Layout Synthesizer：直接的 layout 生成工具。

(6) Assura：版图验证工具。Assura 具有完全的图形界面，并可以整合到 Virtuoso 的主界面中，是性能全面的版图验证工具(主要包括 DRC、ERC、LVS 及 LPE-RCX 等功能)，支持交互式和批处理操作，适用层次化的处理，能够快速、高效地识别和改正设计规则错误。

另外，Cadence 还有两个版图验证工具：Diva 和 Dracula，它们本身已整合在 IC5141 中，在工艺文件支持的情况下也可以使用。

1.3　Calibre 版图验证工具简介

Calibre 是 Mentor Graphics 公司提供的深亚微米集成电路的物理验证工具。它可以完成与 Cadence 的 Assura 工具相同的功能。它既可以单独使用，也可以嵌入 Cadence 到版图设计工具 Virtuoso 的界面中，便于用户操作。因为其具有强大的版图验证能力与处理速度，所以在版图验证中得到广泛使用。几乎所有 Foundry(半导体厂商)都有支持 Calibre 的版图验证文件，读者如有兴趣可以参考有关 Calibre 的相关文档进行学习。

1.4　Cadence 的 help 文档使用

在目录<Cadence 安装目录>/doc 下是 Cadence 所有帮助的文档，包括各种工具的使用手册、设计指导等，有 pdf 和 html 两种格式，软件使用中有问题时可打开参考。

第 2 章　运行 Cadence 与建立库

2.1　建立个人工作目录

在登录服务器后，于桌面空白处点击右键，弹出一个快捷菜单，选择打开终端(Open Terminal)，在桌面上就会出现如图 2-1 所示类似界面。

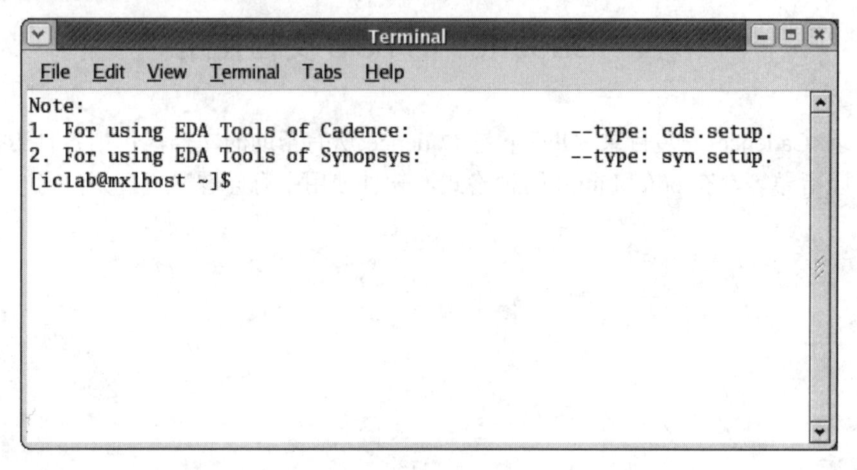

图2-1　Linux终端界面

打开终端后，默认是在当前登录的用户根目录下，为了不致混乱，可以建立自己的工作目录。例如，在终端中输入：

```
mkdir   analogLab
```

其中 analogLab 为自己命名的目录名称，可以用自己名字的拼音作为工作目录名称，然后进入自己的工作目录，例如：

```
cd   analogLab
```

2.2　启动 Cadence 之前的准备工作

2.2.1　环境配置文件的调用与设置

初次启动 Cadence 之前需要如下一些配置文件：

.cshrc：有关 Cadence 工作的环境变量，如 Cadence 软件路径及 license 等。

.cdsenv：包含 Cadence 各种工具的一些初始设置。

.cds.lib：用户库的管理文件，在第一次运行 Cadence 时会自动生成。

.cdsinit：包含 Cadence 的一些初始化设置以及快捷键设置等。

实际上，服务器上已将各配置文件写好，一般不需改动，只要在终端中执行以下命令：

```
cds.setup
```

则 Cadence 的相关配置文件就会自动调用或生成。

2.2.2　工艺文件准备

在设计电路过程中，需要各种工艺文件，特别是由半导体厂商(Foundry)提供的工艺库及相关文件。下面列出本教程可能用到的文件及其存放路径，以便设计者应用。

工艺文件(TF，Technology Files)：是由 Foundry 提供的，其中包括了元件的符号与各种元件模型文件、版图设计中的图层信息与设置、版图的各种检查规则文件等。本教程中所使用的 TSMC 0.18 μm 1P6M CMOS 工艺的 TF 文件路径为

```
/usr/edatools/techlib/analoglib/tsmc18/t018pdk1p6m
```

TF 文件为 techfile。实验中出现的相关工艺库设置文件等，可以在上述路径下查找。

显示控制文件(display.drf)：设置了 Foundry 的工艺库后，视窗显示将可能不同于 Cadence 初始化后的视窗。可以通过设置，将 Foundry 的显示文件(display.drf)与原视窗显示合并。本教程用到的 display.drf 文件位于以下路径：

```
/usr/edatools/techlib/analoglib/tsmc18/t018pdk1p6m
```

使用中可以将以上路径下的文件 display.drf 拷贝到自己的工作目录下。例如将 TF 文件拷贝到上面所建的用户工作目录，可以在 Terminal 中输入以下命令并执行，其中的<用户名>为分配给设计者的用户账号名。

```
cp /usr/edatools/techlib/analoglib/tsmc18/t018pdk1p6m/techfile /home/<用户名
>/analogLab
```

2.3　启动 Cadence

配置文件设置好后，就可以启动 Cadence。输入命令

```
icfb&
```

出现 Cadence 的初始界面，如图 2-2 所示。

图 2-2　Cadence IC51 启动界面

然后就会打开 Cadence 的命令解释窗口(CIW，Command Interpreter Window)，如图 2-3 所示。

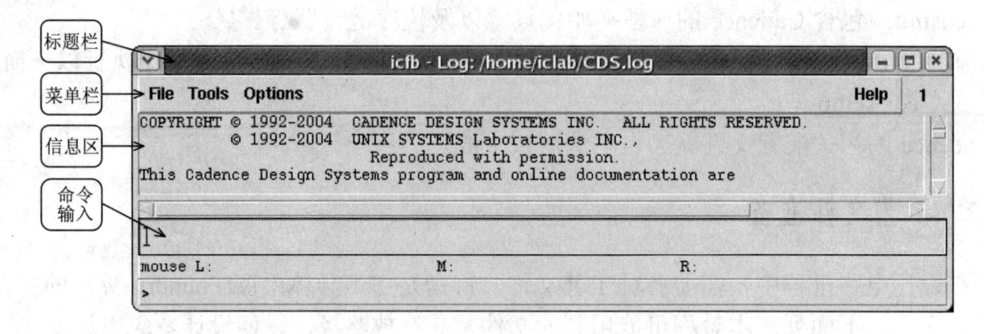

图 2-3　Cadence 命令解释主窗口

CIW 是 Cadence 的集成设计环境，Cadence 的大部分工具都可以在这里打开。其中最上方是标题栏；第二行是菜单栏；中间部分是信息(输出)区，许多命令执行的结果在这里显示，一些出错信息也在这里显示，要学会从信息区中获取相关的信息；接下来一行是命令输入行，Cadence 的许多操作可以通过鼠标执行，也可以通过在此输入命令来执行。

此外，第 1 次启动时还将有一个 What' New 窗口，用户可直接将其关闭。

2.4　添加已有设计库

进行电路和版图等设计时，需要 Foundry 提供的工艺文件，它们组织在一个专门的设计库中，只有将其加入 Cadence 的库管理(Library Manager)列表中，在以后的设计中就可以方便使用。点击 CIW 窗口的菜单栏 Tools→Library Path Editor，会打开库路径编辑器(LPE，Library Path Editor)窗口，如图 2-4 所示。

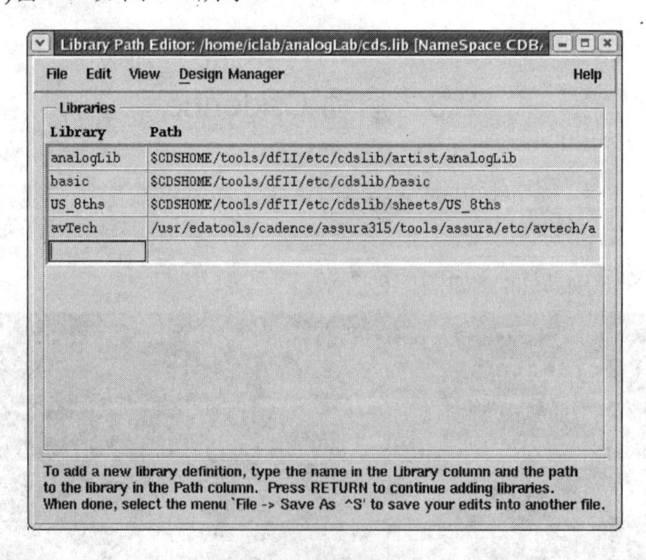

图 2-4　LPE 窗口

点击 LPE 窗口中的菜单选项 Edit→Add Library，在新出现的窗口中依次点击 Go up a

directory→usr→edatools→techlib→analogtech→tsmc18→t018pdk1p6m→tsmc18rf(库名 tsmc18rf 在窗口右边的 Library 列表栏中)，选择 tsmc18rf 并点击 OK，LPE 窗口变为如图 2-5 所示。

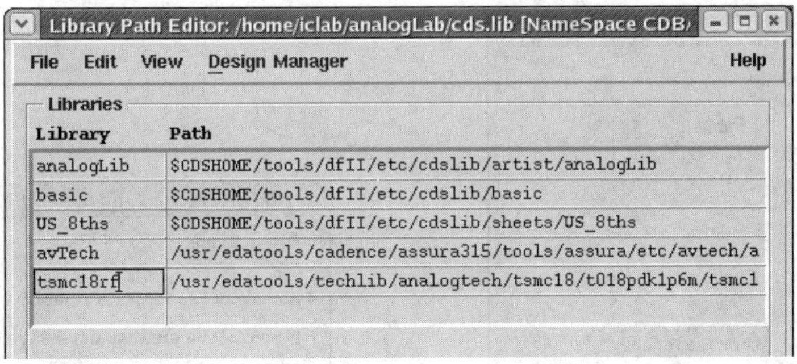

图 2-5　添加库的 LPE 窗口

然后再点击 Library Path Editor 窗口中的菜单选项 File→Save As，将添加的库文件保存。这样在设计中就可以使用 tsmc18rf 库中的元件、元件模型、单元版图等。

添加其他已存的设计库，与上述的操作完全相同。

2.5　建立个人工作库

Cadence 是以库来组织设计文件的。为了使我们的工作和系统中的其他库有区别，需要建立自己的工作库。有两种方法建立新工作库：一种是通过 CIW 窗口中的菜单栏 Tools→Library Manager 打开库管理器来建立新库；另一种是通过 CIW 窗口中的 File→New→Library 来建立新库。这里我们用第一种方法建立新库。单击 CIW 窗口菜单栏 Tools→Library Manager，会打开 Library Manager(LM)窗口，如图 2-6 所示。

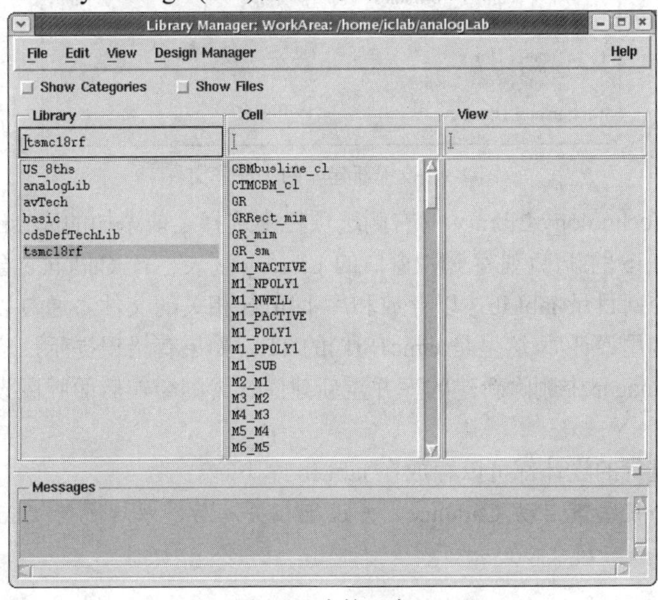

图 2-6　库管理窗口

该窗口中 Library 一栏列出了当前已有的库，其中 tsmc18rf 是我们在 2.4 节中添加的设计库。点击 Library Manager 窗口中的 File→New→Library，打开 New Library 窗口，如图 2-7 所示。

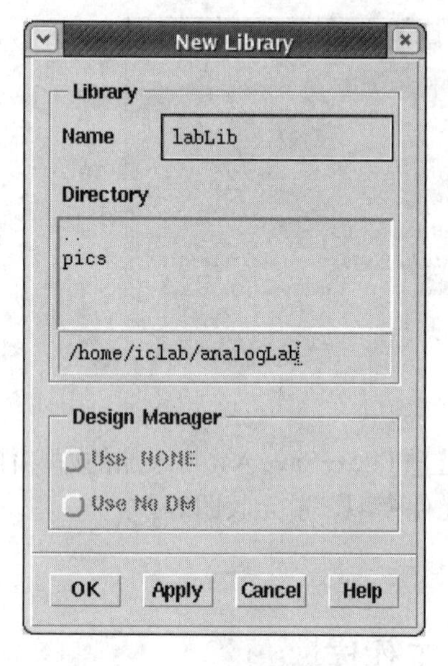

图 2-7　新建库窗口

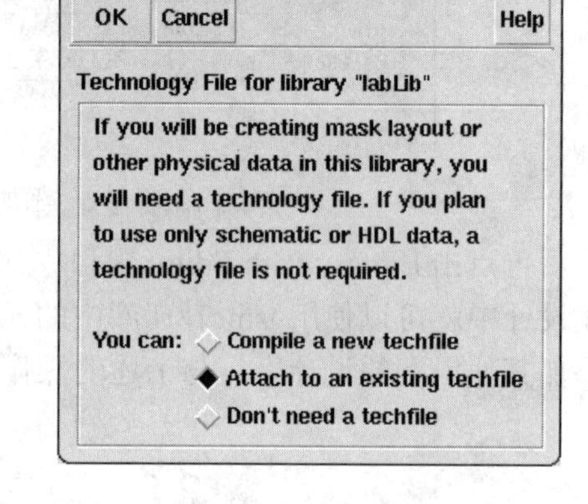

图 2-8　Technology File 设置窗口

在 Name 一栏输入要新建的库名，如 labLib，然后单击 OK，出现 Technology File 设置窗口，如图 2-8 所示。因为我们后面设计中要用到 tsmc18rf 库中的 TF 文件，这里我们选择第二项 Attach to an existing techfile，点击 OK 确定。出现 Attach Design Library to Technology File 窗口，如图 2-9 所示。

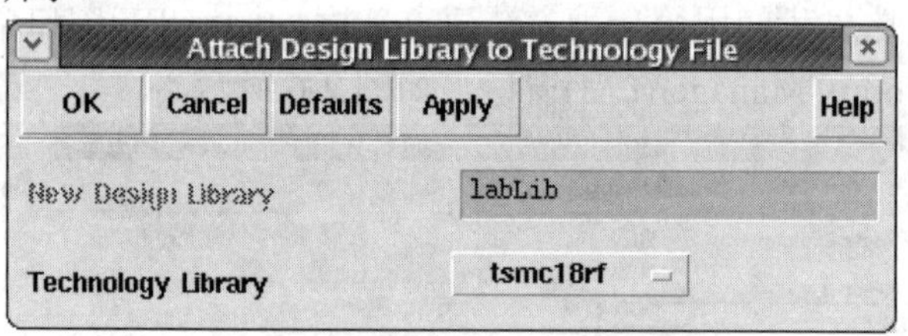

图 2-9　设置新建库的关联库文件

这里我们在 Technology Library 的右侧选项栏中选择之前添加的库 tsmc18rf，确定后，就会建立名为 labLib 的新库(观察 LM 窗口的 Library 列表栏)。Cadence 会在当前的工作目录下自动生成一个新目录 labLib，以存放和库 labLib 相关的文件。通过以上设置，用户工作库就可以方便调用设计库(这里是 tsmc18rf)的 TF。如果有错误提示，应仔细阅读错误内容，在 Library Manager 中删除新建的库并重新建库，否则会在后面版图设计时出现没有指定图层等内容。

现在，我们进行的设计都可以存放在 labLib 库下。

注意：在一个目录下启动 Cadence，并设置相关库后，以后运行 Cadence 也最好在同一目录下！

第 3 章　电路图输入——Composer

Cadence 用于电路图输入的工具称为 Composer。本章将通过一个单管 NMOS 放大器(PMOS 二极管负载)来简单介绍电路图的输入操作。

3.1　新 建 电 路 图

类似于新建一个库，有两种办法可以新建电路图：一种是通过库管理器；另一种是通过 CIW 菜单新建。这里我们通过 CIW 来新建电路图。

在 CIW 窗口中，File→New→CellView，弹出新建对话框，如图 3-1 所示。

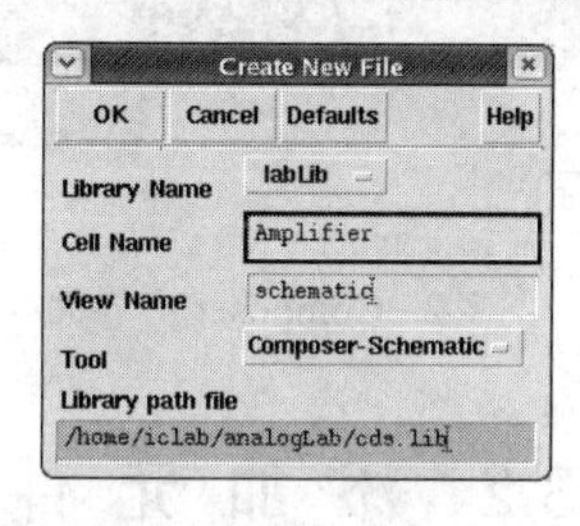

图 3-1　新建原理图

于 Library Name 栏选择自己的工作库，如 labLib；于 Cell Name 栏输入要创建的电路图名字，如 Amplifier；于 Tool 栏选择电路编辑工具 Composer-Schematic，此时 View Name 栏自动变成 schematic。最后单击 OK，这样就会弹出 Composer 主界面，如图 3-2 所示。

Composer 主界面包括标题栏、菜单栏、工具栏、状态栏、提示区以及工作区等。状态栏会提示当前的命令以及所选择的目标个数；提示区会提示当前应执行的操作。作为初学者，在设计电路过程中应该仔细阅读提示区中的信息。此外，还需要注意：

(1) Composer 中多数命令在执行后会一直保持，直到你调用其他命令替代它或者按 ESC 键取消，尤其在执行 Delete 命令时，忽视这一点有可能会误删，一定要多加小心！Composer 的 Undo 操作默认只能进行一次(可以在 CIW 窗口的 Option→User Preferences 中修改，最多可以是 10)。所以每完成一次命令执行，记得按 ESC 取消当前命令。

(2) 点击工具栏的 Zoom In 和 Zoom Out 按钮可以放大缩小电路图。键入快捷键 f 可以将电路自动缩放到整个工作区。

(3) 编辑电路图的过程中要注意及时保存，保存方法是直接点击工具栏最上端带有对号的那个图标——检查与存储，也可以点击菜单栏→Design→Save，还可以键入快捷键 Shift+s 来保存——存储。

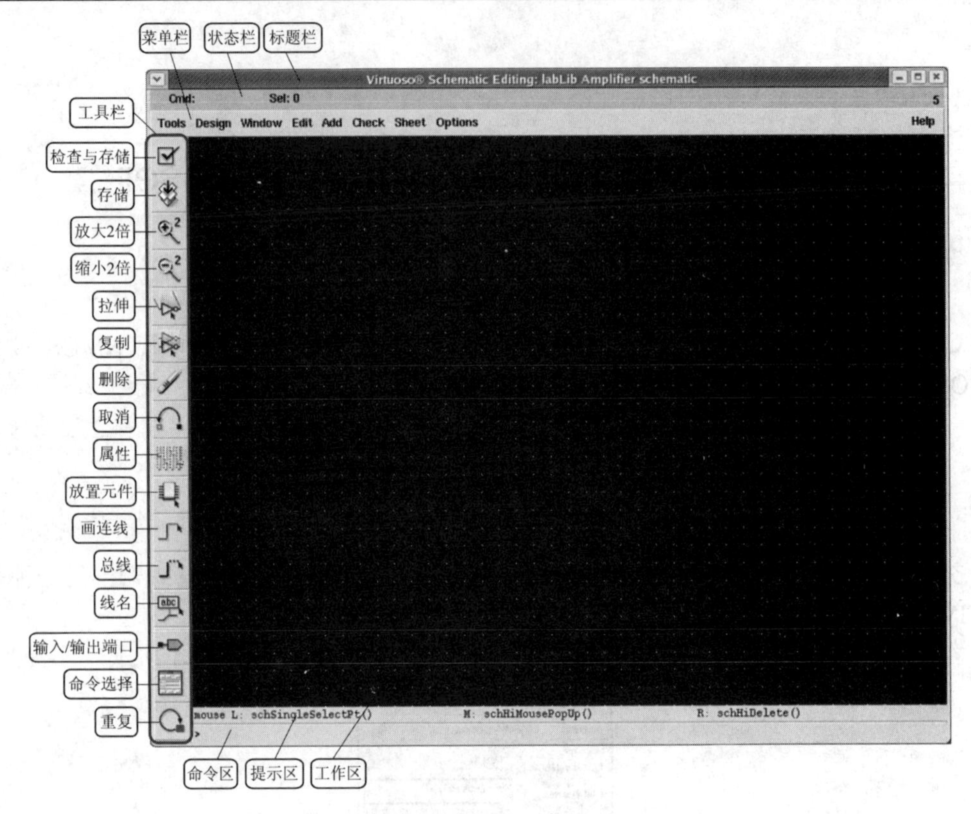

图 3-2　Composer 主界面

3.2　添 加 元 件

现在，我们开始进行放大器 Amplifier 的电路图输入。此放大器电路包括 PMOS(负载)、NMOS、VDD、GND 等。

开始添加元件，有三种不同方法：① 菜单栏→Add→Instance；② 工具栏 Instance；③ 键入快捷键 i。将弹出如图 3-3 所示的对话框。

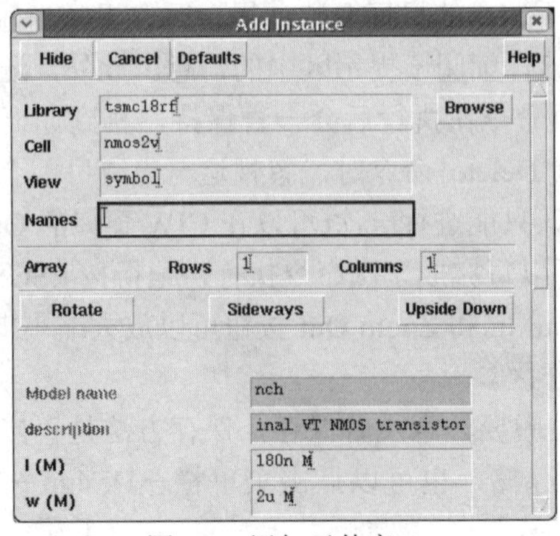

图 3-3　添加元件窗口

点击 Browse 按钮，弹出库浏览器，如图 3-4 所示。

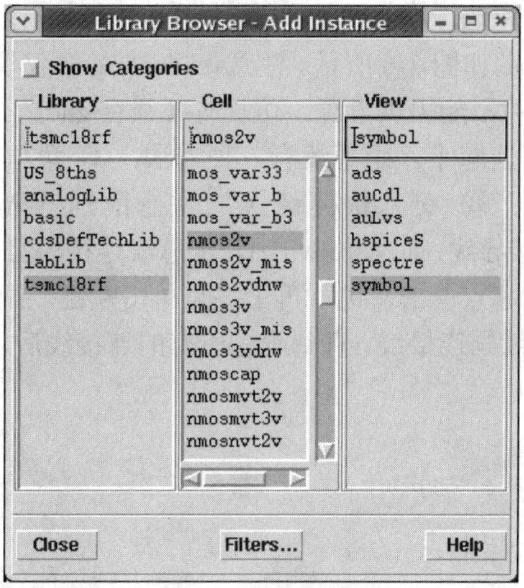

图 3-4　库浏览器

依次点击 tsmc18rf→nmos2v→symbol，再单击 Close。刚才的添加元件窗口发生变化，如图 3-5 所示。可发现 Library、Cell、View 等都自动填上了相应的信息，同时多出了一些参数列表(拖动滚动条可以看到更多信息)。点击 Hide 隐藏当前窗口，此时鼠标对应一个 NMOS 的 symbol，此时按 r 键，可以旋转 NMOS，移动 NMOS 到合适的位置点击鼠标左键将其放下。如果要放置更多的 NMOS，继续点击鼠标左键，否则按 ESC 键取消当前的放置元件命令。

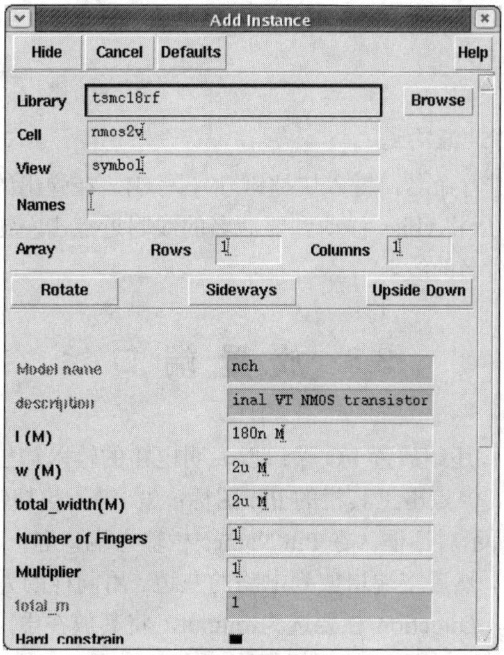

图 3-5　添加元件窗口

同样的方法继续放置 PMOS 晶体管，对应的元件名称为 pmos2v。

此外，还要放置电源和地，电源和地在 analogLib 库中，对应的元件名为 vdd、gnd。放置完所有元件后的原理图如图 3-6 所示。注意，vdd 与 gnd 仅仅是全局电源与地标识，并不是独立电源元件，vdd 并不能提供电源。仿真时必须有 gnd，否则仿真不收敛。

现在要用导线把元件连起来。画导线有三种方法：① 菜单栏→Add→Wire(narrow)；② 工具栏 Wire(narrow)；③ 键入快捷键 w。注意区别 Wire(narrow)与 Wire(wide)，Wire(narrow)表示普通连接导线，而 Wire(wide)表示总线连接。总线连接的快捷键是大写 W。

进入连线命令后，于起点单击左键，再于终点单击左键。画完一段导线后，此时并没有退出画线命令，可以继续画连接线，直到画完所有的连接线后，按 ESC 键退出画线命令。连好线的电路图如图 3-7 所示。

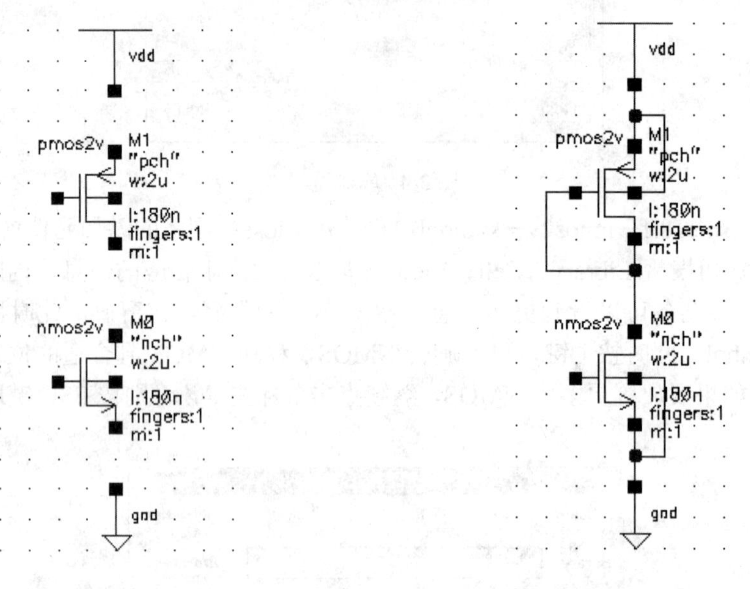

图 3-6　放置完电源与地　　　　图 3-7　连线

还可以对画好的线进行命名，键入快捷键 l(小写 l)，在弹出的对话框中输入线名，比如 vbias，点击 Hide，然后将 vbias 移动到要命名的线附近点击左键放下，如果名字离线较远，则要求再单击所要命名的线。

3.3　放置端口

完成 3.2 节工作以后，还须放置 I/O 端口以表明电路的输入输出。放置端口有三种方法：① 菜单栏→Add→Pin；② 点击工具栏的 Pin 图标；③ 键入快捷键 p。执行完放置端口命令后，会弹出如图 3-8 所示对话框。在 Pin Names 栏输入端口名，比如 vin，Direction 栏选择 input，点击标签 Hide，然后将端口放到电路的左边。用同样的方法再放置输出端口，Pin Names 栏输入名称 vout，Direction 栏要选为 output，将其放在电路的右边。最后键入快捷键 w，将放置的输入 Pin(vin)与 M0 的栅极相连，输出 Pin(vout)与 M0 的漏极相连。最终完成的电路图如图 3-9 所示。

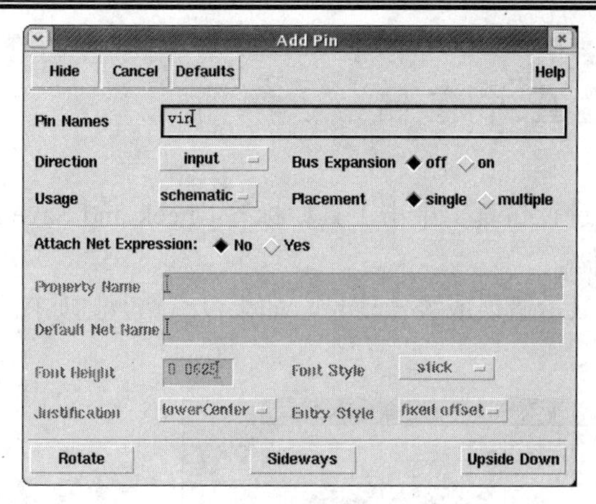

图 3-8　放置端口

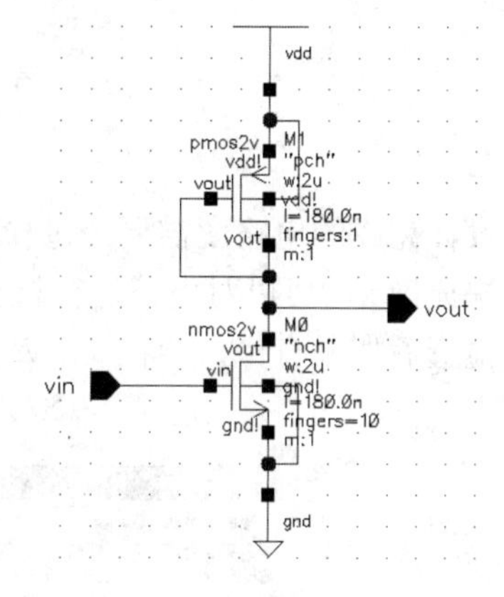

图 3-9　最终的电路图

3.4　设置元件参数

元件放置后，可对其参数进行设置，有三种办法：① 菜单栏→Edit→Properties→Objects，再点击要修改参数的元件；② 选中元件，再点击工具栏 Property；③ 选中元件，再键入快捷键 q。

参数可以是以下三种形式的各种数学组合表达式：① 常量；② 变量；③ Skill 语言函数(Skill 是 Cadence 为其 EDA 工具开发与应用所创建的语言)。变量作参数会在后面仿真时用到。

例如，在图 3-9 中单击 nmos2v(M0)，它就会被一个白色方框包围。然后键入快捷键 q，就会弹出属性编辑对话框，如图 3-10 所示。

在 Number of Fingers 栏填入 10(表示 M0 的叉指数为 10)，点击 Apply 按键，则 total_width(M) 栏的参数值变为 20 μm(total_width = w × Number of Fingers)，同时电路图中的 M0 的 fingers 等号后的值显示为 10。调用 tsmc18rf 库中元件后，其某些参数已经默认填好了，并不能更改，例如 Model name 栏填的 nch；而某些参数虽有默认的值，但是可以更改，如栅长 l、栅宽 w 等。设置好元件参数的电路如图 3-9 所示。对于其他库中元件，参数设置对话框可能有所不同，需根据具体情况进行编辑。

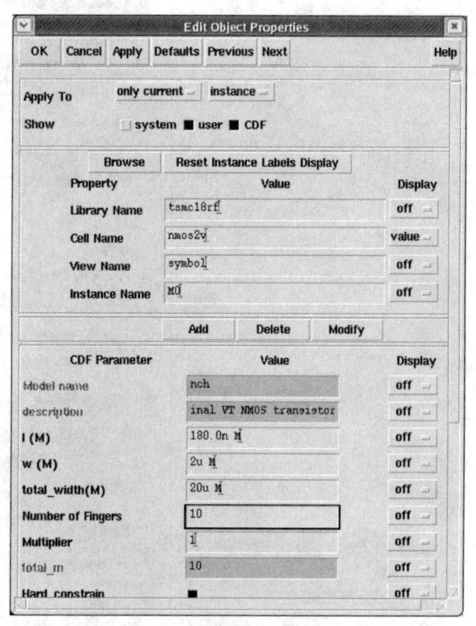

图 3-10　元件属性编辑对话框

注意：① 设置参数时，不要自己输入单位，系统会自动加上。比如 0.18 μm 是错误的。如果要自己写单位，也要和数值之间留一个空格，否则系统会把 M 识别为变量；② 元件的参数也可以在放置元件时就进行设置。

3.5　检查并存储

设计完成的电路图需要经过检查方能进行仿真。单击工具栏标签 Check and Save 或者键入快捷键 x，可以对电路进行检查并存储。

检查后如果有错，会在 CIW 窗口中显示错误或警告信息。如果没有错，则如图 3-11 所示。

图 3-11　检查电路正确后 CIW 中的提示信息

3.6　打印输出

如果需要打印输出，可以单击菜单栏→Design→Plot→Submit，弹出如图 3-12 所示对话框，进行打印与输出设置。Plot 栏中设置所要打印的单元视图，Plot Scope 栏用于设置层次化设计时的打印内容，Plot With 栏选择是否打印其他一些选项。

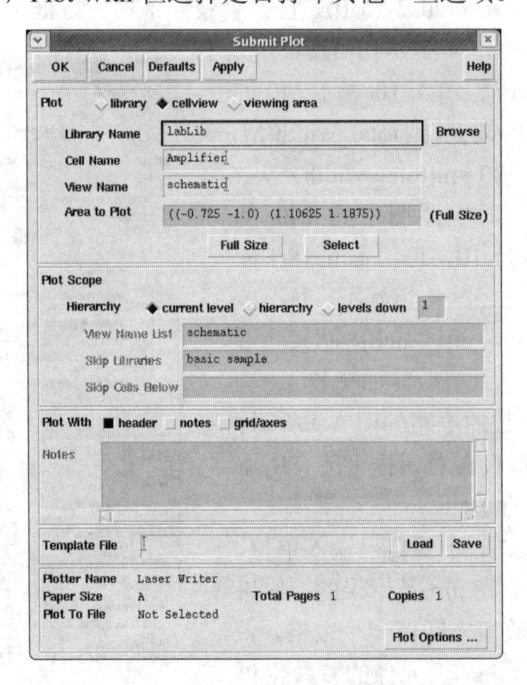

图 3-12　打印输出主窗口

点击右下角的 Plot Options 进行打印选项设置，如图 3-13 所示。我们关注的是，如需要将图形存为文件，可选中 Send Plot Only To File 并在其后的对话框中填写文件路径和文件名，如：./Amplifier_sch.eps，文件类型为 eps 格式。如需在打印机上直接打出，应该去掉此选项。

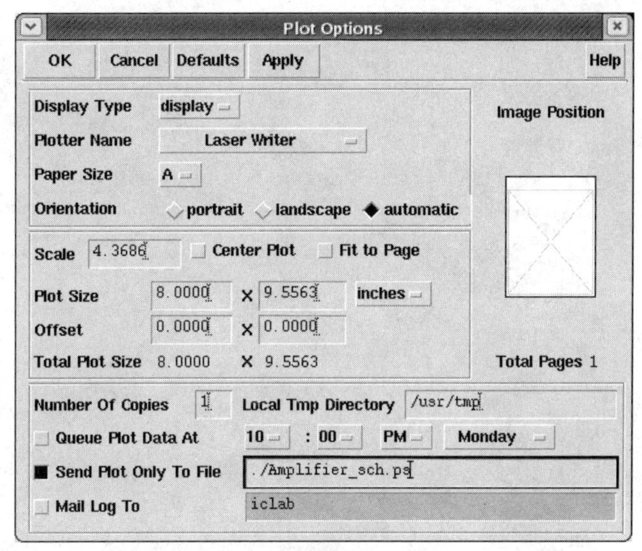

图 3-13　打印选项窗口

3.7　电路图输入常用快捷键

Shift+s	存盘
x	检查并存盘
c	复制
m	移动
Shift+m	移动元件但不移动连线
i	添加元元件
w	添加连线(单线)
l	添加连线名称([ěl])
p	添加端口
r	旋转元件并拖动连线
q	编辑目标元元件属性
f	全工作窗口显示
[	缩小
]	放大
u	撤销操作
Delete	删除

ESC 键	撤消命令
e	进入下层(只读)
Shift + e	进入下层(编辑)
Ctrl + e	返回上层
M + F3	调整插入方向位置

第 4 章　创建 Symbol 视图

电路输入编辑完成后，可以将其用一个符号代替，这样不仅方便对已有设计的调用，而且是层次化设计的有效途径。本章简介 Cadence 的电路符号视图生成方法。

4.1　创建电路图的 Symbol

在完成放大器 Amplifier 的电路原理图输入后，为了方便调用，需要创建它的符号(Symbol)视图来代替放大器电路。

在 Composer 窗口菜单栏中选择→Design→Create Cellview→From Cellview，弹出 Cellview From Cellview 窗口，如图 4-1 所示。

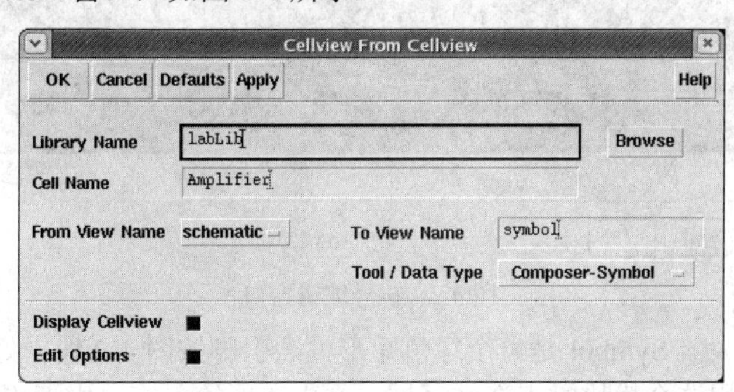

图 4-1　从电路图中创建符号对话框

其中 Library Name、Cell Name 等栏已经自动填好，确认 To View Name 栏是 symbol(否则，可以通过 Tool/Data Type 栏选择)。点击 OK，弹出 Symbol 生成选项窗口，如图 4-2 所示。

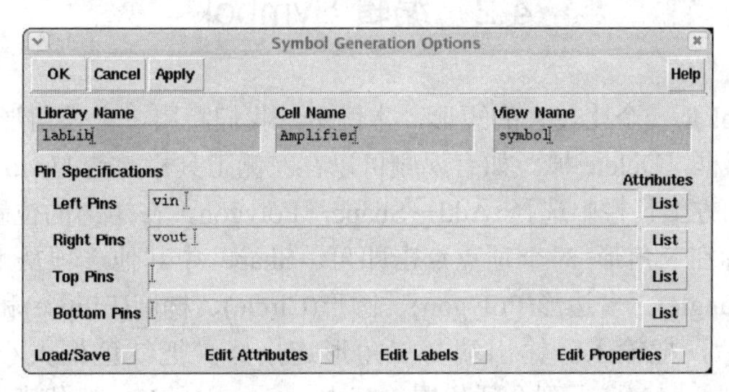

图 4-2　符号生成选项

这里已经自动识别出电路原理图中的输入、输出端口，默认输入在左(Left Pins)，输出在右(Rights Pins)。点击 OK，弹出 Symbol 编辑窗口，如图 4-3 所示。

图 4-3　符号编辑窗口

默认生成的放大器 Symbol 是一个绿色矩形框，引脚按图 4-2 编辑好的方式左右排列。红色矩形框代表调用这个模块时点选的区域，在电路图输入窗口中调用此元件时，鼠标点到此区域范围内就可以选中这个 Symbol。图中所有元素均可修改，但通常我们只改绿色矩形框。

4.2　编辑 Symbol

默认的 Symbol 是一个比较大的矩形，本例中，我们将用一个三角形来表示放大器。

选中绿色矩形框，Delete 掉。如有误删可以在左侧工具栏点选 Undo 撤销上一步操作。删掉矩形框后在上方工具栏中选择 Add→Shape→Polygon，在矩形的位置画一个大小合适的三角形，用鼠标在三角形 3 个顶点点击即可。Shape 中其他选项从上往下依次是画线(Line)、矩形(Rectangle)、多边形(Polygon)、圆形(Circle)、椭圆(Ellipse)和弧线(Arc)。

画好三角形后，把输入、输出端与三角形连接好，把红色框大小修改合适。拖拽@partName 和@instanceName 到合适位置。其中，@instanceName 代表以后调用此元件时的例化名，@partName 代表此符号对应电路 schematic 的名字，一般不用修改。编辑好的放大器 Amplifier 的符号如图 4-4 所示。

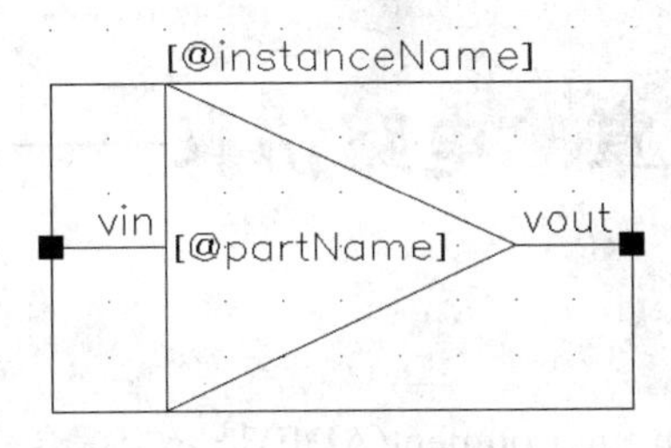

图 4-4　创建的符号

画好的 Symbol 需要检查保存。选择 Design→Check and Save，检查结果会在 CIW 窗口中显示。

第 5 章　电路仿真——ADE

Cadence 的 Analog Design Environment(ADE)是一个综合仿真环境。本章通过对第 4 章所画的放大器 Amplifier(Symbol)构成一个测试电路来进行仿真，介绍 ADE 的基本功能与应用操作。

5.1　建立仿真电路

对电路进行仿真时需要加入激励信号，加激励信号有两种方法：一种是在原理图中直接加入信号源元件；另一种是在仿真环境窗口(ADE)中对输入端口加激励。本章采用的是前一种方法。在 6.4 节，我们示例第二种方法。

现在新建一个测试电路，命名为 Amplifier_test，具体操作参看第 3 章内容，注意选择自己的库。画出测试电路图如图 5-1 所示。

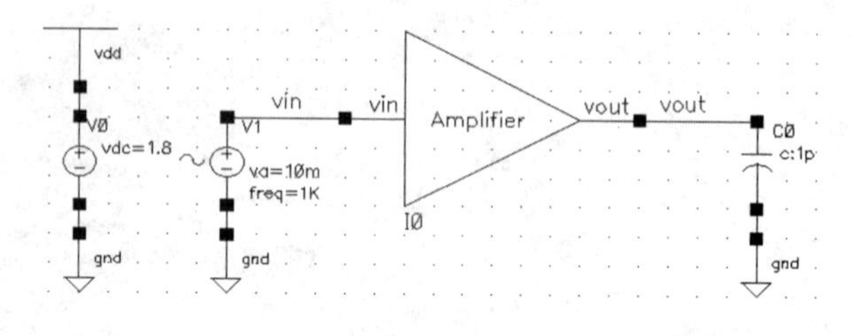

图 5-1　构建的仿真电路

图中，Amplifier 是调用第 4 章设计的 Amplifier 电路的符号，它在用户工作库中。

独立电源 V0 是电路的供电电源，调用 analogLib 库中 vdc，将其属性中的 DC voltage 设定为 1.8 V。编辑对话框如图 5-2 所示。

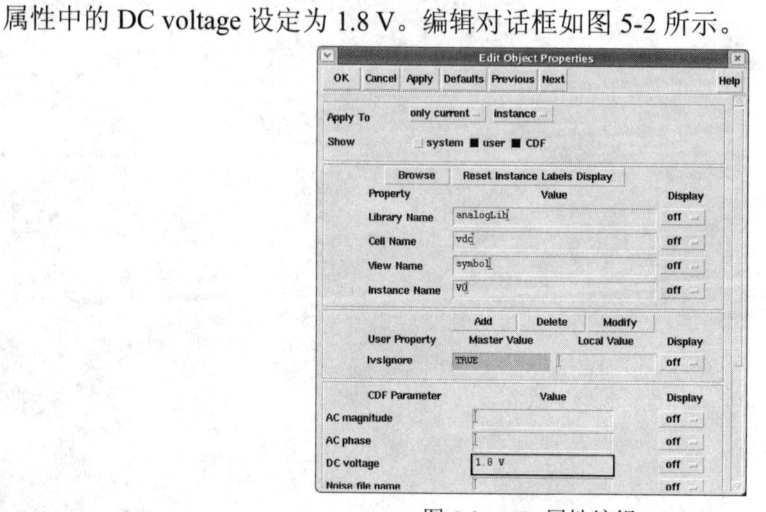

图 5-2　vdc 属性编辑

另一个激励信号是正弦信号源 V1，对应的元件也在 analogLib 库中，名称为 vsin(View 栏中选 symbol)。属性设置如图 5-3 所示。其中，DC voltage 被赋予了变量 vdn，这方便接下来的仿真中我们随时更改 DC 的值。

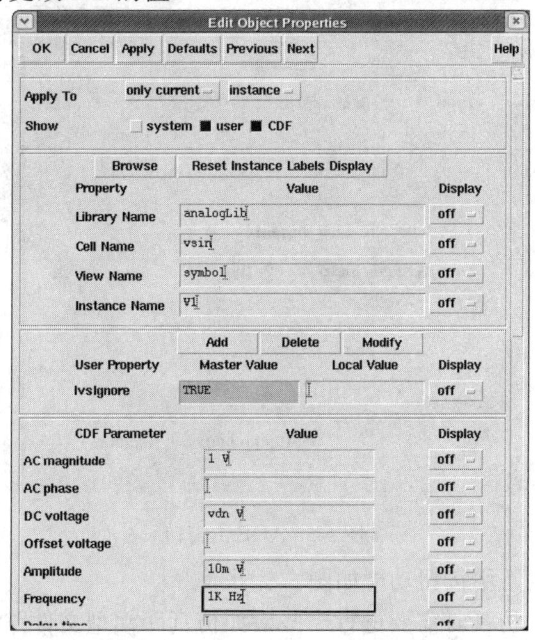

图 5-3　正弦信号源参数设置

输出电容 C0 也在 analogLib 库中，名称为 cap，其值为默认设置。

为了方便进行仿真，我们对输入输出两条线进行命名，输入、输出分别命名为 vin 和 vout。给连线命名的方法是：键入快捷键 l(小写 l)，弹出连线命名窗口，在 Names 栏输入线名，然后点击 Hide，将名字移到要命名的线附近单击放下。放置 vin 连线名如图 5-4 所示。应用同样操作放置 vout。

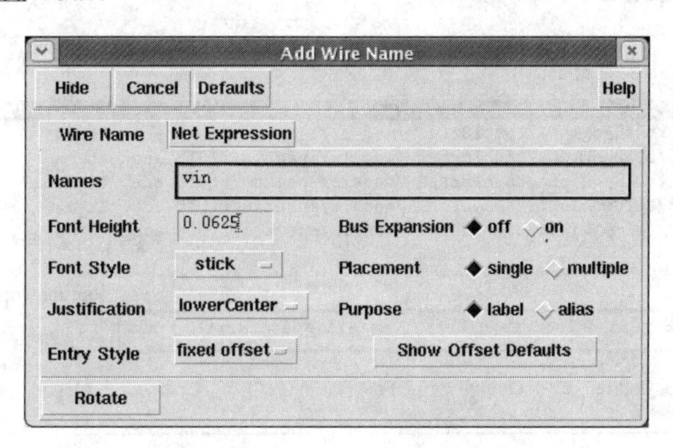

图 5-4　放置连线名

5.2　仿真环境设置

Composer 菜单栏→Tools→Analog Environment，打开仿真窗口(ADE 窗口)，如图 5-5

所示。

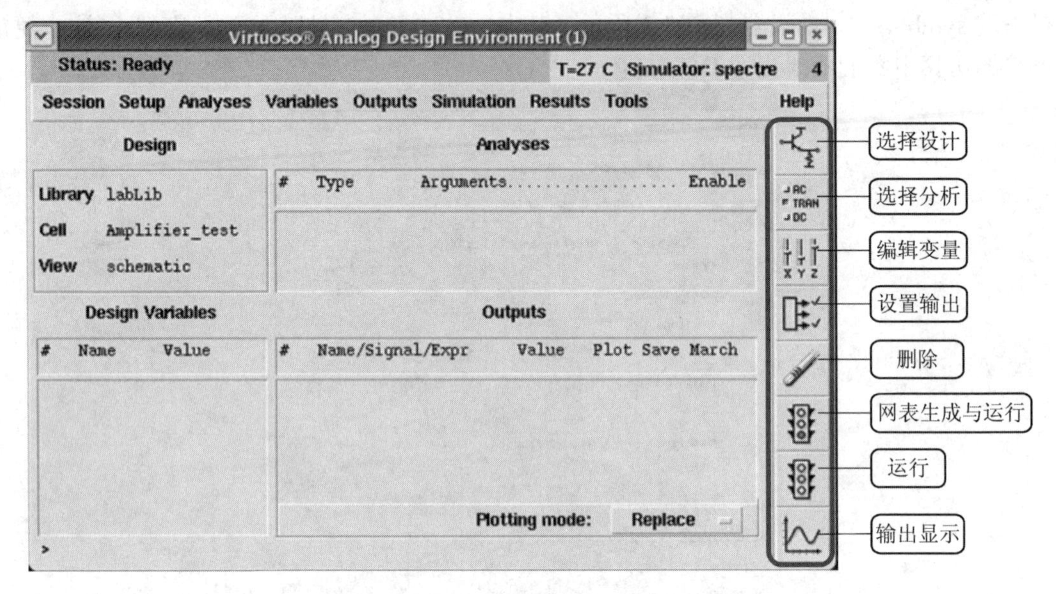

图 5-5　ADE 主窗口

其中，右侧工具栏常用按钮功能如图 5-5 所示。

仿真模型库设置：仿真时需要进行一些诸如仿真库模型文件路径、结果存储路径、仿真器选择等设置，相关设置在 ADE 窗口菜单下 Setup 中进行。这里我们只需要设置元件模型库文件路径(元件模型库文件记录着不同工艺角的参数)，其他均为默认。

点击 ADE 窗口下菜单栏 Setup→Model Libraries，打开如图 5-6 所示界面，选择 Section 为 tt 的一行(典型工艺)，点击 OK。

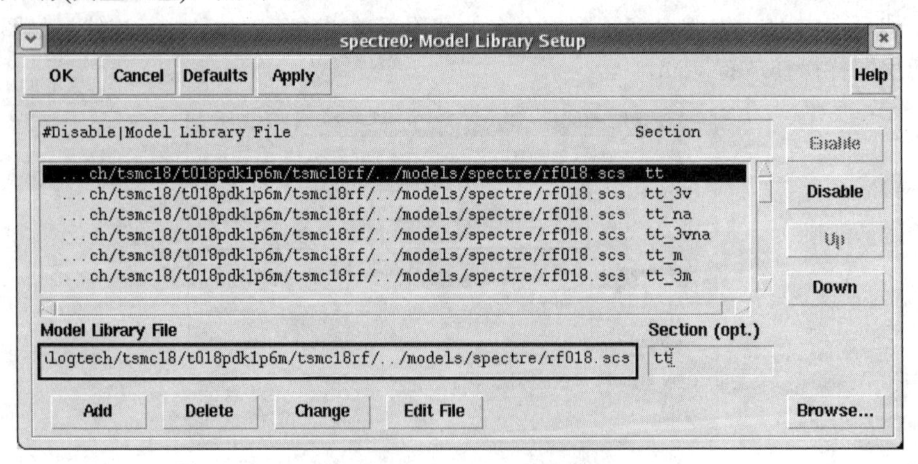

图 5-6　模型库文件及路径设置

变量设置：接下来，点击 ADE 窗口下菜单栏 Variables→Edit，或点击 ADE 窗口右侧工具栏中的编辑变量图标，弹出如图 5-7 所示对话框。图中，按键 Add 是添加变量；Delete 是删除变量；Change 给变量赋值；Clear 清除变量。Copy From 是从电路图中提取出变量，给变量赋值后点击 Change 键后再点 OK 确认。点击 Copy From，则电路图中给 V1 的 DC voltage 所赋的变量 vdn 出现在图 5-7 的右侧列表中。选中 vdn，并在左侧 Value (Expr)对话框中输入 600 m，再点击 Change 键，则变量 vdn 的初值就被设置为 600 mV。

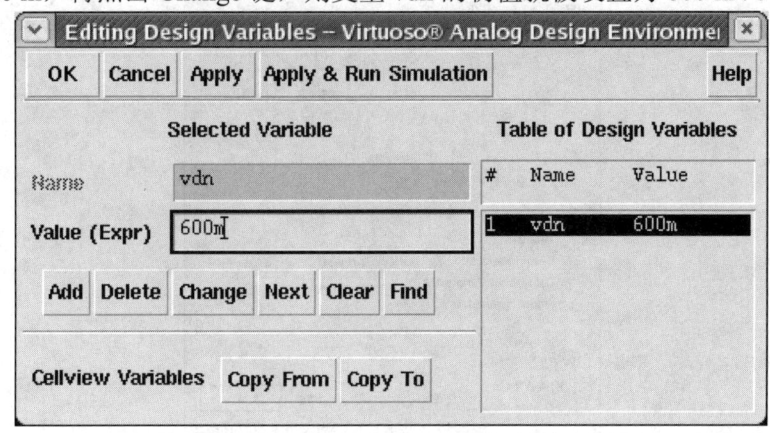

图 5-7　变量值编辑

仿真类型与仿真参数设置：

(1) 瞬态分析仿真设置：在 ADE 仿真环境下，点击菜单栏 Analyses→Choose，或点击 ADE 窗口右侧工具栏中的选择分析按钮，弹出图 5-8 所示界面。选择瞬态分析 tran，仿真停止时间 Stop Time 栏设置为 10 m。设置好后点选 Apply。

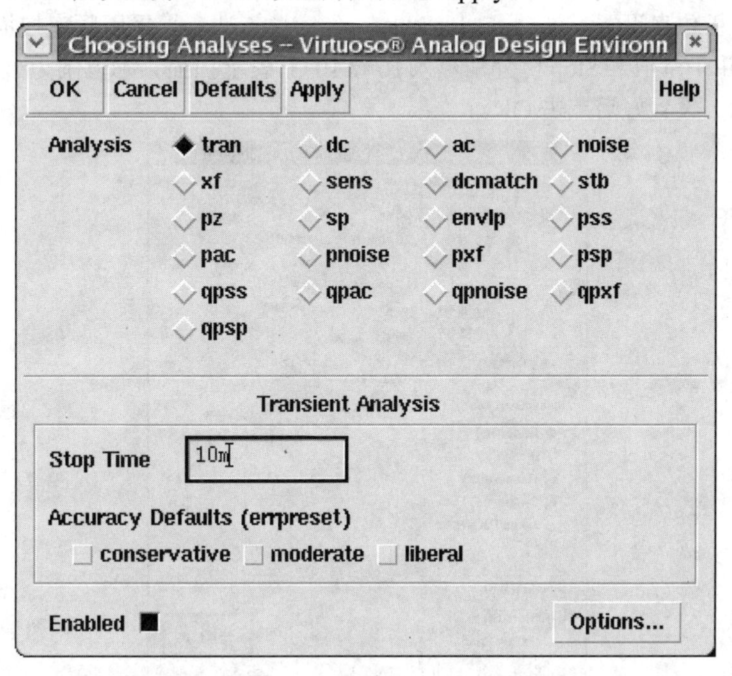

图 5-8　瞬态分析参数设置

(2) DC 分析仿真设置：在 Choosing Analyses 窗口继续点选 dc，进行 DC 分析设置，点选 Save DC Operating Point，然后在下方出现的菜单中选择 Design Variable，Variable Name 填入要分析的变量 vdn，在下面 Sweep Range 中选择 Start-Stop 项，并在 Start 和 Stop 栏分别填入 0 和 1.8，表示 vdn 从 0～1.8 V 变化，设置好后点击 Apply，如图 5-9 所示。

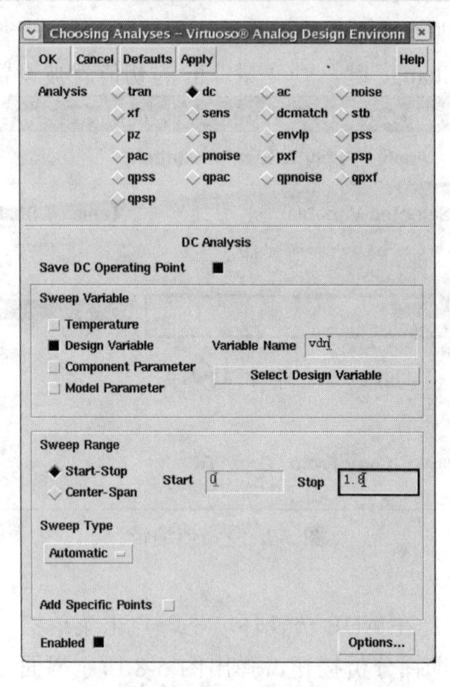

图 5-9　DC 分析参数设置

(3) AC 分析仿真设置：在 Choosing Analyses 窗口点选 ac。采用频率扫描，选择扫描范围 Start-Stop，并在 Start 和 Stop 栏分别填入 10 和 10 G，表示扫描频率范围为 10 Hz～10 GHz，如图 5-10 所示。设置好后点击 OK。

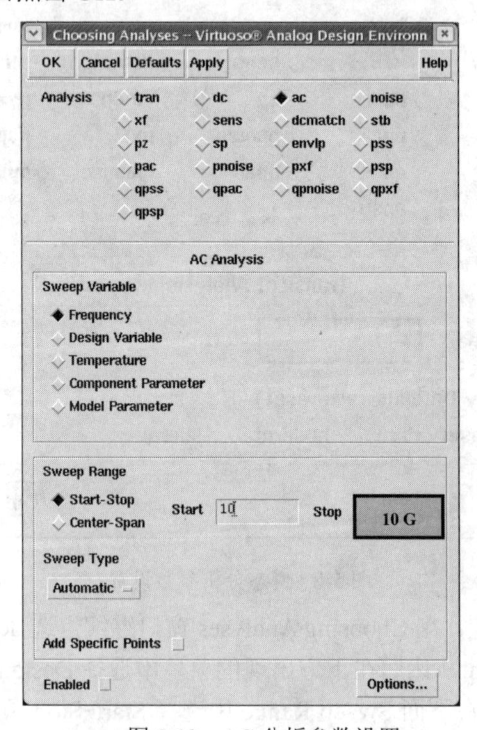

图 5-10　AC 分析参数设置

仿真类型设置后，在左下角点选 Enable，激活此类分析，不点选 Enable，则 ADE 运行时不执行该项仿真。

然后继续在 ADE 仿真环境菜单栏中点击 Outputs→To Be Plotted→Select On Schematic，点选 vin 和 vout 两条线，选中的线会呈现彩色两条纹。选择的输出列表位于 ADE 窗口中的 Outputs 视窗下。(注意：一般要输出电压，点选线网；要输出电流，点选元件引脚连接点。)

最后按 Esc 键返回，设置好的仿真界面如图 5-11 所示。

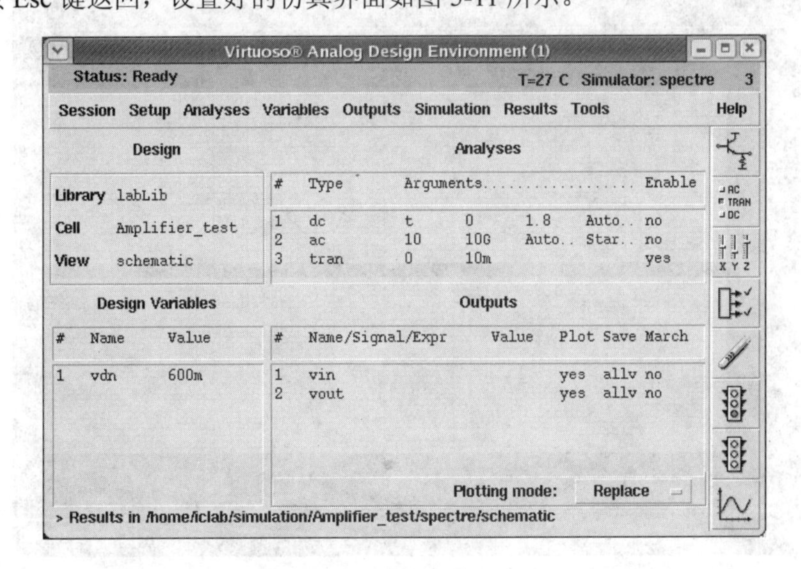

图 5-11　设置好的 ADE

5.3　运行仿真及 Calculator 的使用

1. 瞬态仿真

激活 tran 仿真，在 ADE 仿真窗口中点击 Simulation→Netlist and Run，或点击工具栏网表生成与运行按键，自动弹出瞬态仿真输出结果如图 5-12 所示。

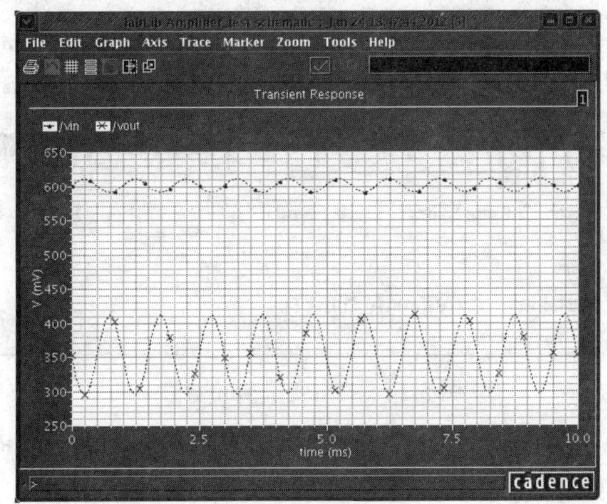

图 5-12　瞬态仿真输出结果

波形输出窗口工具栏中的快捷按钮从左至右依次是：打印、取消上一步操作、打开/关闭栅格、分行显示、子窗口重叠排列、新建子窗口和新建波形窗口等。我们选择分栏显示，点击▤，得到如图 5-13 所示图形。

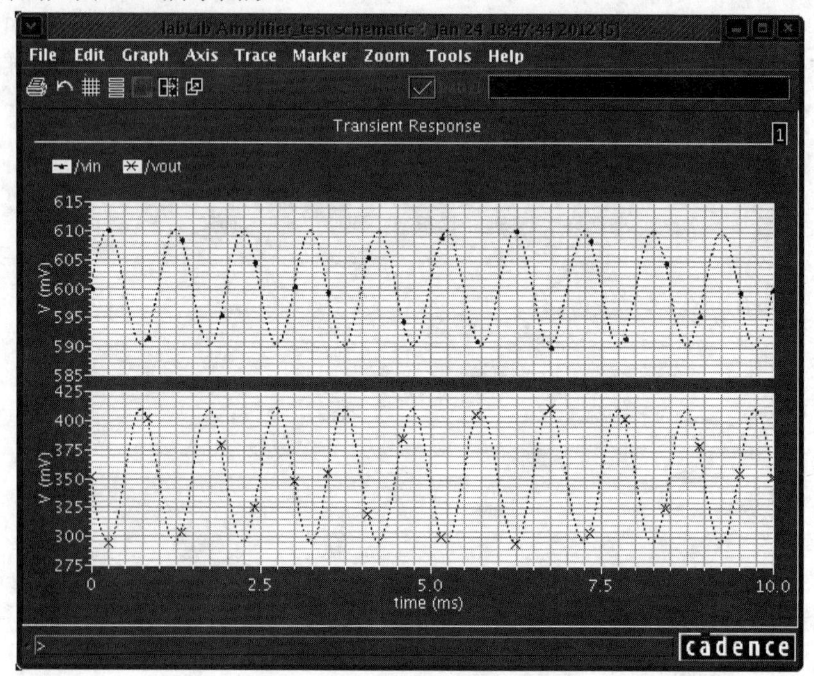

图 5-13　瞬态仿真输出结果

可见，输入电压峰-峰值为 20 mV，输出电压峰-峰值为 130 mV，放大倍数为 vout/vin=−6.5，负号意味着倒相输出，即输出与输入信号相差 180°。

2. DC 仿真

在 ADE 窗口下，点击编辑变量图标，设置正弦信号直流量初值为 0 V。如图 5-14 所示。

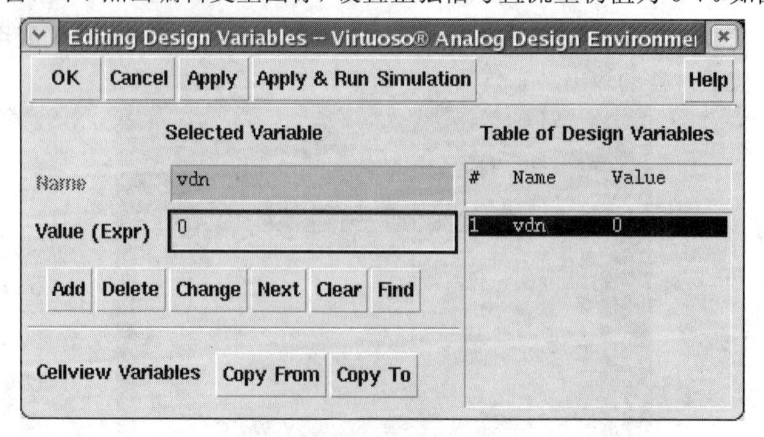

图 5-14　编辑变量 vdn 初值

激活 DC 仿真。点击 ADE 窗口下菜单栏 Simulation→Netlist and Run，或点击工具栏网表生成与运行图标。得到输出结果如图 5-15 所示。

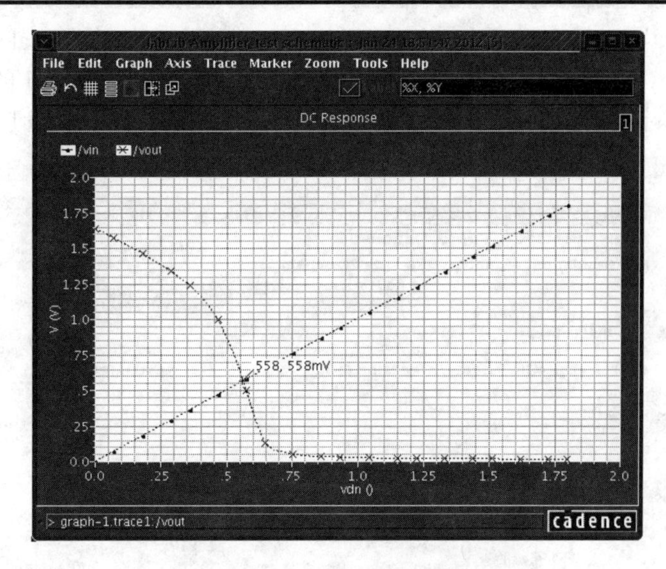

图 5-15　DC 分析仿真输出结果

点击波形输出窗口中菜单 Marker→Trace Marker，在图 5-15 中两曲线相交点位置点击，则标记交点处的电压值(558 mV，558 mV)如图 5-15 所示。我们看到，输入直流量很小时，输出电压接近 1.8 V，直流放大倍数很大；随着输入直流量的不断增大，大概在 vdno 为 0.7 V 时，放大器就已经没有放大效果。之后放大器输出一直维持在 0.05 V 以下。放大器在小信号条件下，vdno 约为 0.5～0.65 V 时有较大 AC 放大倍数(传输曲线有较大的斜率)。

3. AC 仿真

激活 AC 仿真。点击 ADE 窗口下菜单栏 Simulation→Netlist and Run，或点击工具栏网表生成与运行图标。得到输出结果如图 5-16 所示。

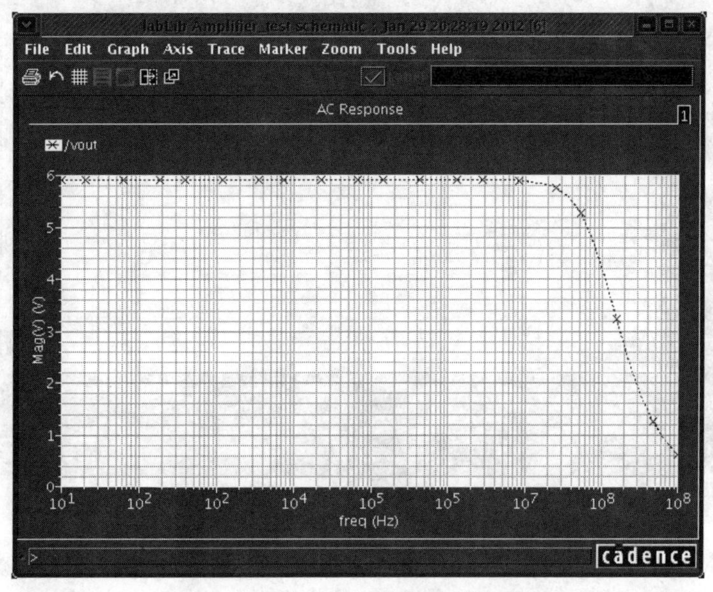

图 5-16　AC 分析仿真输出结果

下面我们应用 ADE 的计算器(Calculator)功能，对图 5-16 的 AC 仿真结果进行后处理。

选中图 5-16 中的波形/vout(变为绿色)，然后点击其菜单 Tools→Calculator，打开计算器，如图 5-17 所示。此时，Calculator 的表达式输入区将显示波形 vout 的相关信息，接下来我们选择函数区的 dB20，然后点击计算结果输出图标，则 vout 的以 dB 形式表示的图形显示在波形输出窗口，如图 5-18 所示，此即电路的波特(Bode)图。

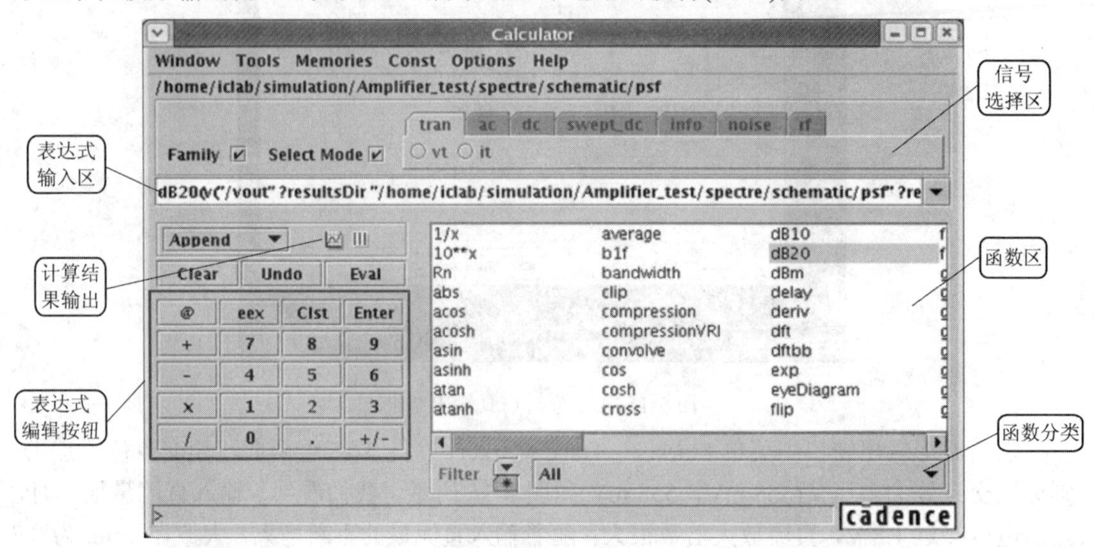

图 5-17　Calculator

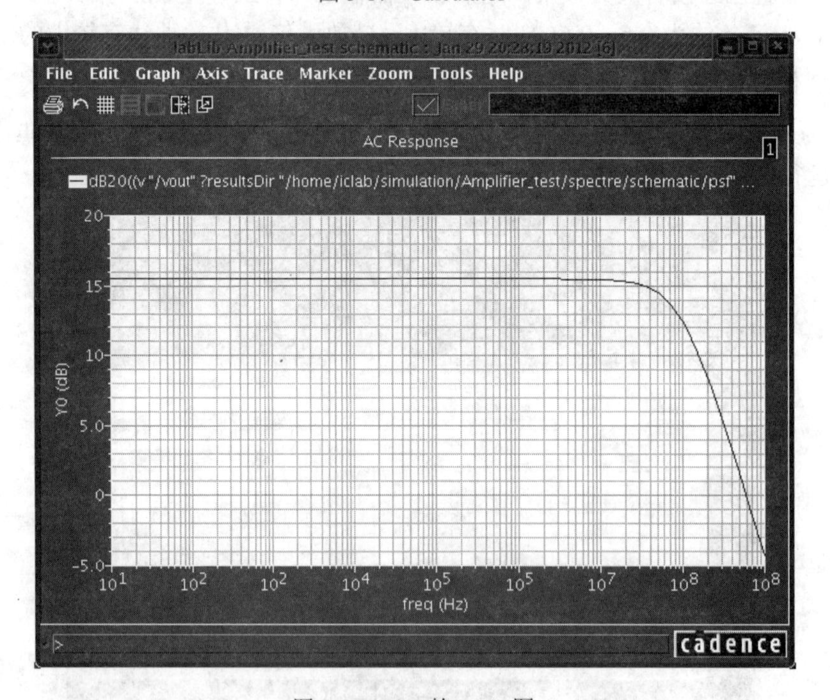

图 5-18　vout 的 Bode 图

而后我们对 vout 进行类似操作，选择函数区的 phase，则可以输出波形的相位。还可以将图 5-16、图 5-18 及其相位输出曲线显示在同一窗口，点击图标列表显示，则更便于观察，如图 5-19 所示。

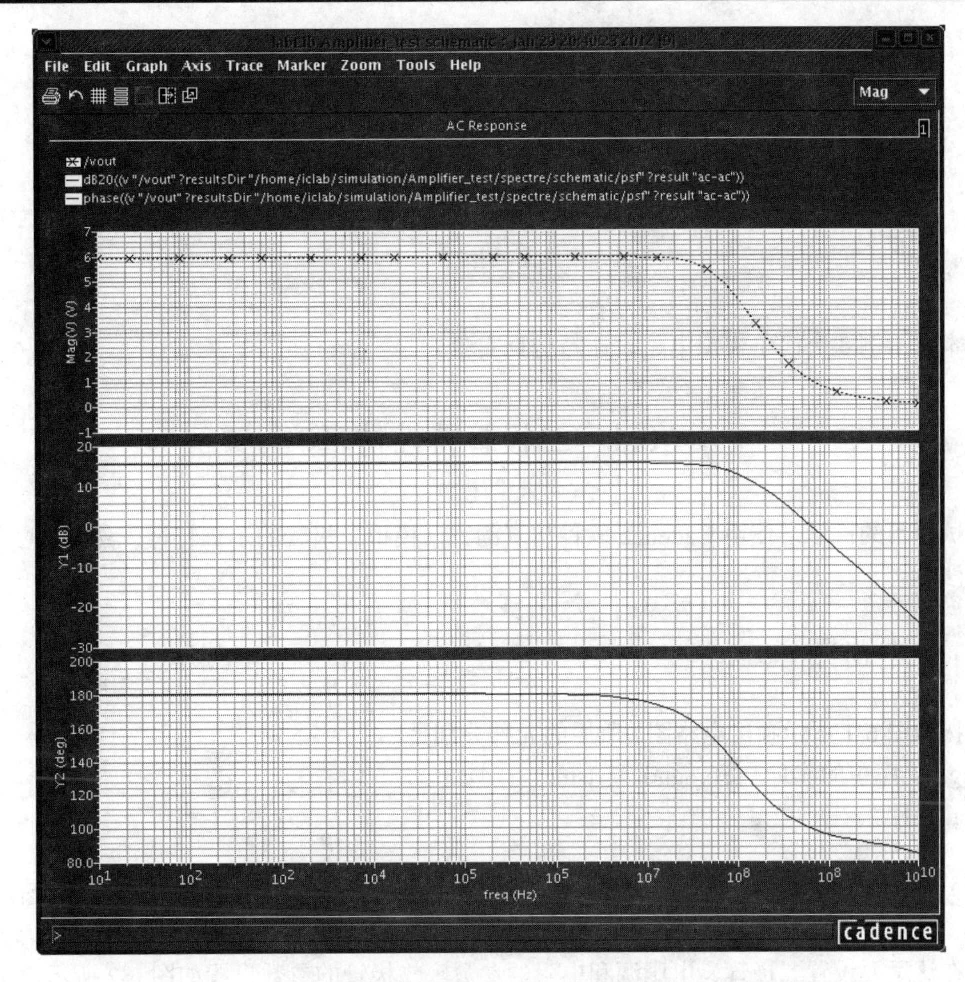

图 5-19　同一窗口分行显示多个波形

请问：应用波形窗口菜单 Trace 中的工具，可以精确测量 Amplifier 的小信号单位增益带宽为多少？

第 6 章　电路仿真实验示例

本章示例 4 个简单模拟电路设计与仿真实验。

6.1　二极管特性仿真

试验目的：学习使用 Cadence 软件仿真的方法模拟二极管的 I-V 特性，熟悉 DC 分析的方法。

6.1.1　电路图

按照图 6-1 所示画出电路图。所用的元件分别是 analogLib 库中的 vdc、res、gnd 和 tsmc18rf 库中的 dioden 元件。

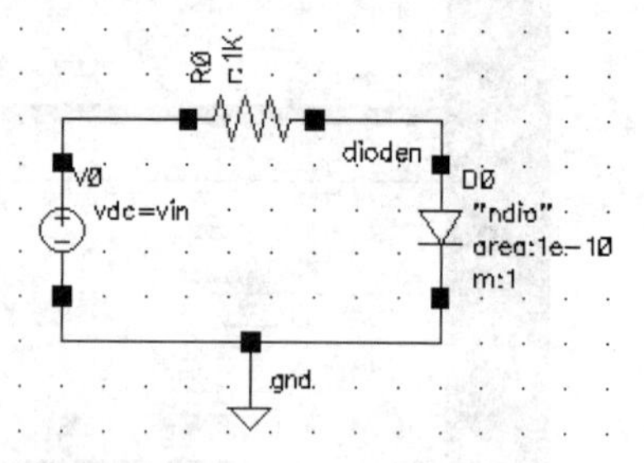

图 6-1　二极管特性仿真电路图

6.1.2　设置元件参数

在这里要设置二极管、电压源和电阻的参数。二极管的参数设置如图 6-2 所示。

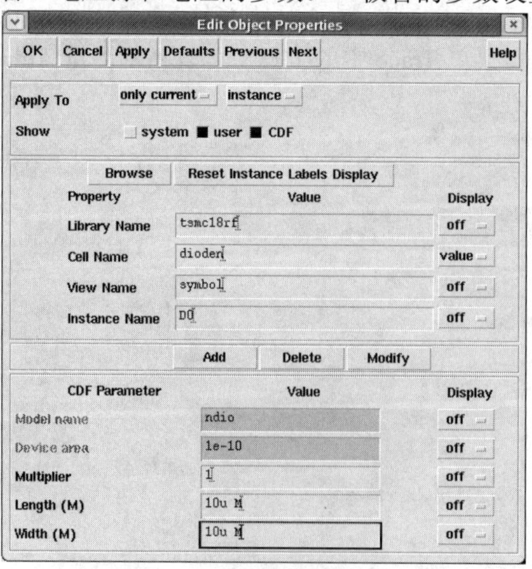

图 6-2　二极管参数设置

电压源的参数设置如图 6-3 所示，在 DC voltage 处填入变量 vin(填入变量是为了做直流扫描)。

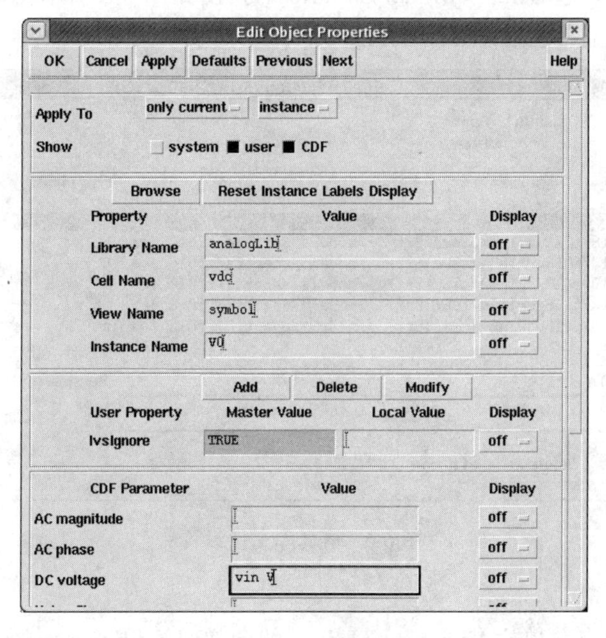

图 6-3　电压源参数设置

电阻参数设置如图 6-4 所示，在 Resistance 后面的框中输入电阻值(采用默认值 1 K)。

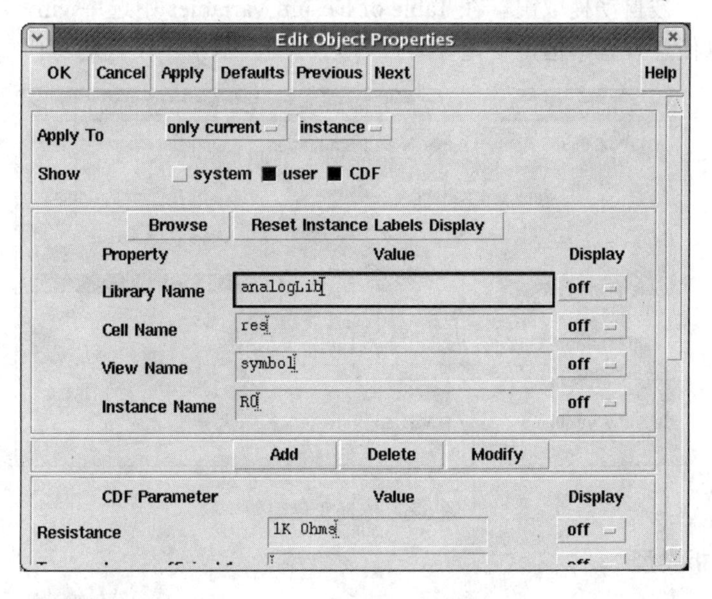

图 6-4　电阻参数设置

6.1.3　设置仿真参数

在原理图编辑框中，点选 Tools→Analog Environment，打开 ADE 对话框。

1. 设置库路径

在 ADE 窗口中，选 Setup→Model Libraries。弹出如图 6-5 所示窗口，选择第一项库文件，Section 为 tt(典型工艺角)。

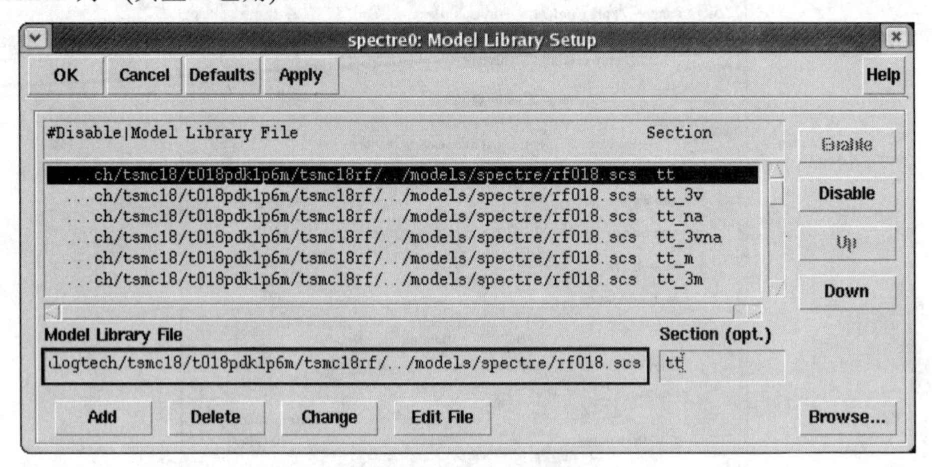

图 6-5　仿真库文件设置

2. 编辑变量

在 ADE 窗口中点菜单栏 Variables→Edit，就会弹出 Editing Design Variables 窗口。然后在此窗口中点 Copy From，会自动从电路图中提取出相应的变量，前边在电压源参数设置中定义的 vin 会被自动提取出。在 Table of Design Variables 中选中 vin，将其初始值设置为 0。初值可以任意设置，但是一定要有，否则仿真会出错。设置的窗口如图 6-6 所示。

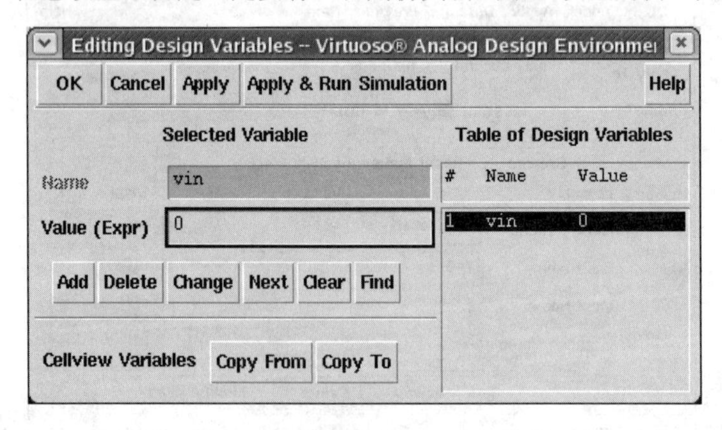

图 6-6　仿真变量编辑

3. 选择分析类型

在 ADE 窗口中选 Analyses→Choose，就会弹出分析类型对话框。然后选中 dc，点选 Save DC Operating Point(为了方便观察管子的工作点而选)，在 Sweep Variable 中选择 Design Variable，在右边 Variable Name 栏输入要扫描的变量 vin(或通过点击 Select Design Variable 选择)，具体设置如图 6-7 所示。(在 Sweep Range 中 Start 栏填 0，Stop 栏填 1.8。表示对 vin 做直流扫描，从 0～1.8 V)，最后点击 OK 确认设置。

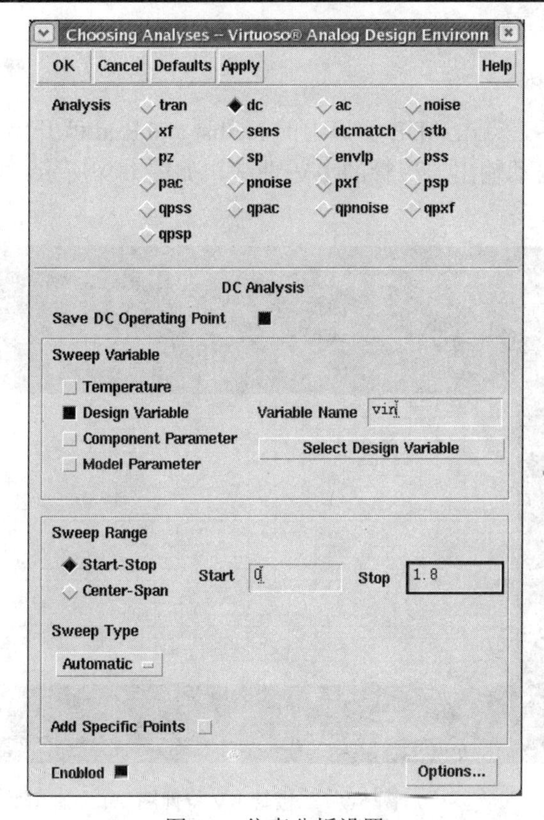

图 6-7　仿真分析设置

4. 输出设置

在 ADE 窗口中，选 Outputs→To Be Plotted→Slected On Schematic。然后在电路图中选择想要观察的电流的节点，本实验选二极管的正极(注意：观察电流应点击元件的 pin 脚，会出现一个彩色圆圈；观察电压应点击相应的连线，连线会改变颜色)，选择完成后按 ESC 键退出选择输出状态。在 ADE 窗口中的 Outputs 输出部分就可以看到我们所选择的点。然后选 Outputs→To Be Plotted→Add To 保存输出。可以点击 Session→Save State 保存当前仿真设置。设置好的 ADE 对话框如图 6-8 所示。

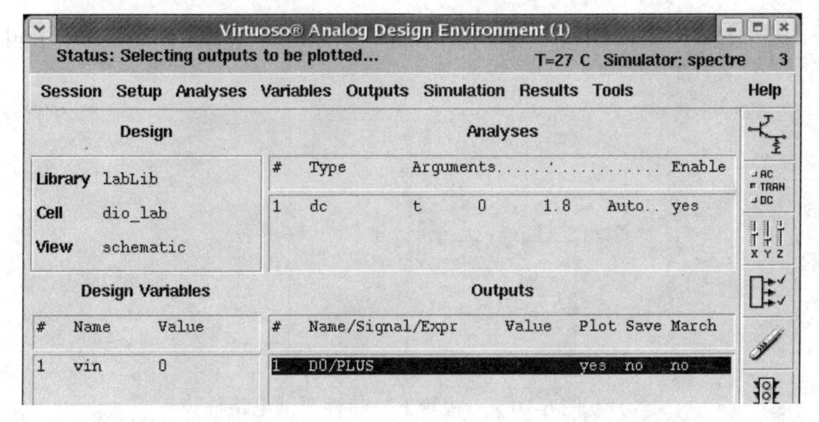

图 6-8　编辑完成的 ADE 仿真界面

6.1.4　电路仿真

参数设置完毕之后，点击 ADE 窗口中的 Netlist and Run 就开始仿真了。如果整个过程没有错，那么系统会自动输出二极管的 I-V 曲线，如图 6-9 所示。可见二极管的阈值电压大约是 0.75 V 左右。

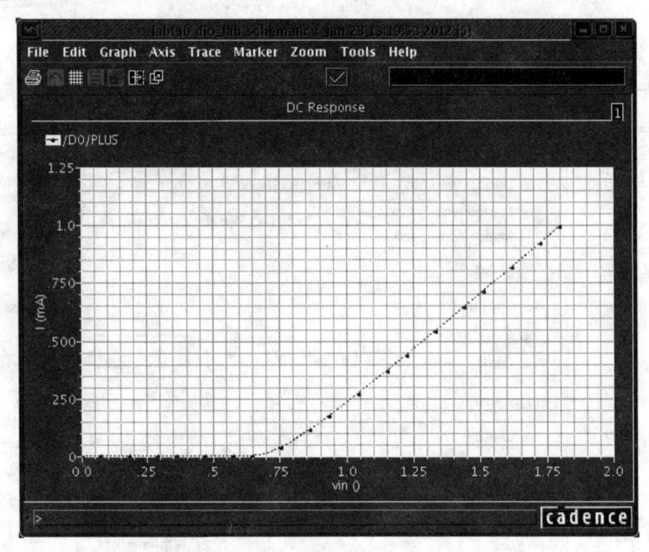

图 6-9　二极管 I-V 特性图

6.2　BJT 晶体管的 I−V 特性仿真

实验目的：学习如何使用 Cadence 软件测量 BJT 的 I−V 特性；学习变量 DC 扫描的方法。

6.2.1　电路图及元件参数设置

如图 6-10 所示画出电路图。用到的元件分别是 analogLib 库中的 vdc、res、gnd 和 tsmc18rf 库中的 npn。

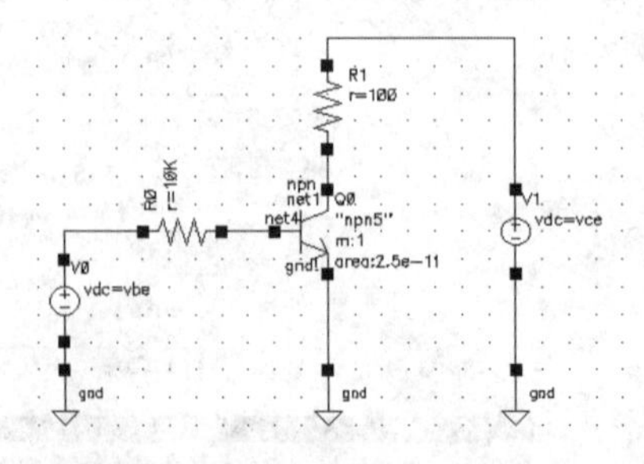

图 6-10　三极管 I−V 特性测试电路

三极管的 Model 名为 npn5，应用默认参数，如图 6-11 所示。

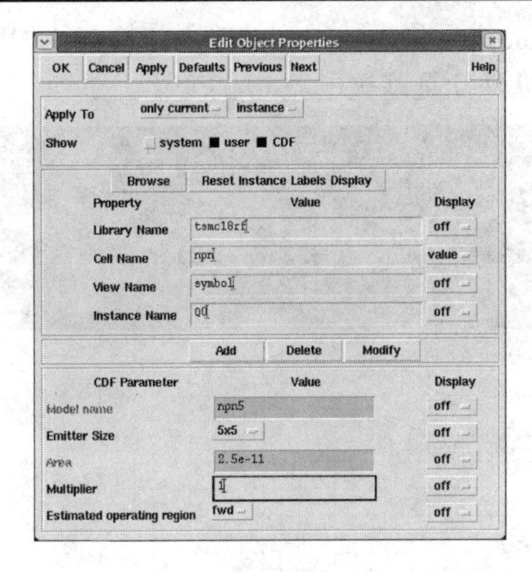

图 6-11　编辑三极管元件参数

为了得到三极管的输入与输出特性曲线，我们把电源(集电极)电压和输入(基极)电压分别设为变量 vce 和 vbe。

6.2.2　BJT 的输入特性

三极管的输入特性是指当集电极电压 vce 为常数时，基极与发射极间电压 vbe 和基极电流 ib 之间的关系。

如同前一个实验介绍的方法，打开 ADE 仿真窗口，先设置好 Model 路径，如图 6-5 所示。然后在 ADE 窗口中点上方菜单栏 Variables→Edit，就会弹出 Editing Design Variables 窗口。在此窗口中点 Copy From，会自动从电路图中提出相应的变量 vce 和 vbe。vce 的初始值设为 1.5，vbe 的初始值设为 0(不要忘记点 Change)，如图 6-6 所示。

在 ADE 窗口中选 Analyses→Choose，弹出分析类型对话框，然后选中 dc，点选 Save DC Operating Points，在 Sweep Variable 中选择 Design Variable，在右边 Variable Name 栏输入要扫描的变量 vbe，扫描范围从 0～1.8 V(见图 6-7)。

最后设置输出，这里我们要观察的是基极电流，选择 Outputs→To Be Plotted→Select On Schematic，点击三极管(Q0)的基极 pin 脚。设置好的 ADE 如图 6-12 所示。

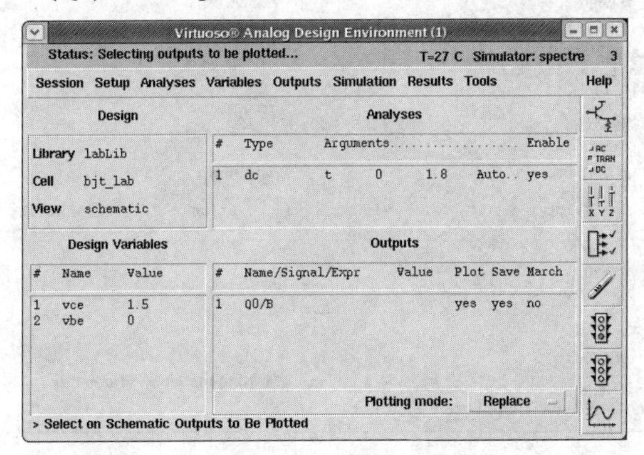

图 6-12　三极管输入特性仿真设置

然后点击 Netlist and Run 进行仿真。得到的输入特性曲线如图 6-13 所示。横坐标是基极-射极电压 vbe 的变化，纵坐标是基极电流 ib 的变化。

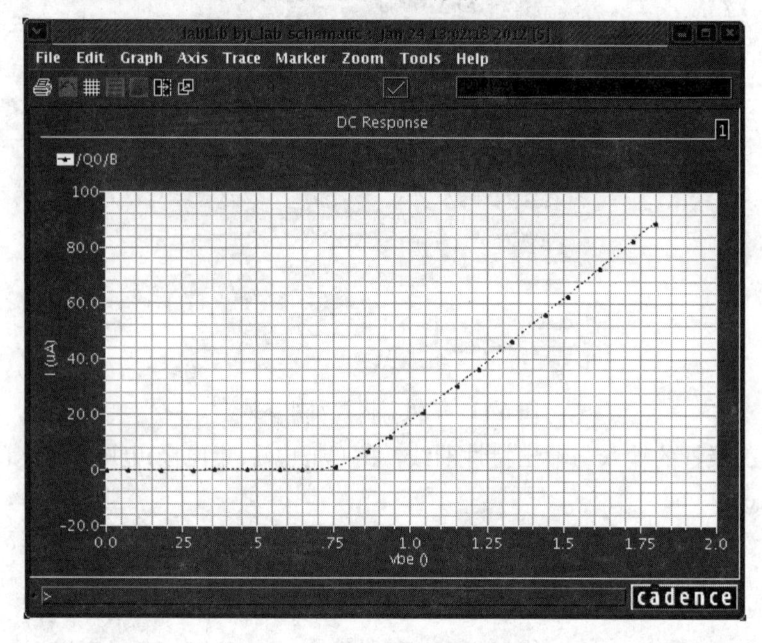

图 6-13　三极管输入特性曲线

6.2.3　BJT 的输出特性

三极管的输出特性是指以 ib 为参变量的共射极电流 ic 与 vce 之间的关系。

注意这次 DC 分析所扫描的变量是 vce，扫描范围为 −0.3～1.8 V。输出节点电流为集电极，选择 Outputs→To Be Plotted→Select On Schematic，点击三极管(Q0)的集电极 pin 脚。变量 vce 可以设置为 0。设置好的 ADE 对话框如图 6-14 所示。

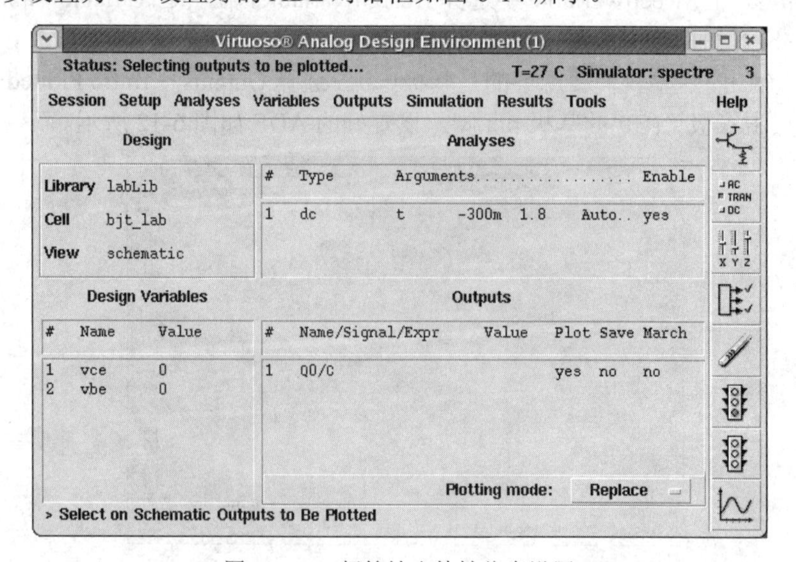

图 6-14　三极管输出特性仿真设置

然后点击 ADE 窗口菜单 Tools→Parametric Analysis，弹出图 6-15 所示的 Parametric Analysis 窗口，进行参变量设置。由于输入为电压源，无法把电流作为参变量，因此我们以 vbe 作为参变量。于 Variable Name 栏输入参变量 vbe，范围从−0.3～1.8 V。参变量扫描方式选为 Linear Steps(线性步长改变)，步长设为 0.3 V。如图 6-15 所示。

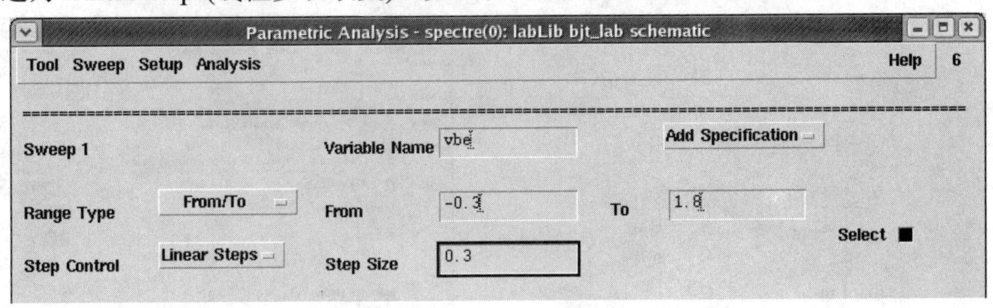

图 6-15　参变量设置

然后点击 Parametric Analysis 窗口菜单 Analysis→Start，得到三极管输出特性曲线，如图 6-16 所示。每条曲线都是在 vbe 固定为某一值时，ic 随着 vce 电压改变而变化的曲线，改变 vbe 得到多条曲线。

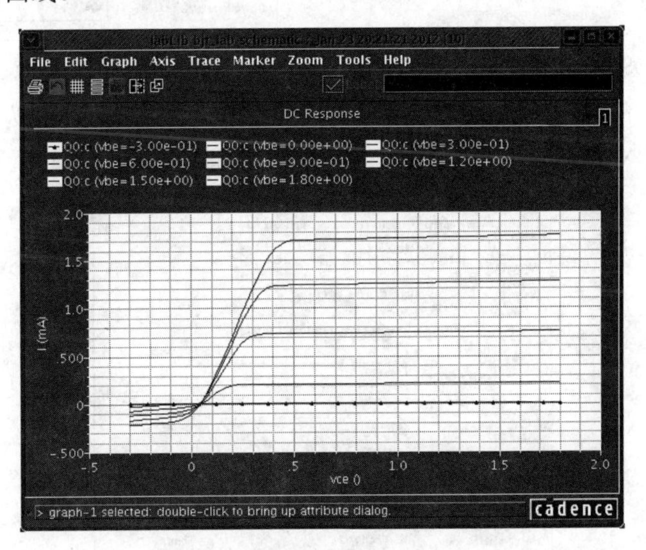

图 6-16　三极管输出特性曲线图

6.3　MOS 晶体管 I-V 特性仿真

实验目的：学习如何使用 Cadence 软件测量 MOS 元件的 I-V 特性，学习观察查看元件参数的方法等。

6.3.1　电路图

这一步和前面的方法一致，电路图的 cell 名自己取。

各元件参数如图 6-17 所示，用到的元件符号是 analogLib 库中的 vdc、vdd、gnd 和 tsmc18rf 库中的 nmos2v。

两个电压源和 MOS 管的参数设置如图 6-18 所示，其中要注意电压源 V0 的 DC voltage 值设为变量 vgs。同样，电压源 V1 的 DC voltage 值设置为变量 vds。

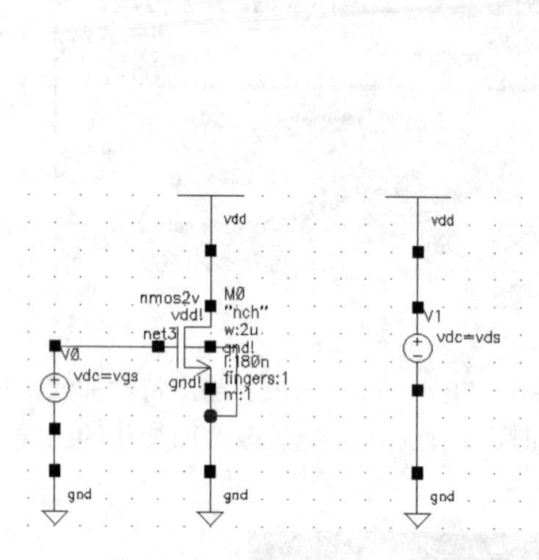

图 6-17　MOS 管 I-V 特性测试电路

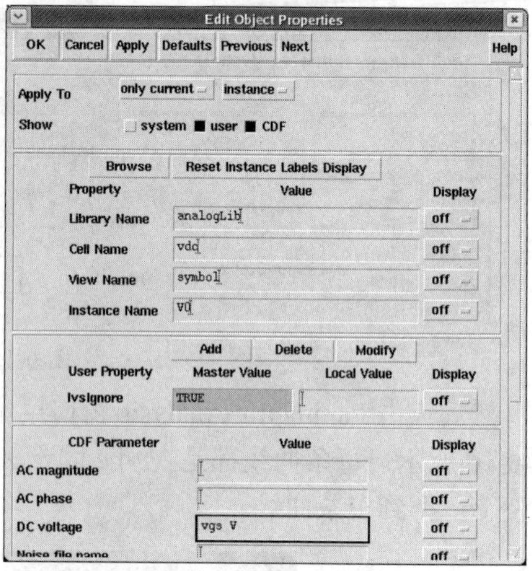

图 6-18　电压源参数设置

NMOS 晶体管的模型为 nch，这是已经确定的模型，选择其栅长 l 为 0.18(μm)，栅宽 w 为 2(μm)，注意填入尺寸时不要加单位，系统会自动加上长度单位 μm，如图 6-19 所示。

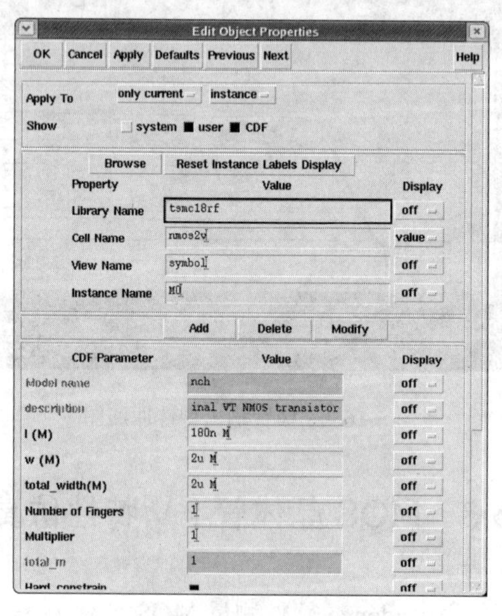

图 6-19　MOS 管参数设置

6.3.2　设置仿真参数

如 6.3.1 节所介绍，打开仿真窗口，先设置好 Model 路径，库文件等，工艺角(section)为 tt。然后添加变量 vds 和 vgs。接着设置 DC 分析。其中 DC 分析是对 vds 进行扫描，扫描范围从 0～1.8 V。vgs 的初始值设为 0 V。最后设置输出，这里我们要观察的是 MOS 管的漏极电流，所以点击 MOS 管漏极。设置好后的仿真窗口如图 6-20 所示。

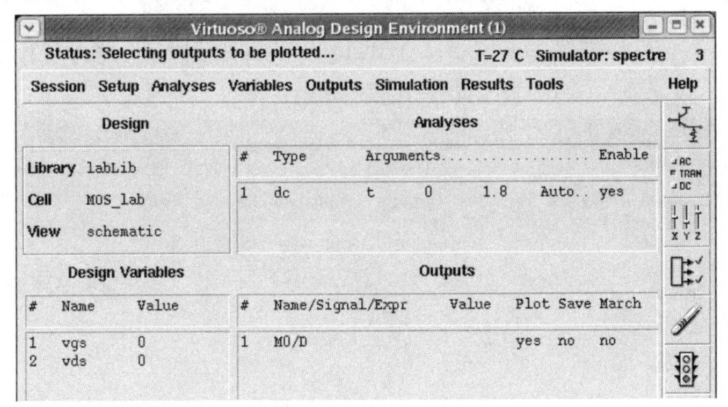

图 6-20　ADE 仿真设置

在 ADE 对话框中，点 Tools→Parametric Analysis，弹出参变量分析窗口，我们以 vgs 作为参变量进行仿真，如图 6-21 所示。

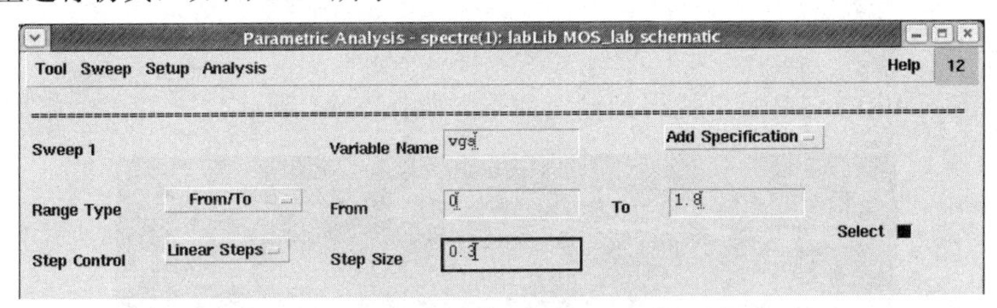

图 6-21　参变量参数设置

6.3.3　MOS 的输出特性

在 Parametric Analysis 窗口中，点 Analysis→Start 开始扫描，如果无错则会弹出输出窗口和波形(MOS 管的 I-V 输出特性曲线)，如图 6-22 所示。

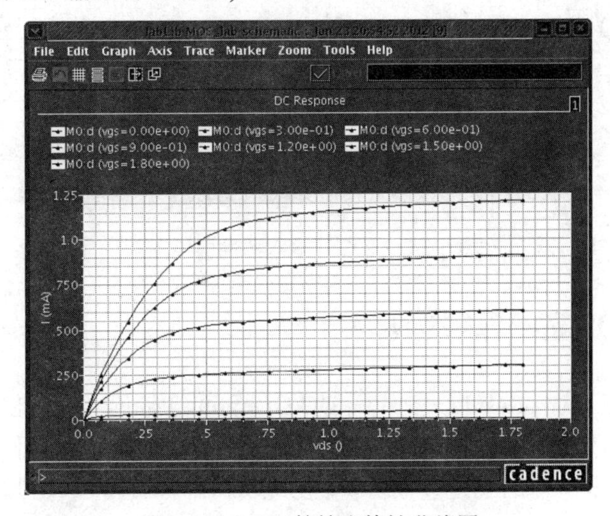

图 6-22　MOS 管输出特性曲线图

6.3.4　MOS 的输入特性

打开 ADE 窗口，大部分设置同 6.3.2 节的仿真设置，只是变量 vds 的初始值设为 1.8，vgs 的初始值为 0。设置好后的 ADE 如图 6-23 所示。

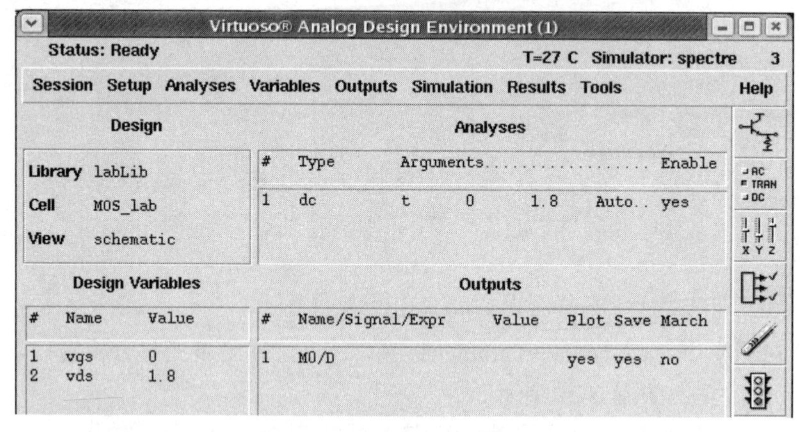

图 6-23　输入特性仿真设置

然后点击 Netlist and Run，就得到输出波形，如图 6-24 所示。

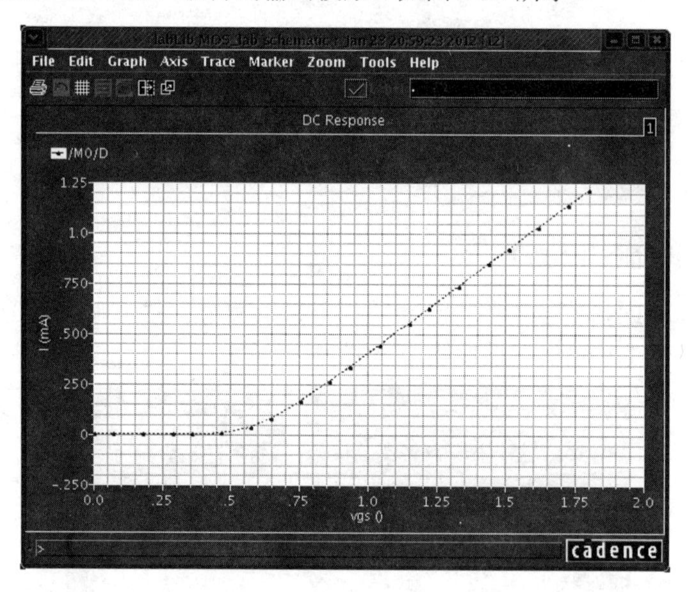

图 6-24　MOS 管输入特性曲线图

6.3.5　观察 MOS 晶体管参数

在 ADE 窗口中，点击 Results→Print→DC Operating Points，会弹出一个空白窗口，再在电路图上选择你想要观察的元件，就会在空白窗口中显示你所选元件的各种参数。如图 6-25 所示是选择 MOS 管后的元件参数窗口。在此窗口中你就可以看到 MOS 管的各种工作参数。

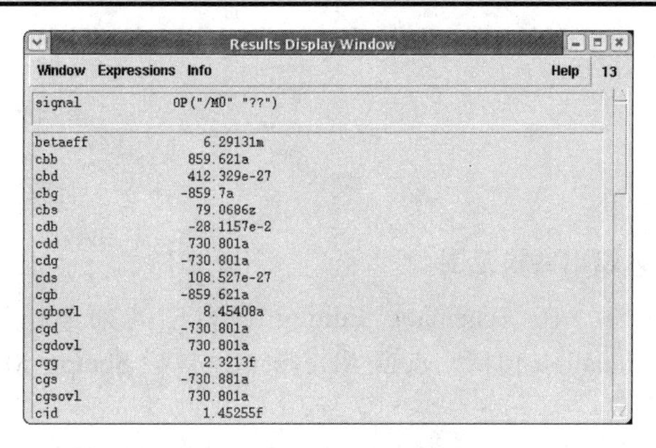

图 6-25　MOS 管元件参数窗口

6.4　简单 MOS 差动放大器仿真

实验目的：学习对简单 MOS 差动放大器进行特性分析的方法，学习如何在 Cadence 设计环境中测量运放的相位裕度、输入输出共模范围、共模增益、共模抑制比(CMRR)以及电源抑制比(PSRR)等指标。

6.4.1　电路图

启动 Cadence，在自己的 Library 中新建一个 cellview，自己命名。

按如图 6-26 所示输入简单差动放大器电路图，其中的元件参数在下面设置，图中用到的元件 vdc、vdd、gnd、cap 在 analogLib 库中；nmos2v 和 pmos2v 在 tsmc18rf 库中。

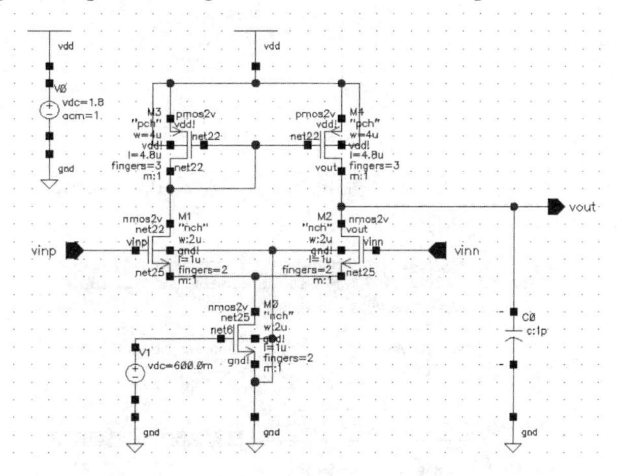

图 6-26　简单 MOS 差动放大电路图

6.4.2　计算设置元件参数

根据放大倍数、功耗、输出摆幅等要求确定各个 MOS 管的宽长比(W/L)和过驱动电压。

管子的参数在图 6-26 中已经给出了。将电压源 V0 和 V1 的直流值分别设为 1.8 V 和 0.6 V。设置完毕后进行保存。

6.4.3　电路仿真

1. DC 扫描及输入输出共模范围

如 6.3.2 节的实验，在 Schematic Editing 窗口中的菜单栏选择 Tools→Analog Environment，弹出 Simulation 窗口。点击 ADE 窗口菜单栏 Setup→Model Libraries，设置模型库。

在 ADE 窗口中菜单栏选择 Setup→Stimuli，在弹出的窗口中选中 vinp，此时该行处于高亮状态。点击 Enabled 后的方框，当其变为黑色时表示已经选中，然后在 DC voltage 栏输入 vcm1，最后点击 Change 保存修改(这一步一定要做！)。以同样方法修改 vinn，不同的是在 DC voltage 栏输入 vcm2。此时 vinp 和 vinn 前面的“OFF”应该变成了“ON”，表示它们都被激活了。最后点击 OK 退出(如图 6-27 所示)。

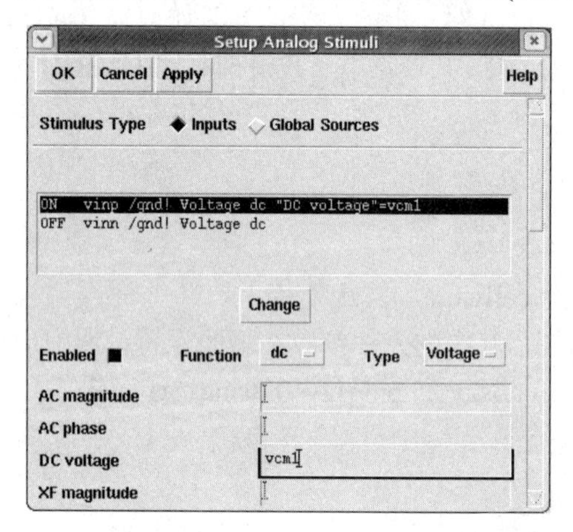

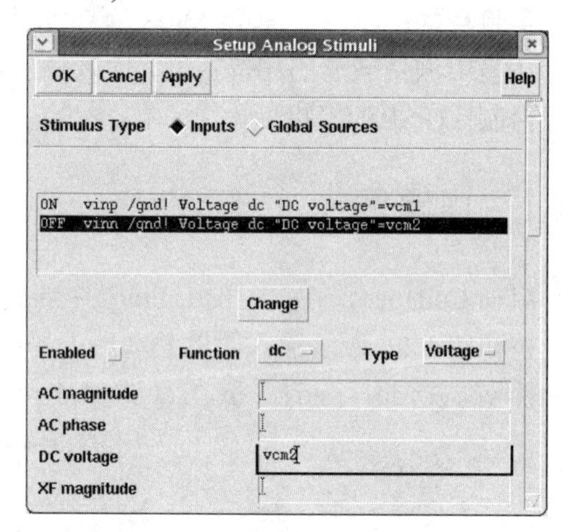

图 6-27　简单差动放大电路输入设置

点击 ADE 窗口右边工具栏上的变量编辑按钮，将 vcm1、vcm2 添加为设计变量，值设为 0.9，点击 OK 保存，如图 6-28 所示。

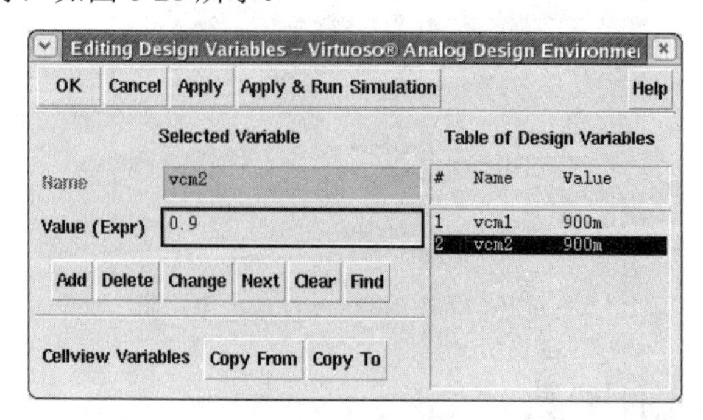

图 6-28　编辑变量

设置直流扫描参数，点击右边工具栏上的分析类型按钮，按图 6-29 设置好，点击 OK

保存。这里我们选择的仿真类型是 dc 分析，让 vcm1 从 0 V 扫描到 1.8 V。

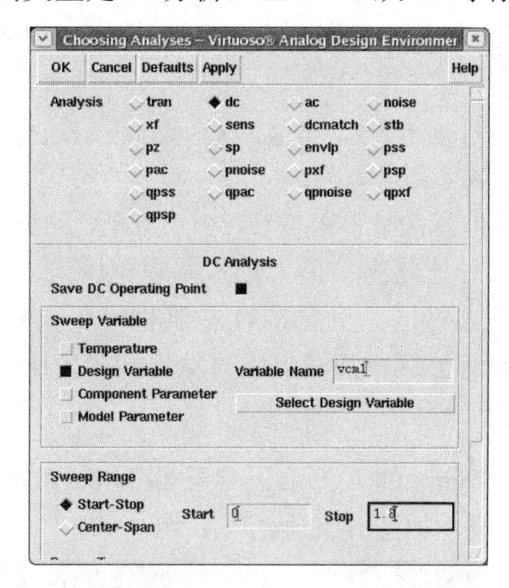

图 6-29　直流仿真参数设置

设置输出信号，在 ADE 窗口菜单栏依次选择 Outputs→To Be Plotted→Select On Schematic。点击电路图中的 vout 网线(或输出端口 vout)，然后按 Esc。我们可以看到 ADE 窗口中的 Outputs 栏里已经有了刚才选择的 vout 输出电压。

依次点击 ADE 窗口菜单栏的 Tools→Parametric Analysis 弹出参数分析窗口，按图 6-30 设置好，让 vcm2 电压值由 0.8 V 变化到 1.6 V，总共 5 步，每步都进行前面设置好的 dc 分析过程，这样可以看在不同的 vinn 电压下，vinp 直流分析的结果。

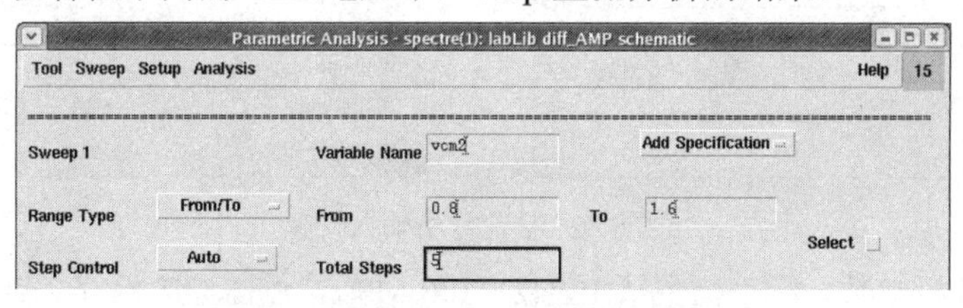

图 6-30　vcm2 电压步长式增长设置

然后点击参数分析窗口菜单中的 Analysis→Start，可以看到如图 6-31 所示的结果。

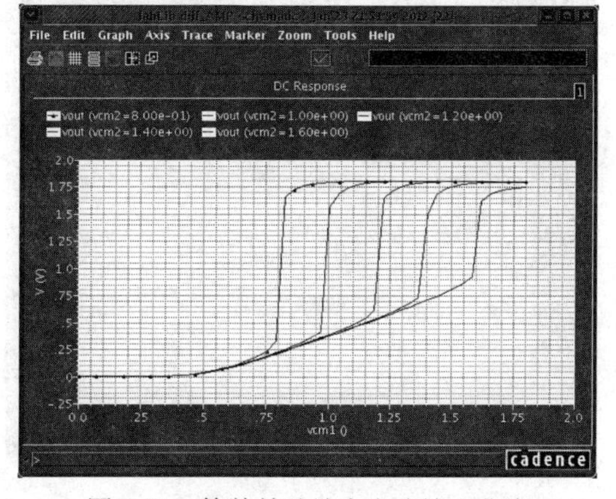

图 6-31　简单差动放大电路输出曲线

为使电路正常工作，输入共模电压的范围应为：

$$V_{GS1}+(V_{GS0}-V_{TH0})\leqslant V_{in,\ CM}\leqslant V_{DD}-(V_{GS3}-V_{TH3})+V_{TH1}$$

输出共模范围应为：

$$V_{OD0}+V_{OD1}\leqslant V_{out,\ CM}\leqslant V_{DD}-|V_{OD3}|$$

式中，$V_{OD}=V_{GS}-V_{TH}$表示过驱动电压。

本实验中最小输入共模电压为 0.8 V 左右，小于 0.8 V 的输入共模电平会使 M0 进入线性区，M1、M2 进入亚阈值导通状态；最大输入共模电压为 1.4 V 左右，大于该值的输入共模电压将使 M1、M2 进入线性区。从图 6-31 中我们可以观察到随着 vcm2 的增大，输出摆幅越来越小。通过仿真验证了输入共模电压对输出共模范围的影响的结论。

2. AC 分析

点击 Setup→Stimuli，将 vinp 的 AC magnitude 设为 0.5，将 vinn 的 AC magnitude 设置为 –0.5，点 Change 保存修改，如图 6-32 所示。

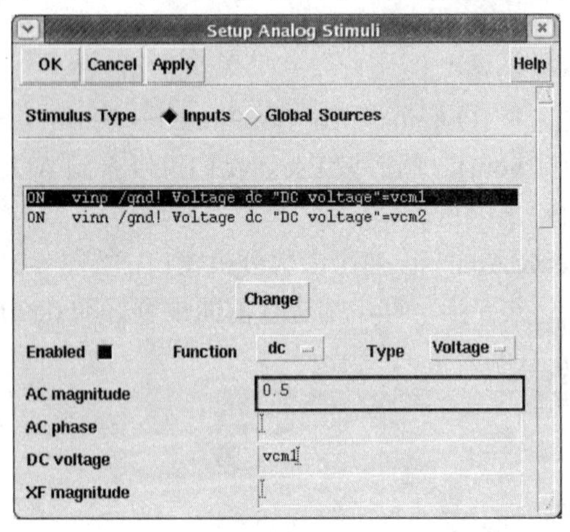

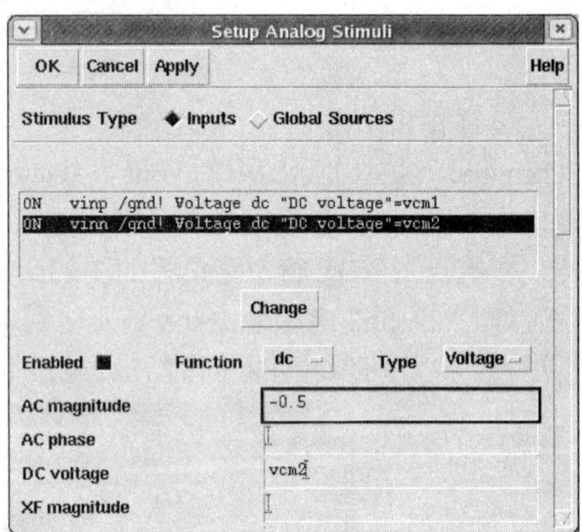

图 6-32　交流分析输入设置

设置交流分析参数，频率范围从 10 Hz～100 MHz，点击 OK 保存。点击运行后的输出波形，如图 6-33 所示。

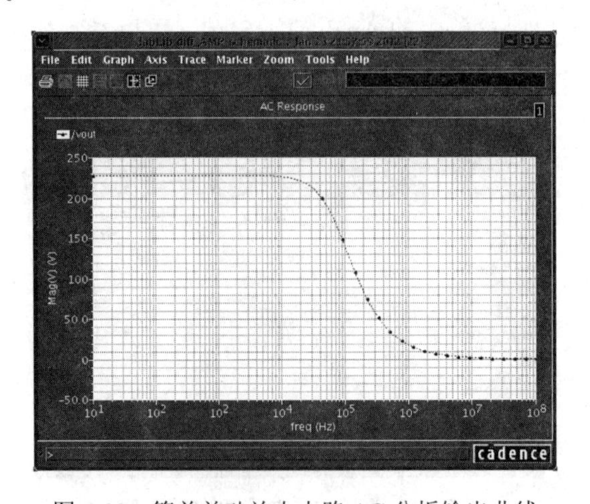

图 6-33　简单差动放大电路 AC 分析输出曲线

依次点击波形显示窗 Tools→Calculator，弹出如图 6-34 所示窗口，在 Calculator 的函数列表窗里选择 phaseMargin，然后点击就可以得到相位裕度，这里是 70.8° 。说明该放大器在反馈系统中使用不会引起振荡。

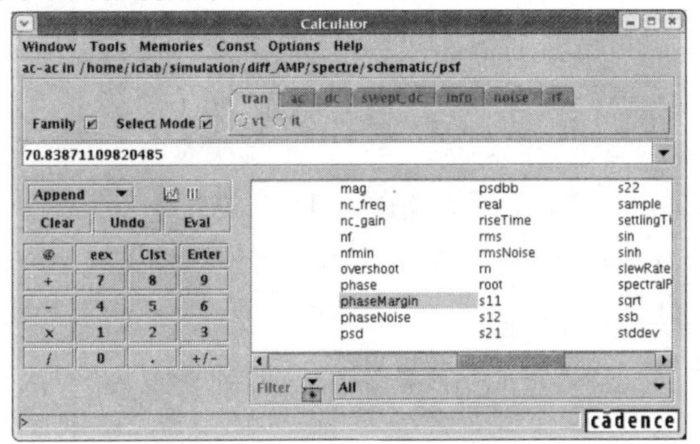

图 6-34　波形相位裕度分析

3. 共模增益与共模抑制比(CMRR)

回到 Simulation 窗口，点击 Setup→Stimuli，将 vinp 和 vinn 的 AC magnitude 都设为 1，如图 6-35 所示。这时输入没有差模，相位相等，所以是共模。

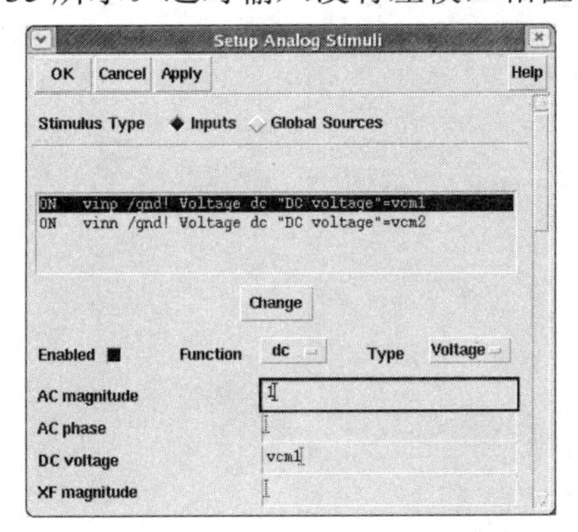

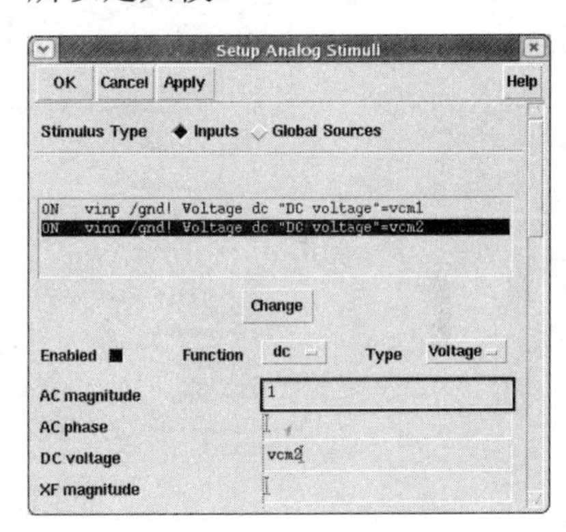

图 6-35　共模输入设置

点击运行开始仿真，得到如图 6-36 所示输出波形。

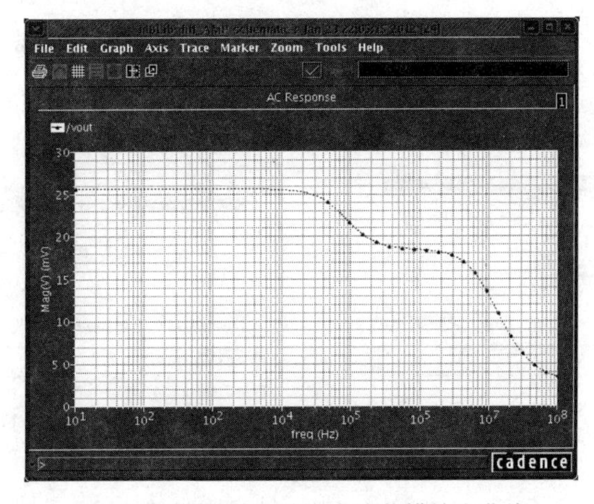

图 6-36　简单差动放大电路共模输出曲线

从图 6-36 我们可以看到，即使电路是完全对称的，输出信号也会因为输入共模变化而变化，这个缺点在全差动电路中不存在。为了合理地比较各种差动电路，通常应用下式所示的“共模抑制比”(CMRR)来衡量性能。

$$\text{CMRR} = \left|\frac{A_{\text{DM}}}{A_{\text{CM}}}\right|$$

本实验中，低频时 A_{DM} 大约为 230(如图 6-33 所示)，A_{CM} 大约为 0.026(如图 6-36 所示)，转换成 dB 表示分别为 47 dB 和−31.7 dB，因此 CMRR 大约为 78.7 dB。

4. 电源抑制比(PSRR)

回到电路图编辑窗口，将 V0 的 AC magnitude 设为 1，如图 6-37 所示，点击 OK 退出。之后保存电路图。

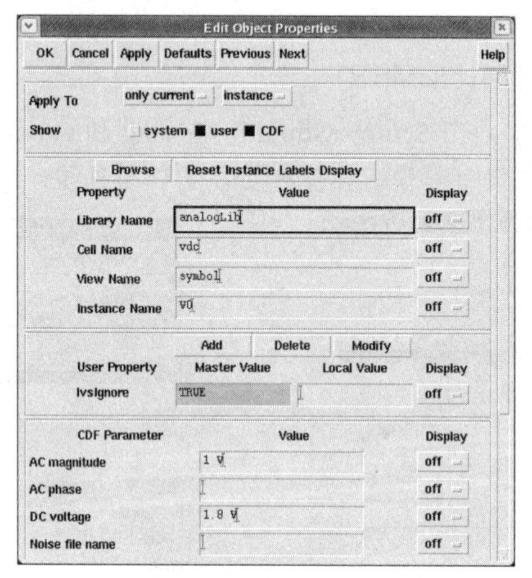

图 6-37　电源参数设置

回到 Simulation 窗口，点击 Setup→Stimuli，将 vinp、vinn 的 AC magnitude 设为 0，如图 6-38 所示。

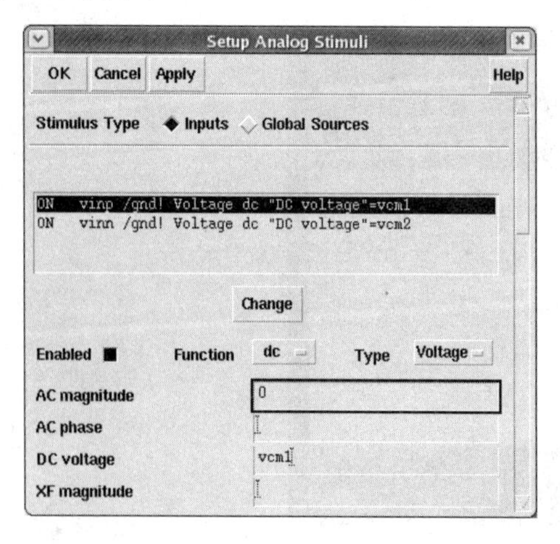

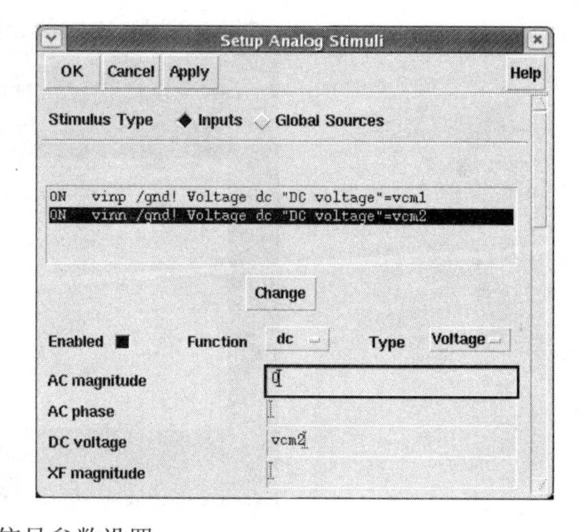

图 6-38　输入信号参数设置

点击运行开始仿真，结果如图 6-39 所示。

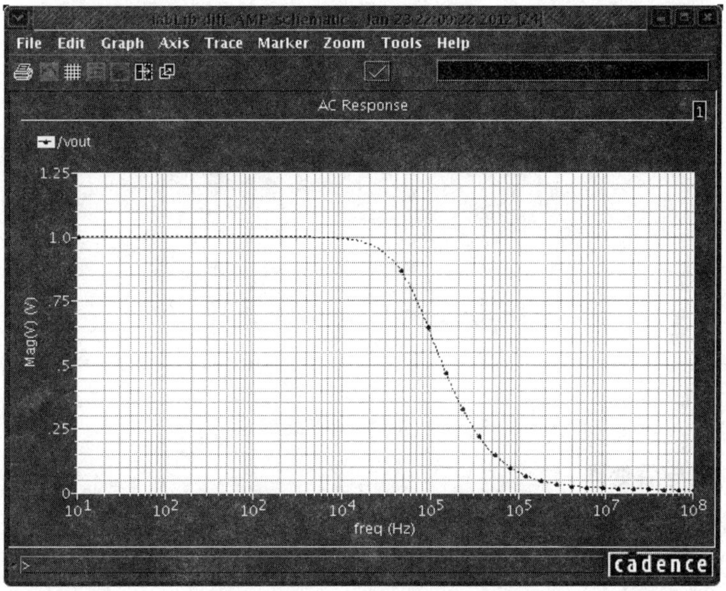

图 6-39　PSRR 仿真结果

我们可以看到在低频时从 vdd 到 vout 的增益接近 1。PSRR 为从输入到输出的增益除以从电源到输出的增益。在低频时，由于电源到输出的增益为 1，所以 PSRR 近似为差动放大器的低频差模增益，低频时共模抑制比(PSRR)为：

$$\mathrm{PSRR} \approx g_{m,\,NMOS}(r_{o,\,PMOS} \| r_{o,\,NMOS})$$

仿真结果可以证实这一点。

6.5　设 计 练 习

6.5.1　MOS 晶体管电容测试

1. MOS 晶体管电容概念

MOS 晶体管电容是指当晶体管的源漏都短接到地时，栅对源、栅对漏、栅对衬底三个电容之和。由于 MOS 晶体管的单位面积电容量较大，在许多电路设计中，常用 MOS 晶体管电容来代替平板电容。但 MOS 晶体管电容的非线性比较严重，其电容值会随着栅电压变化而变化。使用前，可以通过仿真获得对 MOS 晶体管电容的特性。

2. MOS 晶体管电容测试电路

MOS 晶体管电容测试电路如图 6-40 所示。MOS 管(M0)调取自 tsmc18rf 库中的 nmos2v 单元，所有参数值采用默认设置。设置 V0 的 DC voltage 值为一变量 vgs。电压源 V1、V2 的 DC voltage 值为零，这样漏极和源极的电位相等，等于短接。

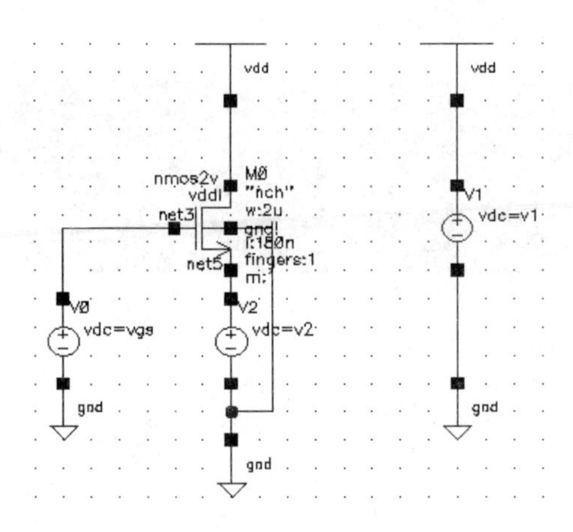

图 6-40　MOS 电容测试电路

3. 仿真测试与后处理

在 ADE 中设置 dc 分析，只选择保存工作点就可以了。

对 V0 的参数变量 vgs 应用 Parameter Analysis 进行参数扫描分析，其值从 −3～3 V。

在 ADE 窗口中点击菜单 Outputs→Setup，弹出如图 6-41 所示对话框。

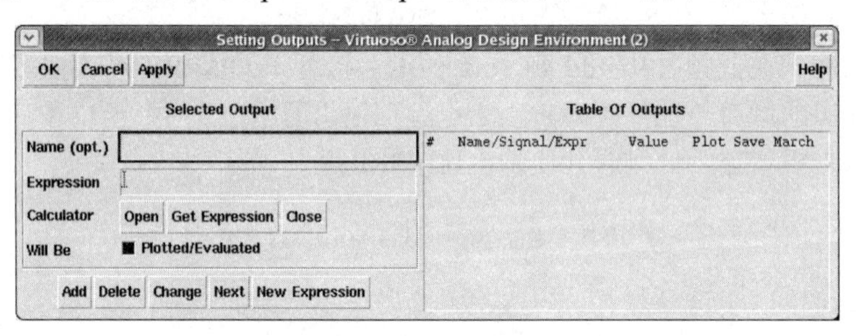

图 6-41　setup 窗口视图

在图 6-41 中点击 Calculator 右侧的 Open 按键，打开 Calculator。在 Calculator 对话框中选择 Info→op，如图 6-42 所示，弹出一个 Select an instance 的对话框，如图 6-43 所示。

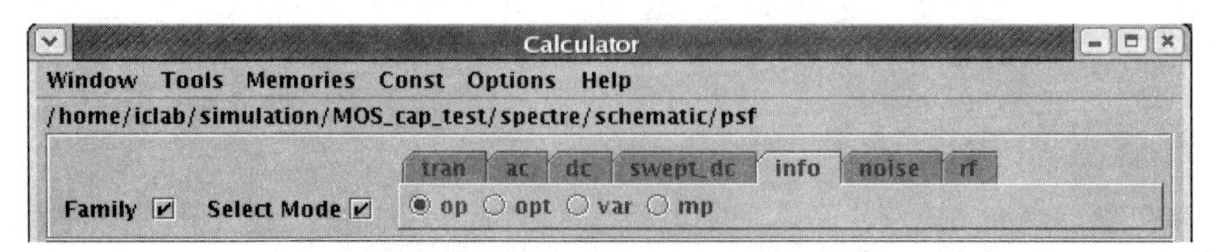

图 6-42　Calculator 仿真计算选择模式

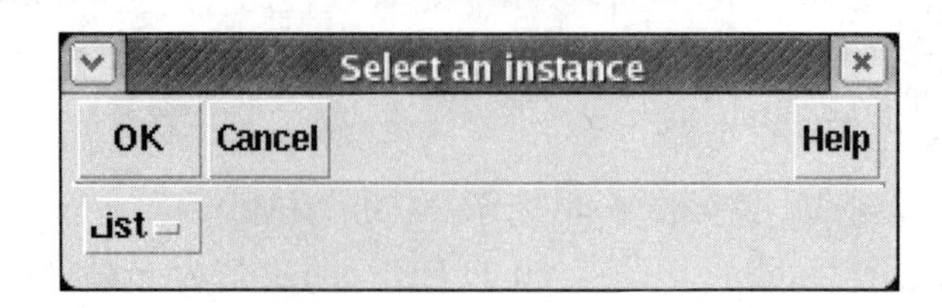

图 6-43　器件参数列表界面

这时在电路图(Virtuoso)中选中 MOS 管 M0，然后在图 6-43 的 Select an instance 对话框点击 List 出现一个列表，在列表中选择 cgs，这时在 Calculator 的表达式输入区出现 cgs 的表达式，再点击 Calculator 的表达式编辑按钮右下角的“+/－”按钮，给 cgs 加负号；然后再点击 Select an instance 对话框的 List，选择 cgd，再加负号，此后点击 Calculator 的表达式编辑按钮中的“+”按钮。接下来对 cgb 应用相同的操作，即点击 Select an instance 对话框的 List 选择 cgb，然后在 Calculator 中加负号，最后再点击“+”按钮。最终，Calculator 的表达式输入区变为如图 6-44 所示。

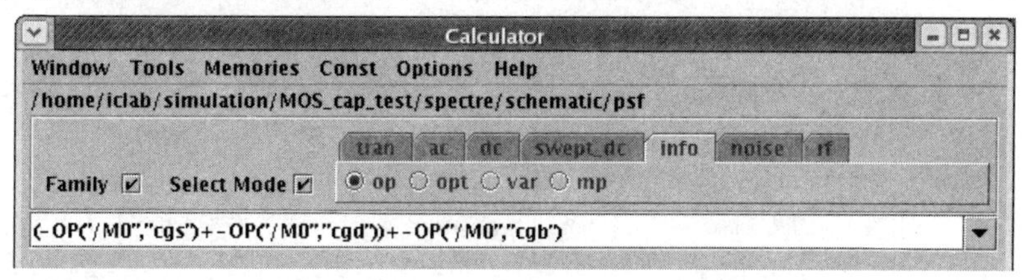

图 6-44　Calculator 计算表达式界面

此后点击 Calculator 的计算结果输出按钮，输出测试结果。

(1) 输出 MOS 电容的随栅压变化的曲线。试问在 vgs 为何值时，MOS 的电容最小？要有较大的电容时，vgs 的值应如何设置？

(2) 如果 MOS 的衬底电压有 0～0.5 V 变化时，如何完成晶体管电容的测试？

6.5.2　电流镜性能仿真

本实验通过对两种电流镜——共源共栅栏(Cascode)电流镜和威尔逊(Wilson)电流镜的仿真比较，熟悉两种电流镜的特点与性能，并学习数据处理中的变量之间关系的图形输出。

1. MOS 电流镜结构与器件参数设置

如图 6-45 所示为 Cascode 电流镜和 Wilson 电流镜的仿真电路图。

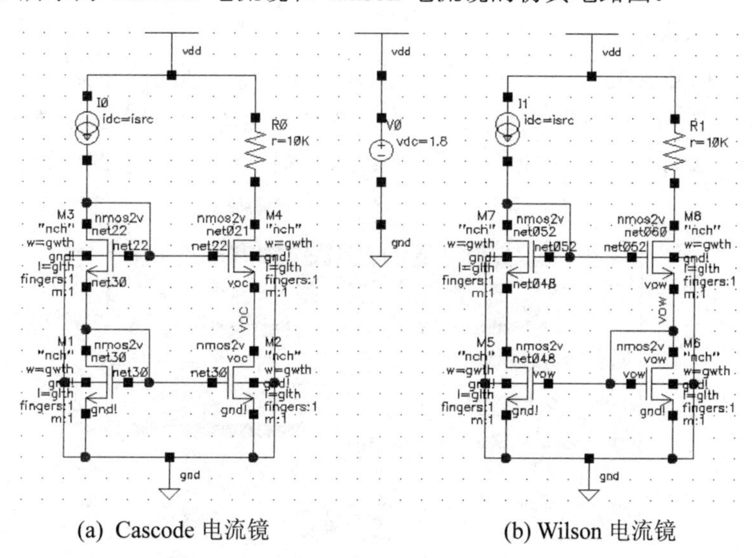

(a) Cascode 电流镜　　　　(b) Wilson 电流镜

图 6-45　Cascode 电流镜和 Wilson 电流镜

图中的 M1～M8 为 tsmc18rf 库中的元件 nmos2v，将它们的栅长 L 设为变量 glth，将其栅宽设置为变量 gwth，如图 6-46 所示。其他元件调用自 analogLib 库。将电流源 I0 和 I1 的 DC current 栏设置为参数 isrc。V0 的 DC voltage 栏设置为 1.8 V。电阻 R0 和 R1 的值设置为 10 k。

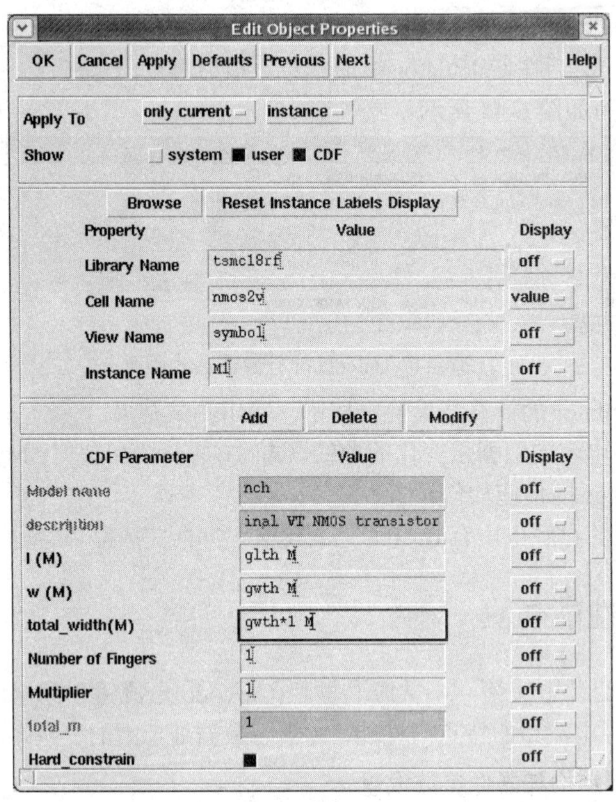

图 6-46　M1～M8 MOS 管的参数设置为变量

2. 仿真参数设置

变量编辑：打开 ADE 环境，然后点击 ADE 工具栏的变量值编辑按钮，打开变量值编辑对话框，点击 Copy From 按钮调入电路中的变量，设置变量值。isrc 设置为 100 μ，glth 设置为 0.18 μ，gwth 设置为 24*glth，其中 24 表示晶体管的 W/L = 24。设置好的变量如图 6-47 所示。

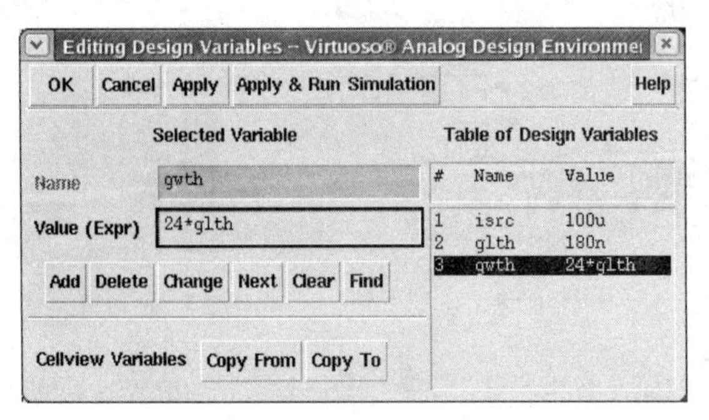

图 6-47　变量值编辑

分析类型设置：在 ADE 窗口打开分析类型设置窗口，设置分析类型 dc，点选存储 DC 工作点，设置对变量 isrc 进行扫描，扫描范围从 0～200 μ，如图 6-48 所示。

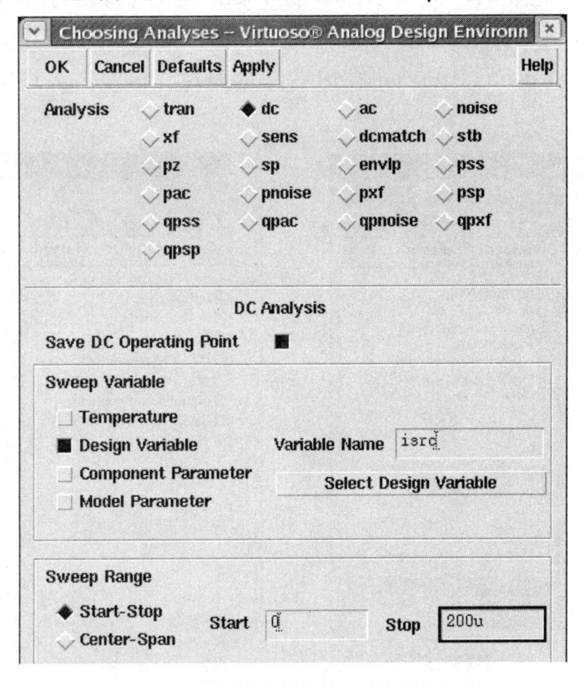

图 6-48　设置分析类型 dc 及变量扫描

输出设置：点击 ADE 菜单→Outputs→to be Ploted→Select On Schematic，从电路图中点取线网 voc，点击 M3 和 M2 的漏极引脚输出两个支路的电流。对 Wilson 电流镜的仿真可以有完全类似的设置，也可以同时完成两种电流镜的输出设置。设置完成的 ADE 如图 6-49 所示。

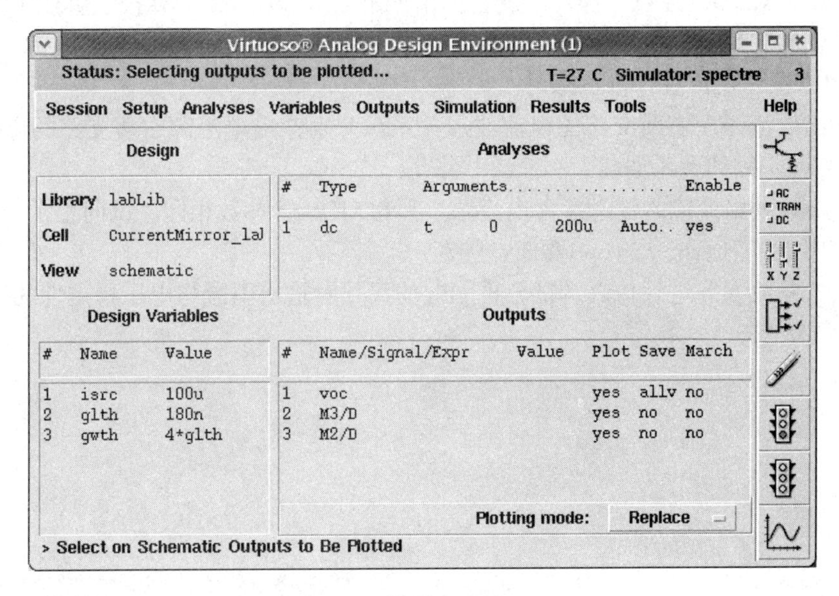

图 6-49　设置完成的 ADE

3. 电流镜性能仿真、比较与分析

仿真设置参数设置完成后，点击 Nstlist and Run 运行仿真，弹出波形输出窗口。然后点选波形输出菜单窗口→Tools→Browser，弹出如图 6-50(a)所示结果浏览(Results Browser)管理窗口。此时，点击 Results Browser 窗口右边列表栏，再双击点选区 dc-dc，则窗口变为如图 6-50(b)所示。

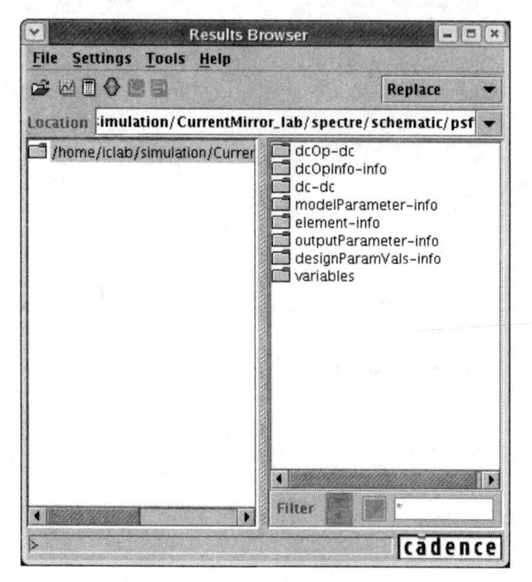

(a) 结果浏览窗口视图

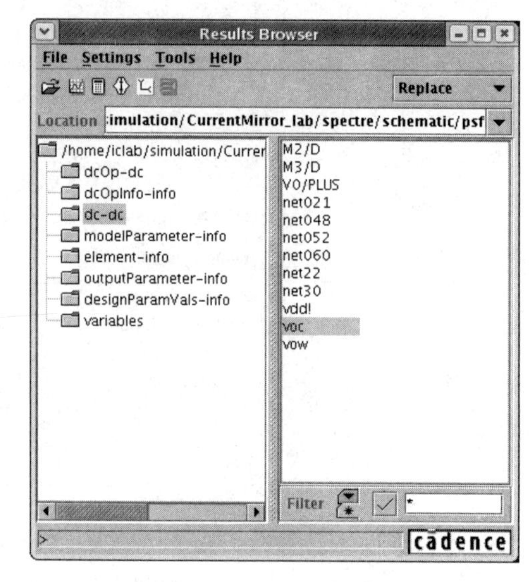

(b) 结果浏览窗口直流分析视图

图 6-50　结果浏览管理窗口

在图 6-50(b)所示界面的右边列表栏点击一线网电压或节点电流(y 轴变量)，例如我们点击 voc，然后再点击工具栏图标，接着再点击右边列表栏另一线网电压或节点电流(x 轴变量)，例如 M2/D。经以上操作，就会弹出一个以 M2/D(M2 的漏极引脚)为横坐标，以 voc 为纵坐标的波形输出窗口，输出的曲线表示了两个量 M2/D 与 voc 间的关系。

熟悉以上操作后，进行以下练习：

(1) 输出电流源左右两支路的电流波形关系。分别输出电流源右边支路的电流与输出电压(voc 或 vow)间的关系曲线？

(2) 假定两种电流镜的输入参考电流源、所有 MOS 管参数相同，试问正常工作时，哪种电流镜的输出电压(voc 与 vow)要低一些？

(3) 改变参数 glth 进行仿真，试分析 glth 的尺寸对输出电流与电压稳定性的影响。

第 7 章　版图设计——Assura Virtuoso

版图(Layout)设计是将模拟优化后的电路转化成一系列几何图形，这些几何图形包含了集成电路尺寸大小、各层拓扑定义等有关元件的物理信息。

集成电路制造厂家根据版图来制造掩膜。版图的设计有特定的规则，这些规则是集成电路制造厂家根据自己的工艺特点而制定的。不同的工艺，有不同的设计规则。设计者只有得到了厂家提供的规则以后，才能开始设计。版图在设计的过程中要及时进行检查，以避免错误的积累而导致难以修改。

Cadence 的版图设计软件为 Virtuoso Layout Editing(简称为 Virtuoso)，它可以帮助设计者在图形方式下绘制版图。Virtuoso 已内嵌在 Cadence 的 IC51 软件组内。

本书第 7～11 章的实验示例将继续对第 5 章所设计的 Amplifier 电路进行版图设计与验证。

7.1　新建 Layout

类似新建原理图，在 CIW 窗口菜单栏中选择 Tools→Library Manager→(选择设计单元：labLib/Amplifier)→File→New→Cellview，打开 Create New File 对话框，库与单元名默认已填好，如图 7-1 所示。Library Name 栏选项为设计库 labLib，Cell Name 栏为 Amplifier，否则需自己选择填写。然后在 Tool 栏中选择 Virtuoso，View Name 栏会自动变为 layout，点击 OK 进行确定后将弹出 Virtuoso 主界面——Virtuoso Layout Editing(VLE)窗口以及版图层设置窗口(LSW)，如图 7-2 和图 7-3 所示。

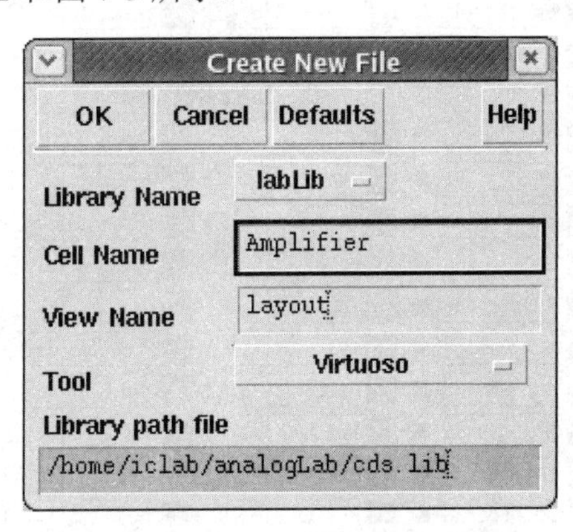

图 7-1　Layout 视图创建

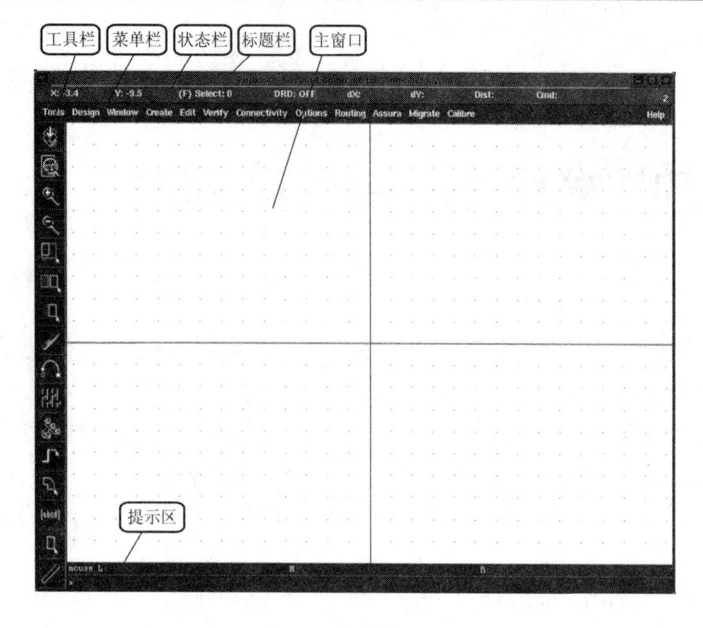

(a) 主界面

(b) LSW界面

图 7-2　Virtuoso 主界面和 LSW 界面

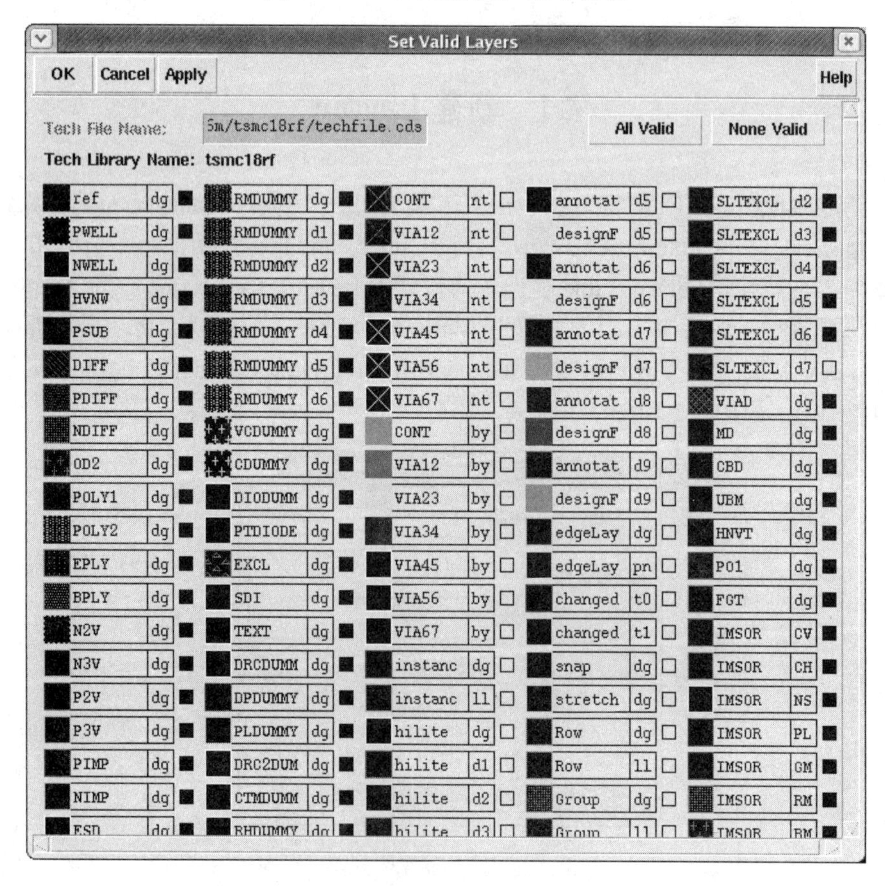

图 7-3　设置 LSW 窗口可见层界面

画版图时，首先在 LSW 中选择相应层，那么在 VLE 窗口中就可以使用此层进行画图。VLE 窗口主要包括：主窗口——画版图的区域、状态栏——提示当前的命令以及所选择的物体个数(特别是鼠标的相对位置与绝对位置等状态信息在画版图时特别重要)、提示区——告诉你当前应该做什么、工具栏——包括编辑版图所需的各项指令，具体应用时应注意：

(1) 类似于 Composer、Virtuoso 中多数命令会一直保持，直到调用其他命令取代它或者按 Esc 取消，在执行 Delete 命令时，忽略这点可能会误删除。

(2) 快捷键 F 可以自动缩放版图到合适大小。

(3) 编辑版图过程中要及时保存，方法是选择菜单栏中的 Design→Save。也可以按键盘的功能键 F2 来保存。

7.2　设置 LSW 可见层

由于工艺库默认的掩膜层非常多，而实际画版图时需要其中一部分层，为了方便操作，需要对 LSW 进行设置：在 LSW 窗口中选择 Edit→Set Valid Layers，弹出如图 7-3 所示窗口。选中每层后面的小方格，则此层在 LSW 窗口中显示，否则此层不出现在 LSW 窗口中。

表 7-1 给出了 TSMC 0.18 μm 1P6M CMOS 工艺画版图所需要的掩膜层，实验时可以根据表 7-1 设置可见层，然后点击 OK 确定即可。

表 7-1　TSMC 0.18 μm 1P6M Salicide 1.8 V/3.3 V 掩膜层

序号	掩膜层名	LSW 中定义的层名	英 文 含 义	中 文 含 义	备注
1*	DNW	HVNW	Deep N-Well	深 N 阱	
2	OD	DIFF	Thin oxide for device, and interconnection	用于元件与互连的薄 SiO_2	√
3	ODR	—	Trench	场(氧)SiO_2	Deri
4	PW	PWELL	P-Well	P 阱	Deri
5*	VTM_N	VTM_N	NMOS Vt implantation	NMOS 阈值(V_t)掺杂	
6	NW	NWELL	N-Well	N 阱	√
7*	VTM_P	VTM_P	PMOS Vt implantation	PMOS 阈值(V_t)掺杂	
8	OD2	OD2	3.3V thick oxide	3.3 V 厚氧	
9	PO	POLY1	Poly-Si	多晶硅	√
10	N2V	N2V	1.8V NLDD implantation	1.8 V 下 NMOS 轻掺杂注入	Deri
11	P2V	P2V	1.8V PLDD implantation	1.8 V 下 PMOS 轻掺杂注入	Deri
12	P3V	P3V	3.3V PLDD implantation	3.3 V 下 PMOS 轻掺杂注入	Deri

续表

序号	掩膜层名	LSW 中定义的层名	英 文 含 义	中 文 含 义	备注
13	N3V	N3V	3.3V NLDD implantation	1.8V 下 NMOS 轻掺杂注入	Deri
14	NP	NIMP	N+ S/D implantation	N+源/漏注入	√
15	PP	PIMP	P+ S/D implantation	N+源/漏注入	√
16*	HRI	HRI	High Resistor Implant	高阻注入	
17	ESD	ESD	ESD implantation	ESD 注入	
18	RPO	RPO	Resist Protection oxide	阻档保护氧化	
19	CO	CONT	Contact hole between M1 and (OD or PO)	接触孔(M1 与 OD 或 M1 与 PO)	√
20	M1	METAL1	1st metal for interconnection	第 1 层金属	√
21	VIA1	VIA12	Via1 hole between M2 and M1	通孔 1(M2 与 M1)	√
22	M2	METAL2	2nd metal for interconnection	第 2 层金属	√
23	VIA2	VIA23	Via2 hole between M3 and M2	通孔 2(M3 与 M2)	
24	M3	METAL3	3rd metal for interconnection	第 3 层金属	
25	VIA3	VIA34	Via3 hole between M4 and M3	通孔 3(M4 与 M3)	
26	M4	METAL4	4th metal for interconnection	第 4 层金属	
27	VIA4	VIA45	Via4 hole between M5 and M4	通孔 4(M5 与 M4)	
28*	CTM	CTM2(/3/4/5)	Capacitor top metal	电容顶层金属	与顶层金属有关
29	M5	METAL5	5th metal for interconnection	第 5 层金属	
30	VIA5	VIA56	Via5 hole between M6 and M5	通孔 5(M6 与 M5)	
31	M6	METAL6	6th metal for interconnection	第 6 层金属	
32	CB	PAD	Passivation open for bond pad	焊盘(鈍化窗口)	

注：表 7-1 中带*序号为一些特殊层；备注栏中 Deri 表示导出的逻辑层；√表示本实验中将用到的层。

7.3　绘制 PMOS 管

首先绘制 Amplifier 中的 M0(PMOS 管)，其栅长为 0.18 μm，栅宽为 2 μm。由于采用的是 0.18 μm 工艺，而 Virtuoso 中默认的最小单位为 0.1 μm，所以需要改变设置。在 Virtuoso 菜单栏中选择→Options→Display，会弹出显示选项窗口，如图 7-4 所示，将其中的 X Snap Spacing 和 Y Snap Spacing 两栏皆设置为 0.01，点击 Save To 保存，然后点击 OK 确定。

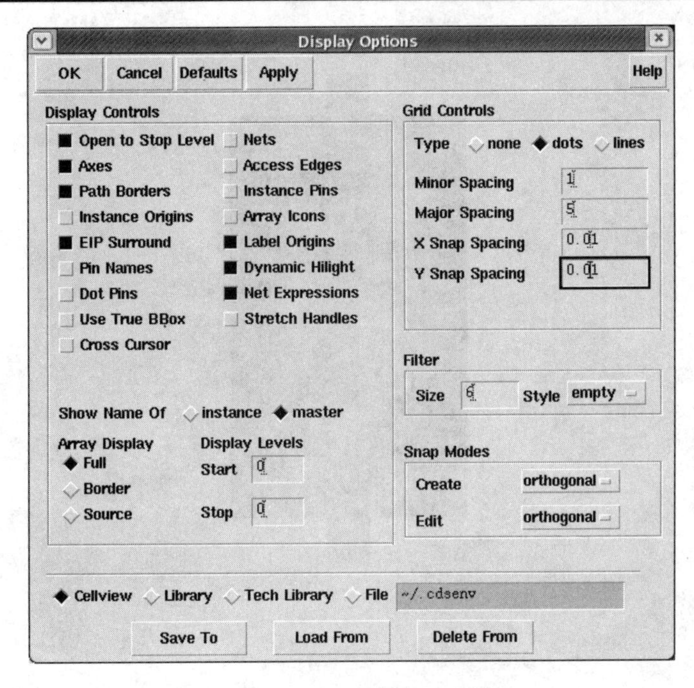

图 7-4　Virtuoso 显示选项设置

(1) 绘制有源区。选择标尺工具：Windows→Creat Ruler(或键入快捷键 k)进行定位。点击左键开始，再点击一次左键画标尺。用标尺定位一个 1.22 μm × 2 μm 的矩形。点击 Esc 退出标尺命令。然后在 LSW 窗口中选择 DIFF 层，再在 Virtuoso 窗口中选择 Creat→Rectangle 或直接键入快捷键 r，沿刚才的标尺绘制矩形有源区，如图 7-5 所示。

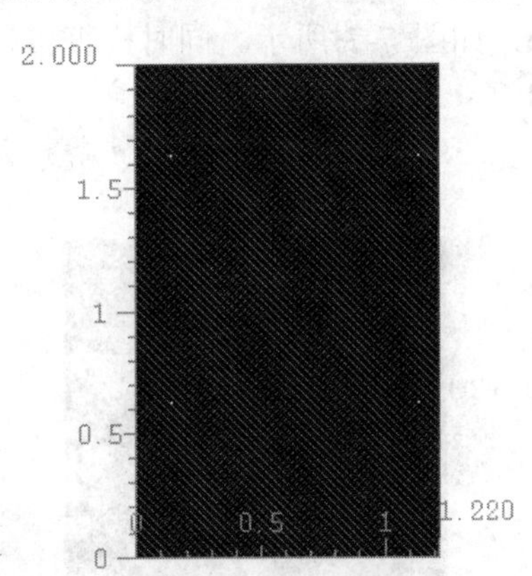

图 7-5　用标尺定位有源区(单位：μm)

(2) 绘制多晶硅栅。键入 Shift + K 清除当前的标尺，然后利用标尺，于有源区定位好栅的位置，再在 LSW 窗口中选择 POLY1 层，在 Virtuoso 中沿标尺绘制栅，画 POLY1 宽 0.18 μm(栅长 L)，并绘制 POLY1 一端伸出 DIFF 区 0.2 μm，另一端伸出 DIFF 区大于 0.22 μm，如图 7-6 所示。特别注意，根据设计规则，多晶硅栅相对于有源区的最小延伸为 0.22 μm，在此绘制出的一端伸出 DIFF 区为 0.2 μm，是违反设计规则的，这样做主要是为了下章演示 DRC 检查用的。

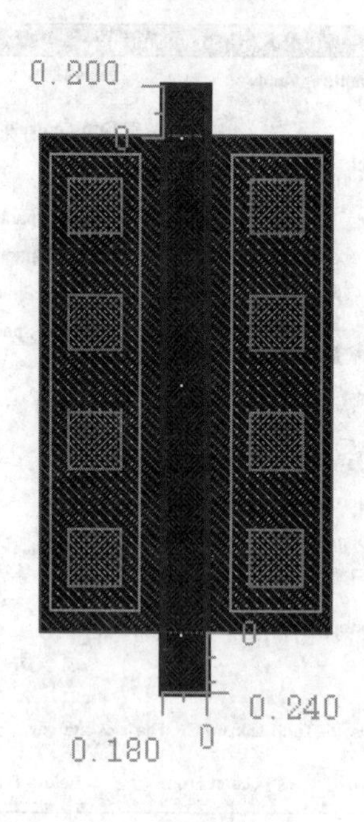

图 7-6　绘制多晶硅栅(单位：μm)

(3) 绘制接触孔。接触孔的图层名字为 CONT。同绘制有源区的方法，在 MOS 的源区和漏区中各绘制若干个接触孔。画好一个接触孔后，再复制若干个，方法为：键入快捷键 c，然后选中要复制的对象，再移动对象到合适位置，点击左键放下。在放下对象之前按 F3 进一步选择细节，比如复制物体以何种方式移动。注意，根据设计规则，接触孔大小为 0.22 μm，孔间距大于 0.25 μm，如图 7-7 所示。同时检查接触孔与有源区内边、多晶硅栅外边的距离是否满足设计规则。

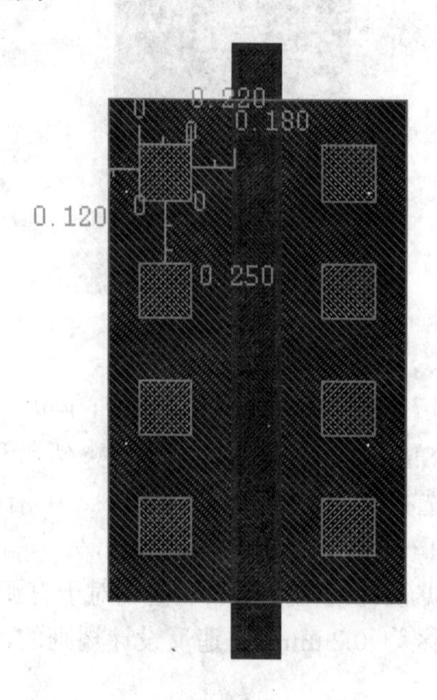

图 7-7　绘制源/漏区接触孔(单位：μm)

(4) 绘制金属层。接触孔只是在薄氧化层上打了个孔，元件间的连接要靠金属层。在LSW 窗口中选择 METEL1，然后比接触孔区域略大一些绘制出矩形，如图 7-8 所示。

图 7-8　绘制金属层

(5) 绘制扩散区。有源区仅仅是把芯片分为有源区(做元件的区域)和场氧区两部分。有源区究竟是做 NMOS 还是 PMOS 是由扩散类型决定的。绘制 PMOS 管时，在 LSW 中选择P 扩散 PIMP，然后以有源区为基准，各边向外延伸绘制一矩形(遵循设计规则)，如图 7-9 所示。

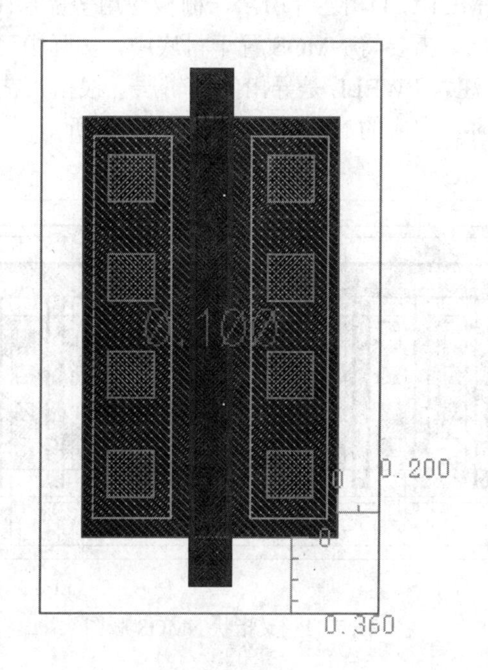

图 7-9　绘制扩散区(单位：μm)

(6) 绘制N阱区。由于TSMC 0.18 μm 1P6M CMOS工艺是P型衬底，需要将PMOS置于N阱中，所以要画N阱。在LSW中选择NWELL，然后绘制矩形，将所绘制的PMOS管全部包含进去，如图7-10所示。

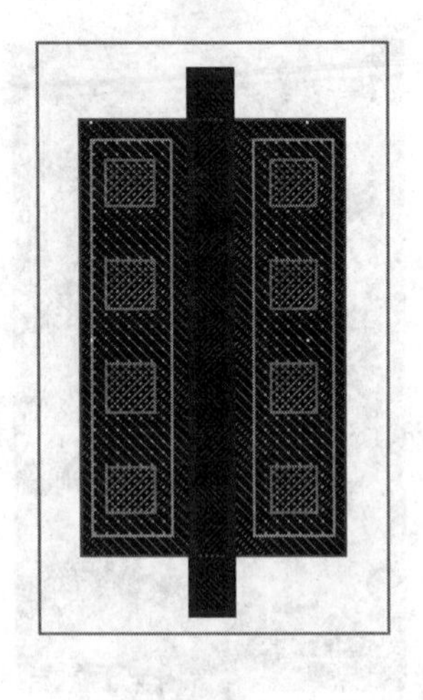

图7-10　绘制N阱

7.4　绘制NMOS管

NMOS管的长为0.18 μm，宽为20 μm，采用叉指状MOS版图结构(Finger为10，每个Finger的宽度为2 μm)。前几步与绘制PMOS相似，不同的是扩散区用的是NIMP。NMOS的源和漏区应用金属1(METAL1)相连并引出，栅极应用多晶层(POLY1)连接并引出。由于所采用的工艺是P型衬底，需要将NMOS置于衬底中，实际中可以不绘制衬底层，也可以绘制P阱(PWELL层)，注意PWELL是导出的逻辑层。根据工艺，在NIMP外绘制一矩形WELLBODY层表示P阱。完成的NMOS版图如图7-11所示。

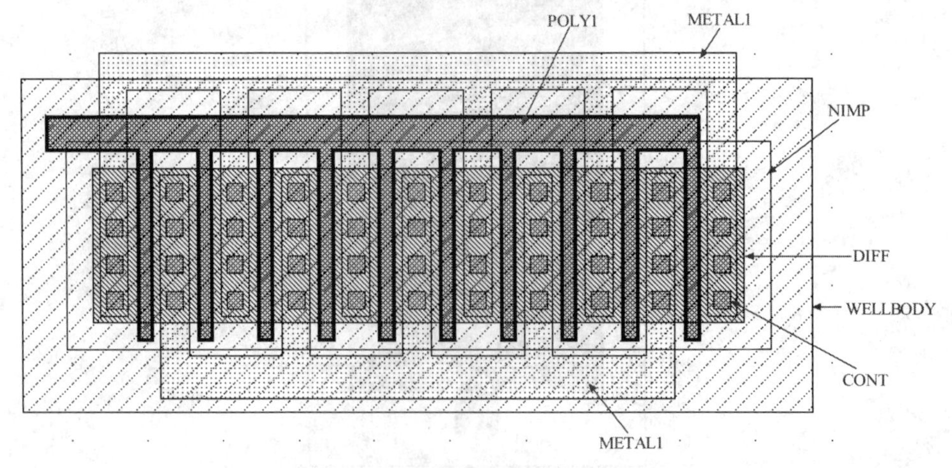

图7-11　叉指状NMOS版图

7.5　信号线的连接

把 7.3 节和 7.4 节绘制好的 PMOS 管和 NMOS 管移动到合适位置，如图 7-12 所示。移动某区域内的图形时，用鼠标拖一个框，选中画好的整个区域，键入快捷键 m，然后点击选中区域，这时可以移动选中区域到指定位置，点击左键放下。

(1) 连接输出。在 NMOS 和 PMOS 的漏极之间绘制一个金属(METAL1)矩形，将两者的两块漏区用金属连接起来；然后在 PMOS 栅极下面的伸出端再加一块水平 POLY1，与绘制好的两个管子的漏极的 METAL1 区域重叠；最后在 METAL1 与 POLY1 的重叠区绘制 CONT 层矩形将 PMOS 管的栅与漏相连，如图 7-12 右中部“输出”注解所示。

(2) 连接输入。把 NMOS 的栅层向左延长一部分，并在其上绘制一 METAL1 矩形，在两者重叠区绘制 CONT，METAL1 引伸出来为输入，如图 7-12 左中部“输入”注解所示。

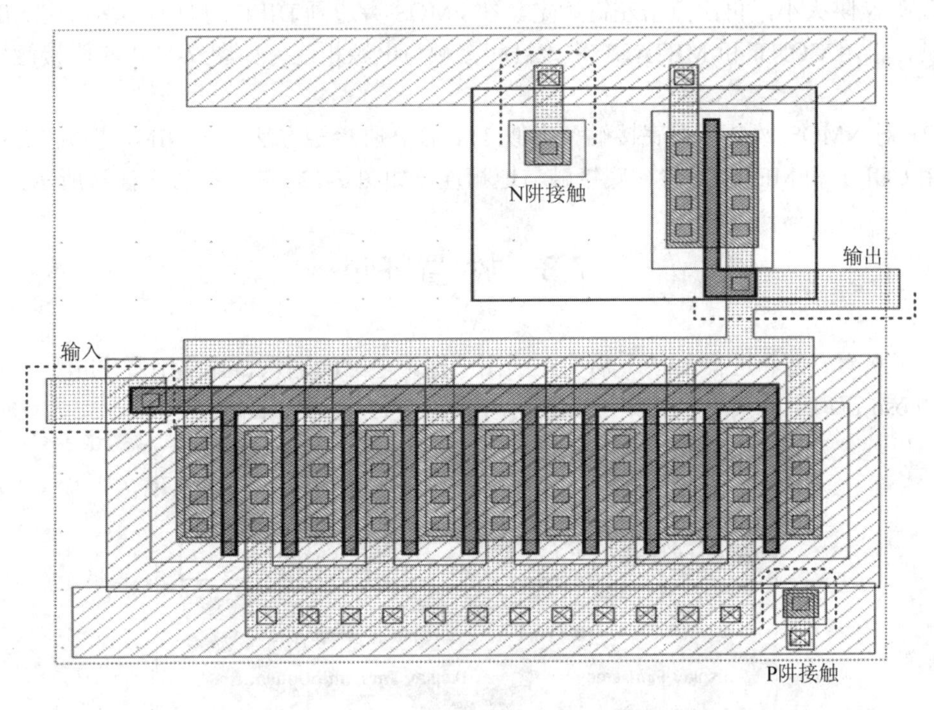

图 7-12　加上电源/地线、衬底接触(图中虚线圆角框不是版图层，是注解框)

7.6　连接电源与地线

电源线与地线都使用 METAL2 层。

绘制电源线。在 LSW 窗口选择 METAL2，然后在 PMOS 上方绘制水平矩形。连接电源线与 PMOS 源区。在 PMOS 源区上方用 METAL1 绘制矩形，使其一端连接 PMOS 源区金属，另一端和刚才绘制的电源线重叠。现在要把这两层重叠的金属连起来，METAL1 与 METAL2 的连接是利用通孔 1 层(VIA12)。在 LSW 窗口中选择 VIA12，在 METAL1 与

METAL2 重叠的地方绘制一矩形，如图 7-12 最上部所示。

同样的方法，用 METAL2 绘制出地线，并且用 VIA12 将其与 NMOS 源区的金属相连，如图 7-12 最下部所示。

7.7 做衬底接触

晶体管所在的衬底要有正确的偏置，NMOS 的衬底(P 阱)需接地，而 PMOS 的衬底(N 阱)需接电路中的最高电位，即电源。给衬底加偏置的方法是做衬底接触，对于 NMOS，是在 P 阱(或 P 衬底)上加入 P 注入形成欧姆接触，并与地相连；对于 PMOS，是在 N 阱(或 N 衬底)上加入 N 注入形成欧姆接触，并与电源相连。

(1) 对 PMOS 做 N 阱接触。注意必要时将 N 阱扩大，以便能放下欧姆接触图形。Edit→Stretch 或者键入快捷键 s，然后将鼠标移动到 N 阱的边线上，点击左键，这时移动鼠标就可改变 N 阱大小，再次点击左键确定。在 PMOS 旁边画 DIFF 的矩形，然后用 NIMP 将其包围，再用 CONT 和 METAL1 将该衬底接触与电源相连，如图 7-12“N 阱接触”注解所示。

(2) 对 NMOS 做 P 型衬底接触。类似(1)的做 P 阱接触方法，将 NIMP 换成 PIMP，然后再用 CONT 和 METAL1 将衬底接触与地相连，如图 7-12“P 阱接触”注解所示。

7.8 放置 Pin

为了观察方便和进行 LVS，需要在版图中标记电路的输入、输出引脚(Pin)和电源。选择 Virtuoso 窗口中的菜单 Create→Pin，打开如图 7-13 所示对话框。

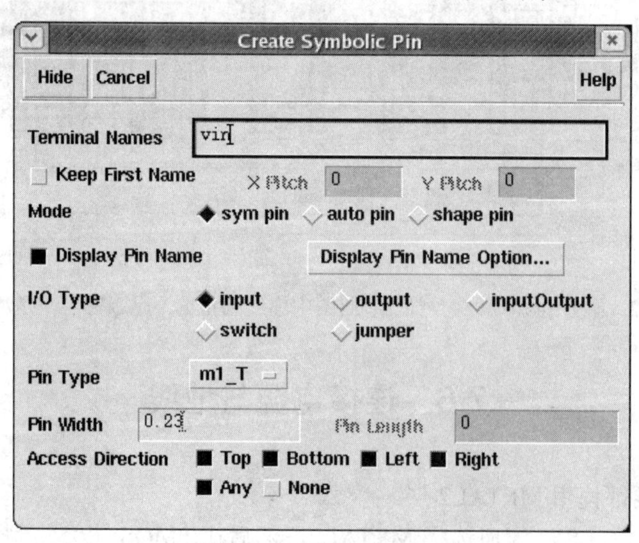

图 7-13　创建版图上的 Pin 及标识

在 Terminal Names 栏中填入 Pin 的名称，通常应与 Schematic 中的对应 Pin 的名称相同。在 Pin Type 栏中选择创建的 Pin 的类型，也就是选择与 Pin 粘连的掩膜层。注意，本实验所使用的 TSMC 工艺， Pin Type 栏下的选项 poly1_T、m1_T、m2_T、…、m6_T 分别对应 LSW 窗口中的 POLY1(pn)、METAL1(pn)、METAL2(pn)、…、METAL6(pn)层，它们表示各层金属的文字标识层，而并不是在 7.5 节中绘制金属连线的掩膜层 POLY1(dg)、METAL1(dg)～METAL6(dg)等。其他选项根据电路需要进行设置，如图 7-13 所示。在 Virtuoso 窗口中放置 Pin，而后出现一粘连的虚飞线，此时在 vin 的 METAL1 引出层上再点击左键，就实现了版图的 vin 输入区与电路图的输入 Pin 的粘连。vout、vdd! 和 gnd! 设置也可采用类似的方法完成。对 vdd! 和 gnd！设置时，图 7-13 中的 Pin Type 栏选择 m2_T，表示第 2 层金属的文本层。放置 Pin 后的版图如图 7-14 所示。

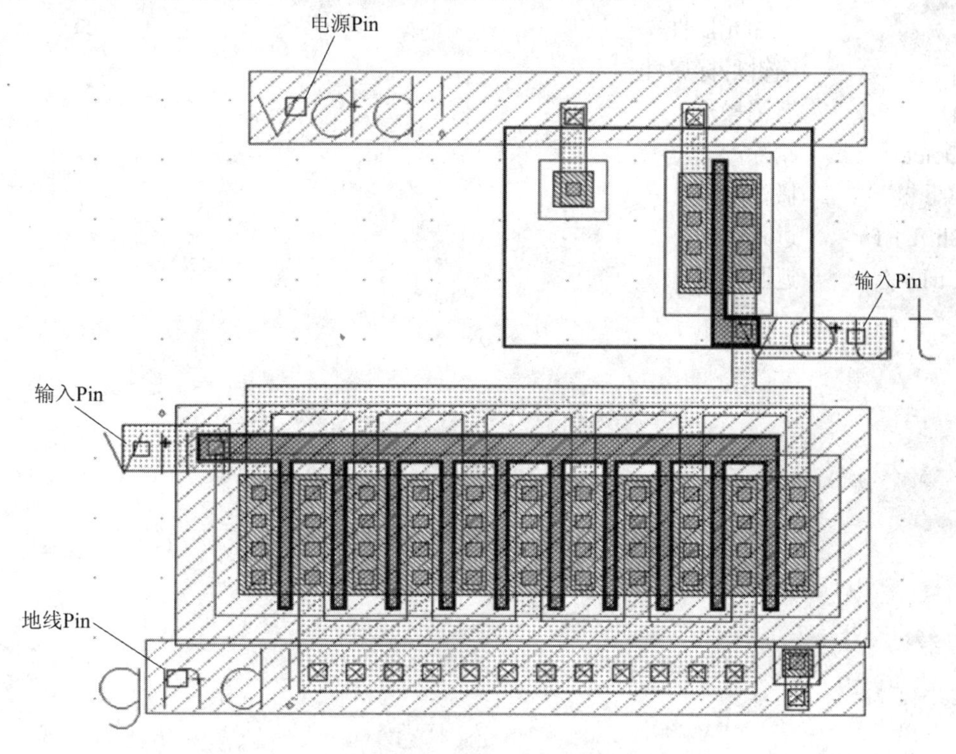

图 7-14　放置输入/输出 Pin

7.9　版图输入常用快捷键

F2	存盘
c	复制
m	移动
r	画矩形
Shift + p	画多边形
p	画线
l	添加标识([ĕl])
s	拉伸图形边缘

Shift + c　　剪裁(Chop)
Shift + o　　旋转
Shift + m　　合并选中的同层
k　　调用标尺
Shift + k　　清除标尺
f　　全工作窗口显示
Shift + z　　缩小
Ctrl + z　　放大
i　　添加元器件
q　　编辑目标属性
u　　撤销操作
Delete　　删除
Esc 键　　撤消命令
Shift + f　　进入下层
Ctrl + f　　返回上层

第 8 章　设计规则检查——Assura DRC

Cadence 用来做版图验证的工具有 Diva、Dracula、Assura 等。Assura 具有完全的图形界面，支持交互式和批处理操作，可以使用层次化的处理，能够快速、高效地识别和定位版图设计错误，并可以整合到 Virtuoso 的主界面中，是功能全面的版图验证工具。本章简单介绍如何用 Assura 进行 DRC 检查。

8.1　设置并运行 DRC

(1) 首先，我们在工作目录下新建一个目录 DRC，用于存放 DRC 输出的各种文件。

(2) 打开第 7 章中我们画好的放大器 Amplifier 的版图，从 Virtuoso 菜单栏→Assura→Technology 可以打开如图 8-1 所示界面，设置 Assura 工艺检查文件 assura_tech.lib。

图 8-1　Assura 工艺文件设置

(3) 从 Virtuoso 菜单栏→Assura→Run DRC 可以打开 Run Assura DRC 界面，如图 8-2 所示。

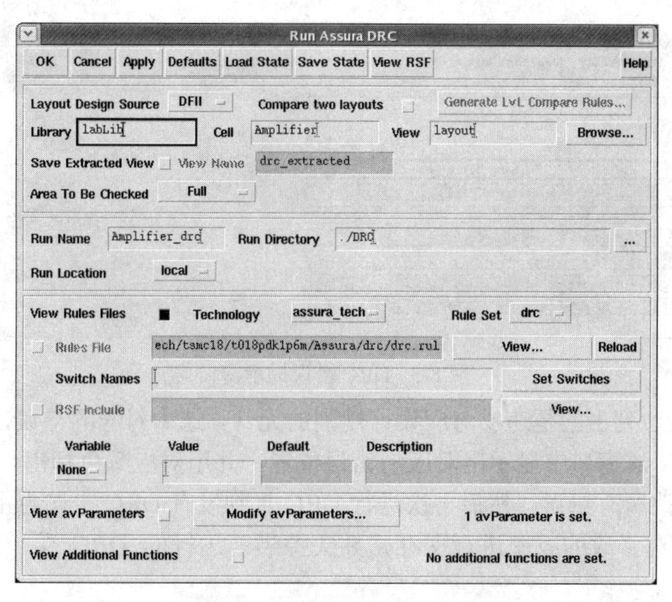

图 8-2　Run Assura DRC 窗口

其中，Layout Design Source 用于设置版图文件来源，默认是 DFⅡ格式版图，即标准的 Cadence Design Framework Ⅱ数据格式。使用 DFⅡ的格式，则 Library、Cell、View 等就会自动填好(可以通过 Browse 按钮选择版图文件)。于 Run Name 栏输入 DRC 输出结果文件名，如 Amplifier_drc，于 Run Directory 栏输入建立的 DRC 输出目录路径，如./DRC。

然后，进行版图设计规则文件的设置。

在 Run Assura DRC 界面中点选 View Rules Files 后的选择框，将 Technology 选项的 Undefined 换为 assura_tech，Rule Set 选项的 default 选为 drc，设计规则文件(Rules File)设置路径会自动填好。进一步还可以点选其后的 View…，观察详细的设计规则文件内容。

以上设置完毕，点击 Save State 将当前设置保存，然后点击 OK 就开始 DRC 了。

8.2　查找 DRC 错误并修改

点击 OK 运行 DRC 后，会先弹出一个 Progress 窗口，显示当前运行 DRC 的一些信息，当 DRC 结束后，该窗口就会消失，然后弹出是否查看 DRC 结果的对话框，点击 YES。

如果有设计错误的话，DRC 将会弹出一个 Error Layer Window(ELW)窗口。ELW 窗口左边将列出了当前版图中的 DRC 错误类型，每一项错误前的括号中的数字是该项错误的个数，后面是错误编号以及解释。在第 7 章 7.3 节(2)中绘制 PMOS 的多晶硅栅时所故意加的一个错误，这时就会显示出来，见图 8-3，其中如下一条

[1] P0.0.1 Minimum POLY overhang active < 0.22

意思是编号为 P0.0.1 的 DRC 错误有一个。该条设计规则的意思是：多晶硅(POLY1)伸出有源区(DIFF)的最小距离小于 0.22 μm，是违反设计规则的。根据编号我们可以查设计规则文件，以了解错误的具体信息。

如图 8-3 所示 ELW 错误信息窗口中的其他几条是关于多晶和金属覆盖率检查的结果，在此可以不必理会。

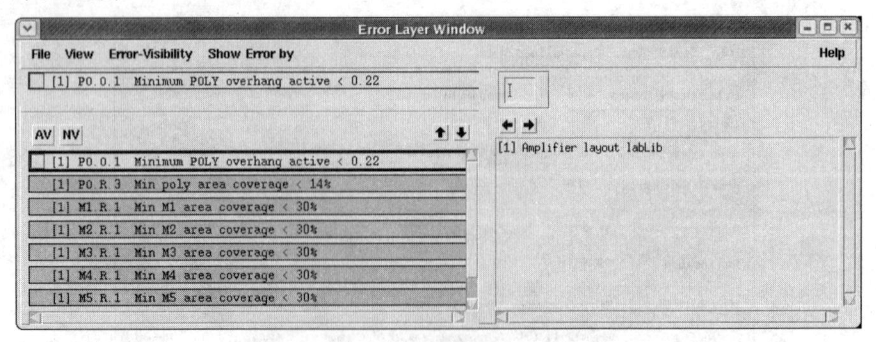

图 8-3　DRC 错误提示窗口

ELW 窗口右边列出的是违反对应设计规则的元件。选中对应的错误，再点击左右方向键，可以在 Virtuoso 窗口中显示出对应的错误位置，并用对应颜色标出。

依照提示修改所有错误，然后再次进行 DRC 直到没有 DRC 错误为止。注意每次重新进行 DRC 前要对修改的版图进行保存，并关掉当前运行的 DRC 菜单栏(Assura→Close Run)。

8.3　其他 DRC 功能

8.3.1　屏蔽元件

某些情况下在做 DRC 时，可能部分元件先前已经通过了 DRC，在上层电路中并不需要对其进行 DRC，为了加快 DRC 速度，我们可以屏蔽这些元件。

于 Virtuoso 窗口中，选择 Assura→Run DRC，弹出 Run Assura DRC 窗口。点击“Modify avParametres”按钮，弹出如图 8-4 所示 DRC 参数设置窗口。

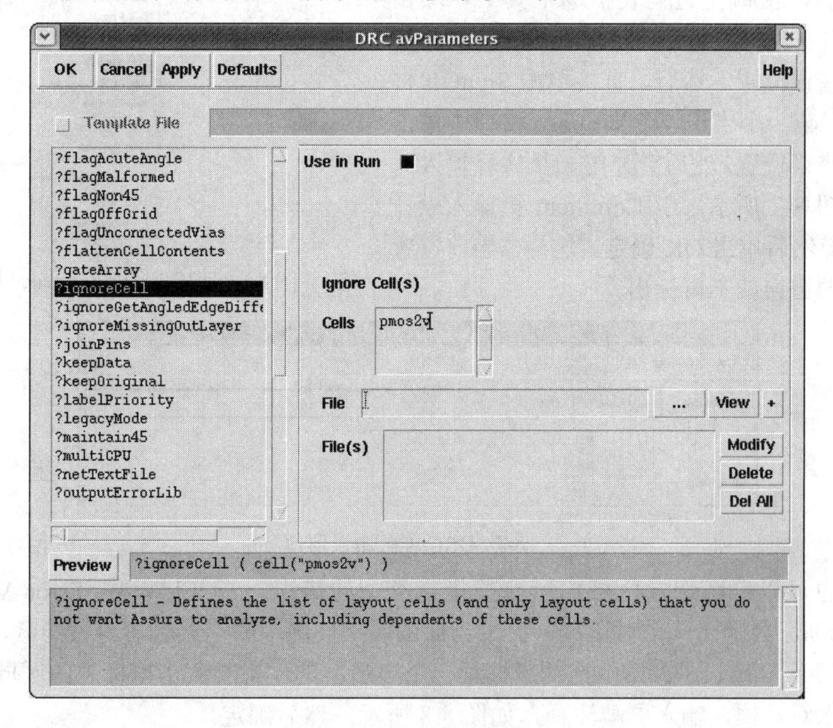

图 8-4　DRC 参数设置窗口

选中左边列表中的?ignoreCell，再选中右边视窗中的 Use in Run，然后于 Cells 栏输入要屏蔽的元件(例如 pmos2v。注意，本设计中版图并没有进行层次化设计，图 8-4 中 Cells 只是一个示例)。设置完成后点击 OK 确定。

此时 Run Assura DRC 窗口底部的 View avParametres 一栏中多出一行，如图 8-5 所示，点击 OK 确定，开始运行 DRC，这样 DRC 就不会对 pmos2v 的版图进行检查了。

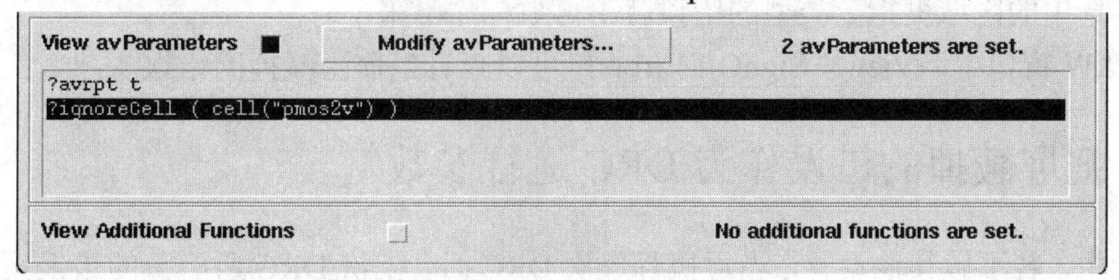

图 8-5　DRC 参数

8.3.2 屏蔽错误

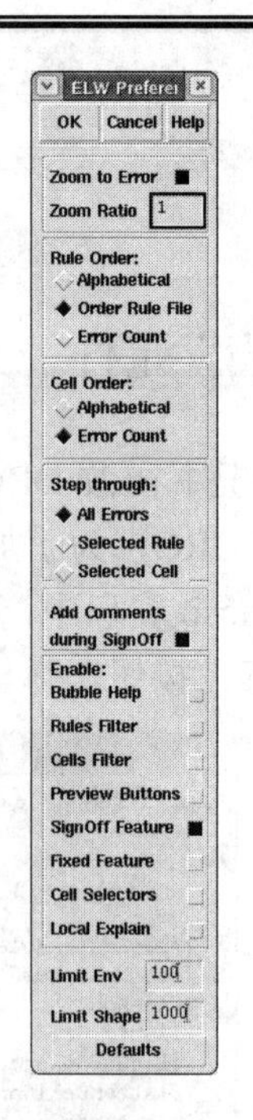

图 8-6 DRC ELW Preference 设置

有时候检测出一些 DRC 错误后，设计者并不想马上进行更正，可以把这些错误屏蔽掉。

在执行完 DRC 后，于 ELW 窗口中，File→Preferences，弹出 ELW Preferences 窗口，选中其中的 Add Comments during SignOff 以及 SignOff Feature，如图 8-6 所示，然后点击 OK 确定。

在 ELW 窗口左边列表中选中其中一项错误，并单击右方向按钮，会在 Virtuoso 窗口中显示出当前错误位置。然后，直接单击 SignOff 按钮，将会屏蔽一个错误。在 Virtuoso 窗口中单击要屏蔽的错误位置，然后会弹出一个注释输入对话框，如图 8-7 所示。于 Comment 栏输入设计者的注释，然后单击 OK 确定。这样，当前位置指定类型的错误就不再标出。

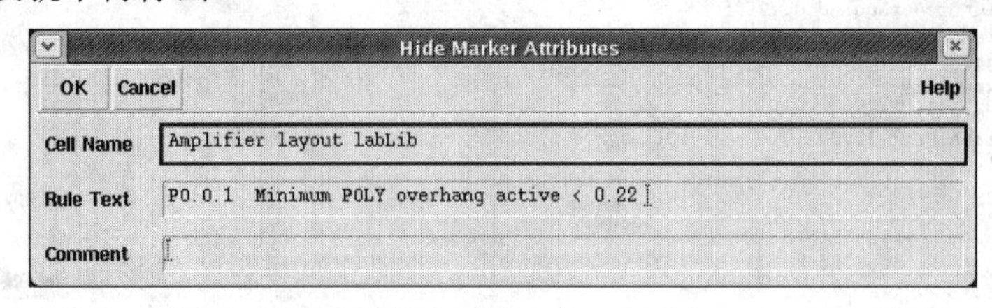

图 8-7 DRC 屏蔽错误窗口

我们也可以屏蔽选定区域内所有的指定类型的错误。于 ELW 中 Error_Visibility→SignOff Area，会弹出一个对话框，提示当前图层上被选中的错误标志将被隐藏，点击 OK 确认，然后于 Virtuoso 窗口中拖动鼠标画一个矩形，围住想隐藏错误标志的区域，则又弹出一个输入对话框，输入屏蔽注释，如图 8-8 所示。然后确定。

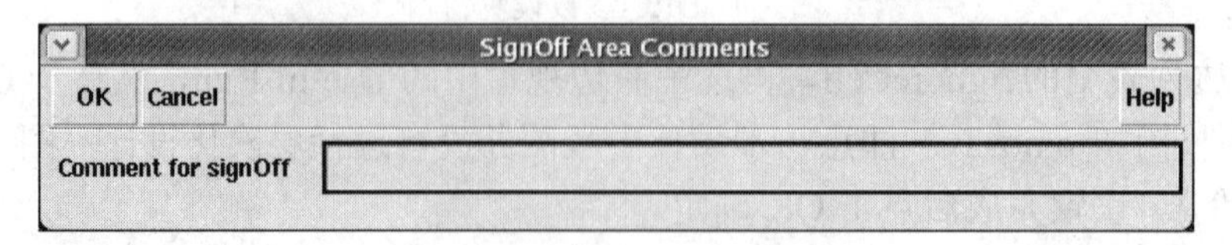

图 8-8 DRC 屏蔽区域错误窗口

这样选中的区域里指定类型的错误就不再被标注出来了。

于 ELW 窗口中，View→SignOff Errors，可以查看当前隐藏掉的错误。

8.3.3 把屏蔽掉的错误作为 DRC 运行参数

设计中，若不做其他设置，当再执行一次 DRC 时，上次 DRC 所隐藏的错误又会出现。

如果想一直隐藏这些错误，可以把隐藏掉的错误作为下次 DRC 的参数。

在隐藏掉一些错误后，于 ELW 窗口点击 File→Save As，会弹出保存对话框，将其中的 SignOff Error File 中的文件名改为 Amplifier_drc.evd，然后单击 OK 保存。

在 Virtuoso 窗口中，Assura→Close Run，关掉当前运行的 DRC。

在 Virtuoso 窗口中，Assura→Run DRC，弹出 Run Assura DRC 窗口。点击“Modify av Parameters”按钮，弹出如图 8-4 所示的 DRC 参数设置窗口。

选中?exceptionFile，再选中 Use in Run，然后点击“…”按钮，选择前边保存的 Amplifier_drc.evd 文件。点击 OK 确定。

点击 Run Assura DRC 窗口上部 OK 开始运行 DRC。在运行结果中可以看到，上一次隐藏的错误已经被忽略了，不再显示在 ELW 窗口中了。

第 9 章　版图与原理图一致性检查——Assura LVS

DRC 完全正确后，可以进行 LVS。LVS 是版图验证的重要步骤，它通过拓扑与参数比较来验证所设计的版图是否代表了原电路的结构与元件参数。本章简介 Assura 的 LVS 功能。

9.1　设置并运行 LVS

(1) 首先，我们在工作目录下新建一个目录 LVS，用于存放 LVS 输出的各种文件。

(2) 打开第 7 章中画好的放大器 Amplifier 的版图，从 Virtuoso 菜单栏→Assura→Technology 可以打开如图 8-1 所示界面，设置 Assura 工艺检查文件 assura_tech.lib。

(3) 在 Virtuoso 菜单栏，Assura→Run LVS，可以打开 Run Assura LVS 界面，如图 9-1 所示。

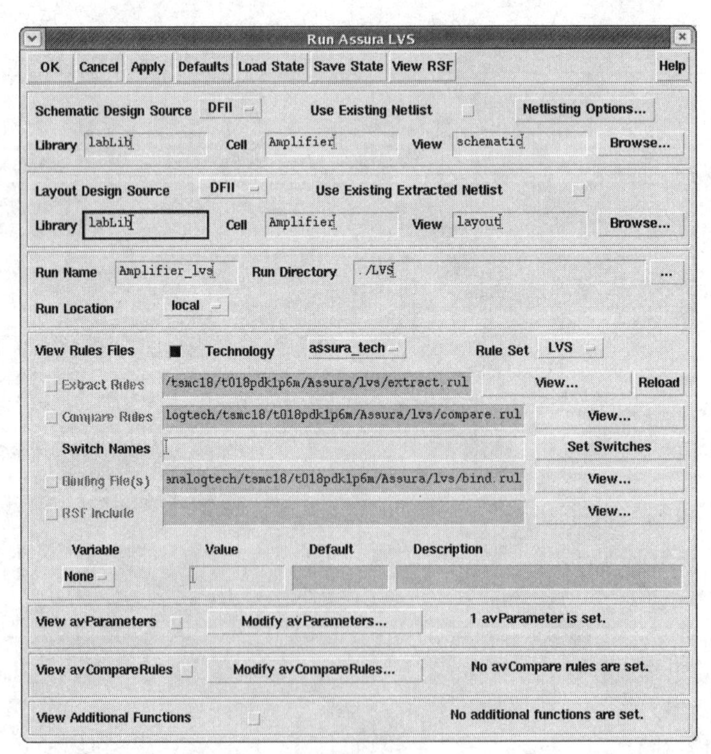

图 9-1　Run Assura LVS 窗口

用 Assura 作 LVS 时，一般需要 4 个规则文件：

extract.rul：版图提取规则文件。

compare.rul：版图与原理图比较的规则文件。

bind.rul：版图和原理图元件名字对应关系的规则文件。

lvs.rsf：LVS 选项设置文件。

以上 4 个文件通常存储在 Foundry 工艺库的某目录中(其他工艺库的对应文件名可能与上述不同)。我们在第(2)步进行了 assura_tech.lib 文件的路径设置，则在 Run Assura LVS 界面的中选中 View Design Source，且 Technology 栏选 assura_tech，Rule Set 栏选 LVS 后下面三个规则文件(Extract Rules，Compare Rules，Binding Rules(s))会自动填好(注意实验中所用的 TSMC 工艺中，RSF Include 栏为空缺)。如果 Rule Set 栏选择 Undefined，则需要手动设置规则文件的路径。

(4) 在 Run Assura LVS 界面的 Schematic Design Source 设置电路原理图文件来源，点选 DFII，点击其后的 Browse 打开单元选择对话框，选择 labLib 库中 Amplifier 单元的 schematic 视图(View)。

(5) Layout Design Source 设置版图文件来源，我们仍然使用 DFII，则 Library、Cell、View 就会自动填好。

在 Run Name 输入 LVS 的输出结果名字，例如 Amplifier_lvs；在 Run Directory 栏输入 LVS 输出结果存储路径 ./LVS。

点击 Binding File 栏后面的 View 按钮，可以看到 Schematic 和 Layout 元件名的对应关系，如图 9-2 所示。

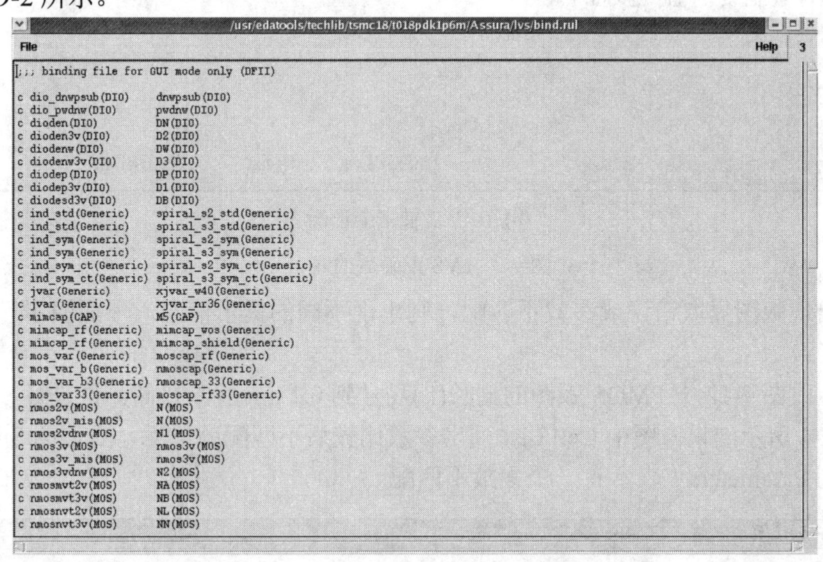

图 9-2　Binding File 文件内容

其他选项暂时不用修改。以上设置完毕后，点击 Save State 将当前设置保存，然后点击 OK 就开始运行 LVS 了。

9.2　查找 LVS 错误并修改

点击 OK 运行 LVS 后，会先弹出一个 Progress 窗口，显示当前运行 LVS 的一些信息，当LVS结束后，该窗口就会消失，然后弹出是否查看LVS结果的对话框，点击YES。

LVS的错误一般分为两类：一类是提取错误，如版图上的短路、开路、非法元件等；另一类是原理图与版图差异的错误，如线网、元件、端口以及参数的不匹配。在LVS Debug窗口可以分别查看这两类错误。

按照流程绘制版图一般不会出现错误。LVS完全正确后出现如图9-3所示窗口。

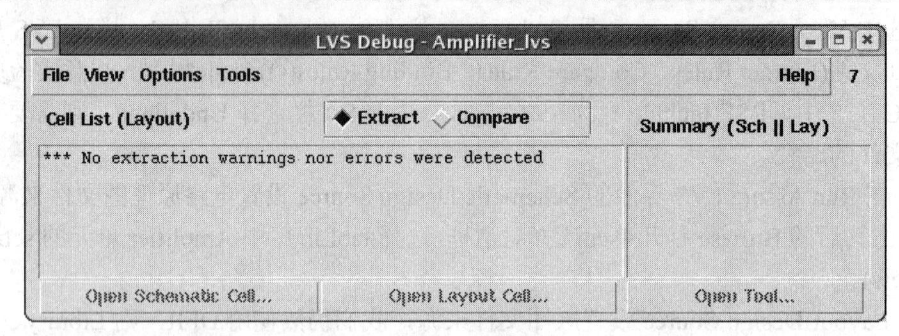

(a) 版图提取正确

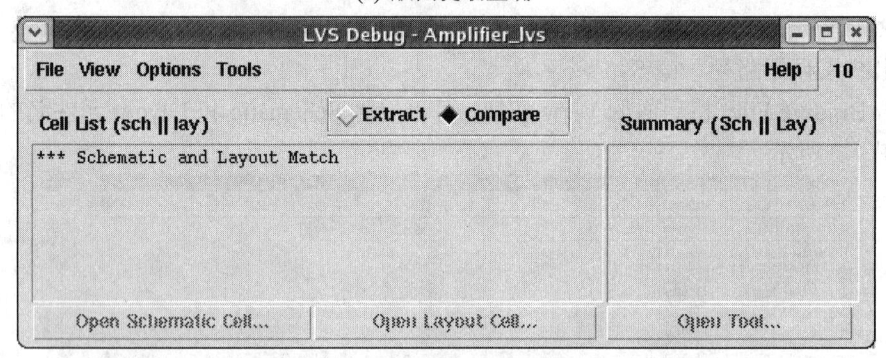

(b) 比较结果完全正确

图9-3　LVS正确后的窗口

如果出现版图提取错误或参数不匹配，则出现不同的提示信息。下面演示一个参数不匹配的例子。

我们更改图7-12中PMOS版图的栅长(L)尺寸到0.2 μm后，存储，再进行LVS，则会出现如图9-4所示结果。图中Cell List列出参数比较后不匹配的单元，右边的Summary视窗最下一列Parameters 1表示有一个参数不匹配。

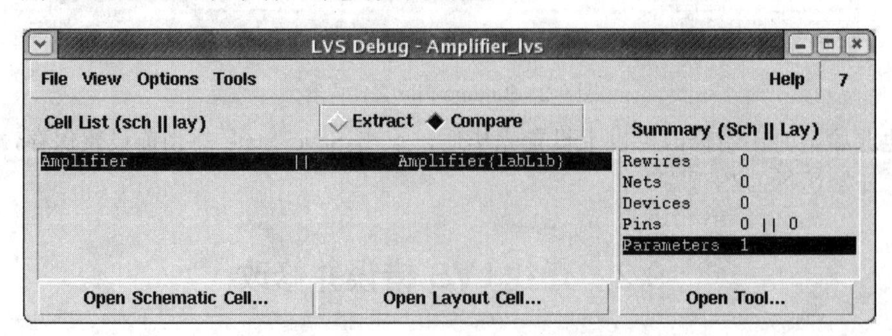

图9-4　参数不匹配后的提示信息

然后，我们点击 Open Tool，弹出如图 9-5 所示窗口和电路图编辑窗 Cpmposer(处于非编辑状态)。其中 Parameters Mismatch Tool 窗口中的 Schematic Info 和 Layout Info 栏列出了原理图与版图中不匹配的元件，中间的 Message 栏示出具体的元件不匹配尺寸大小。分别点击 Schematic Info 和 Layout Info 栏下部的 Probe，可以分别在 Cpmposer 窗口和 Virtuoso 窗口中高亮显示不匹配的元件。

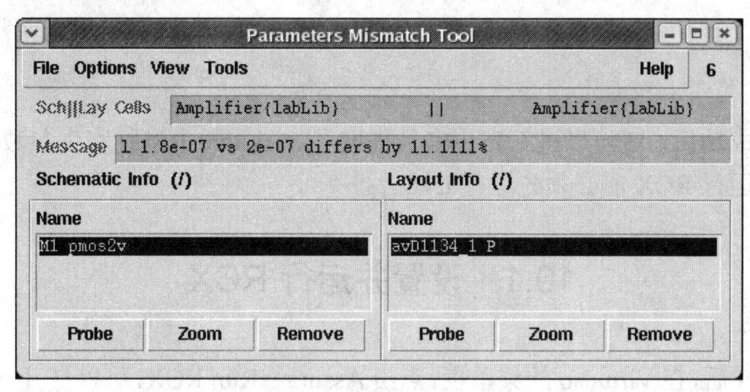

图 9-5　查看参数不匹配元件

如果仅是参数不匹配，而电路的拓扑关系对应的话，LVS Debug 窗口 Extract 选项下的提示信息仍如图 9-3(a)所示。

第 10 章　寄生参数提取——Assura RCX

运行 LVS 成功后，就可以进行寄生参数提取了。Assura 中进行寄生参数提取的工具称为 RCX。注意运行 RCX 前必须先运行 LVS。

10.1　设置并运行 RCX

运行完 LVS 后，在 Virtuoso 的菜单栏，点击 Assura→Run RCX，可以打开 Assura Parasitic Extraction Run Form 界面，如图 10-1 所示。

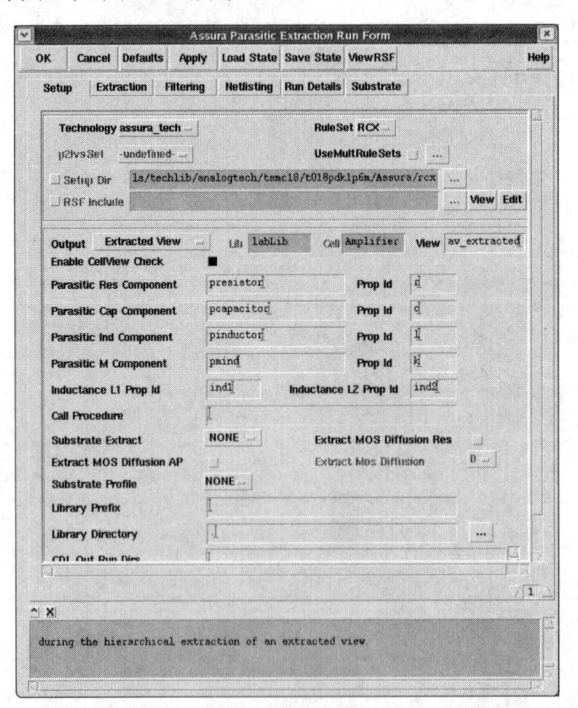

图 10-1　寄生参数提取设置窗口(Setup 标签页)

该界面包括六个标签页：

Setup：设置工艺库和可用的提取规则 Rules Set，设置输出格式等。

Extraction：设置需要提取的元件类型，控制 R、C、L、K 等的提取典型值，选择提取范围。

Filtering：寄生 R、C、L、K 元件过滤器。

Netlisting：输出类型中的线网控制。

Run Details：指定运行名称，设置临时文件以及 log 文件路径等。

Substrace：设置衬底等。

本次实验中大部分选项都采用默认设置，我们需要设置的几项如下：

(1) Setup 标签页。如果 LVS 运行正确，打开 RCX 后，Technology 和 Rule Set 栏分别选择 assura_tech 和 RCX，Setup Dir 一栏会自动填写为 RCX 的规则文件。Output 一栏选择寄生参数提取的输出格式，可以是 Spice 网表、DFII 格式文件等，这里我们选择 Extracted View，则会在当前的 Amplifier 单元目录下生成一个新的 View，对应的是一个从版图提取出的包含了寄生元件的电路。生成 av_Extracted View 的好处是，可以直接通过 Cadence 的仿真环境对其进行仿真，并可以直观地看到各寄生元件来源于版图的具体位置。设置如图 10-1 所示。

(2) Extraction 标签页。于 Extraction Mode 栏选择 RC，则提取元件是电阻和电容。Max Fracture Length 栏设置电阻提取方式，默认为 infinite，即每根连线被提取一个电阻。如果输入具体数值，则每根被提取为若干电阻，电阻节点处提取一个等效电容。

在 Ref Node 栏输入参考节点，这里我们就输入 gnd!。如图 10-2 所示。

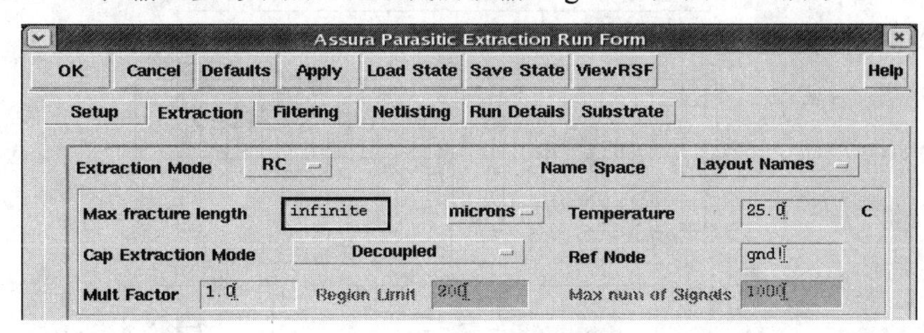

图 10-2　寄生参数提取设置窗口(Extraction 标签页)

其他设置采用默认值，设置完后保存当前设置，然后点击 OK 就开始运行 RCX 了。

在运行过程中，点击 Watch Log File，可以查看运行过程中的 Log 文件。RCX 运行完后，会有对话框提示 RCX 运行成功。在 log 文件的底部，显示出了 RCX 最终提取出的所有元件，如图 10-3 所示。

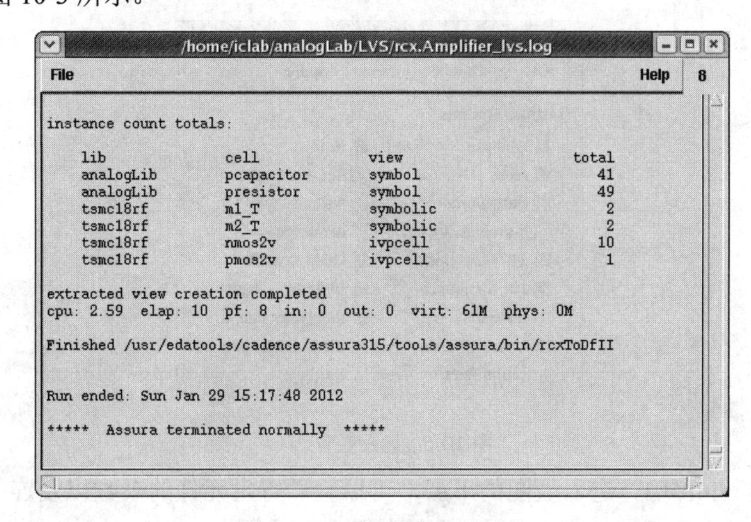

图 10-3　RCX 提取出的元件

10.2　查看 RCX 结果

在 CIW 窗口，File→Open，选择自己的库，Cell Name 为 Amplifier，ViewName 为 av_extracted。点击 OK 按钮，则会打开刚才提取生成的 av_extracted View，如图 10-4 所示。

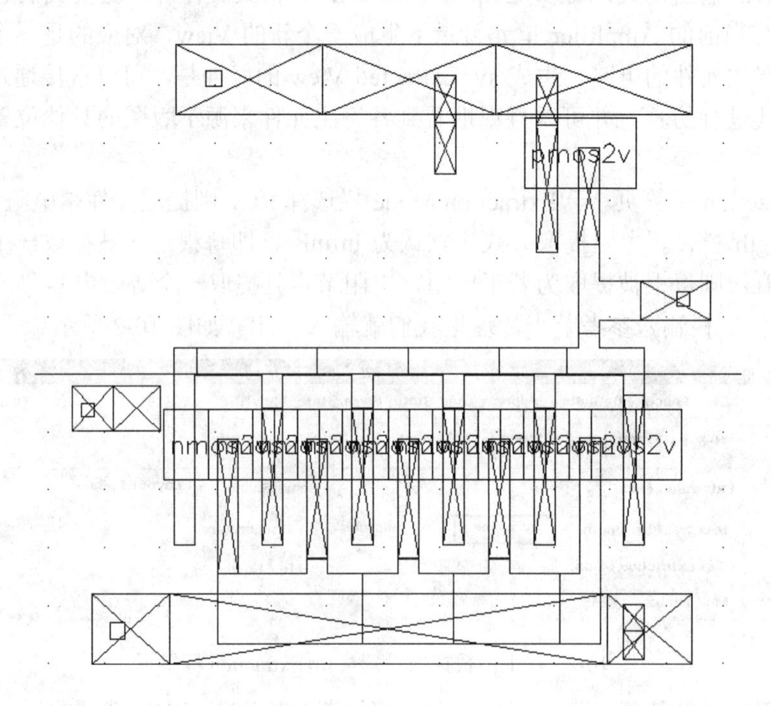

图 10-4　Amplifier 的 av_extracted View

在刚才打开的窗口中键入快捷键 e，打开显示控制窗口，如图 10-5 所示，选中 Pin Names、Use True BBox 和 Nets。

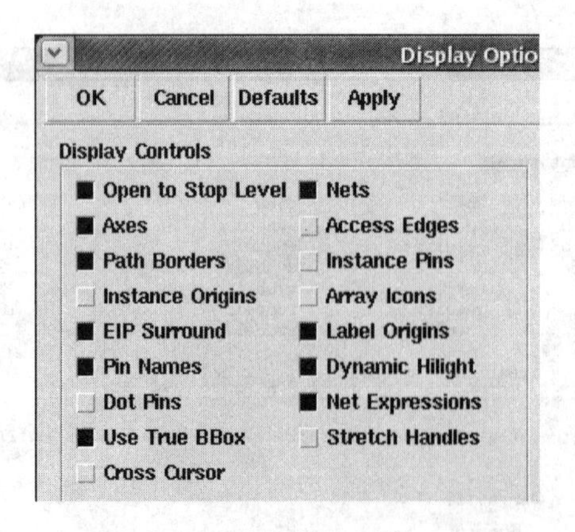

图 10-5　显示控制窗口

按快捷键 Shift + f，进入版图的下层，可以查看寄生元件的参数以及连线情况，如图 10-6(a)所示，其中图 10-6(b)是 pmos2v 附近的局部放大图。

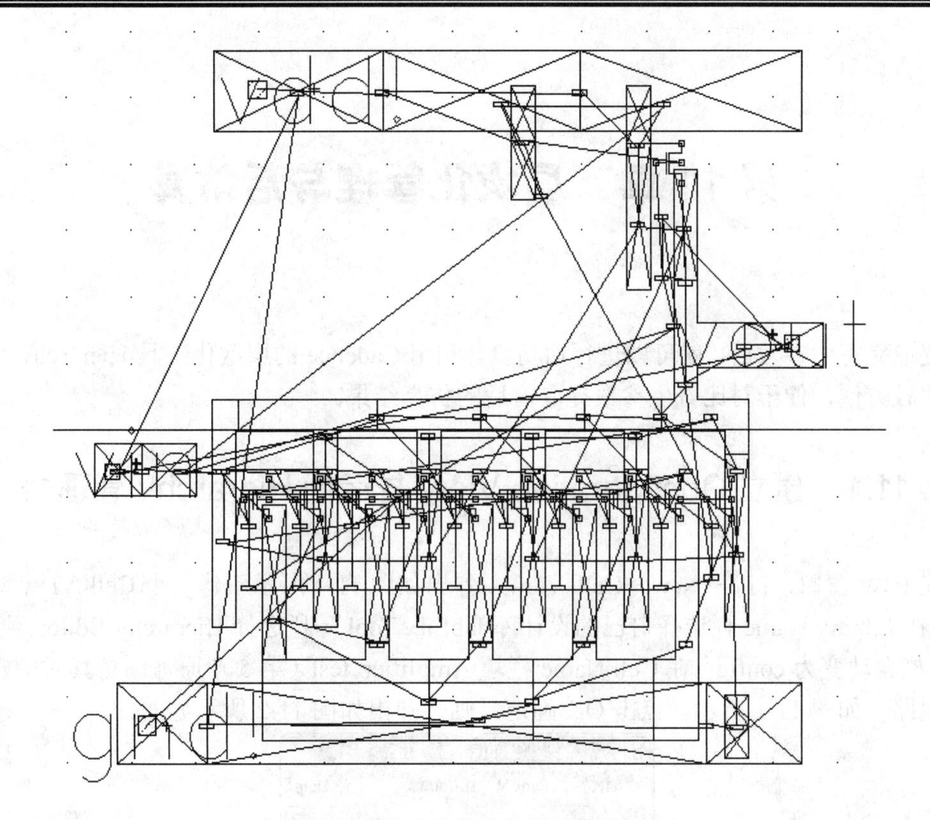

(a) 从版图提出的带有寄生元件的电路

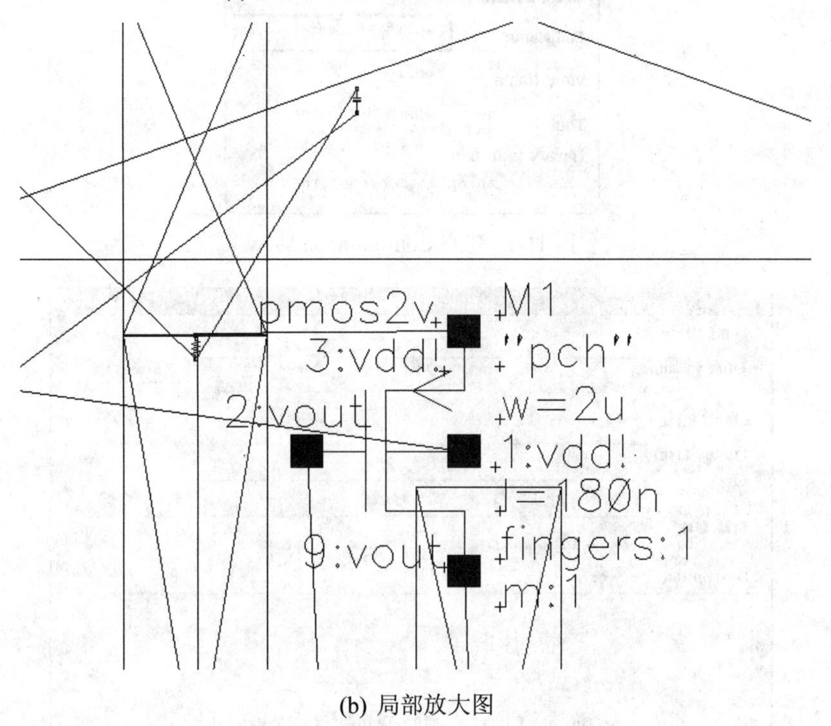

(b) 局部放大图

图 10-6　RCX 后的电路

第 11 章　层次化管理与后仿真

提取完寄生参数后，就可以进行后仿真。利用 Cadence 的层次化工具 Hierarchy 来管理设计比较方便，便于对比寄生参数提取前后的仿真结果。

11.1　建立 Configuration View 与运行 Hierarchy 管理器

在 CIW 窗口，File→New→Cell View，弹出如图 11-1 所示新建一个 Cell View 对话框界面。在 Library Name 栏选择自己的设计库 labLib；Tool 一栏选择 Hierarchy-Editor，则 View Name 栏自动变为 config；在 Cell Name 栏填 Amplifier_test（第 5 章原理图仿真时所建立的仿真电路）如图 11-1 所示。点击 OK 确定，则会弹出如图 11-2 所示界面。

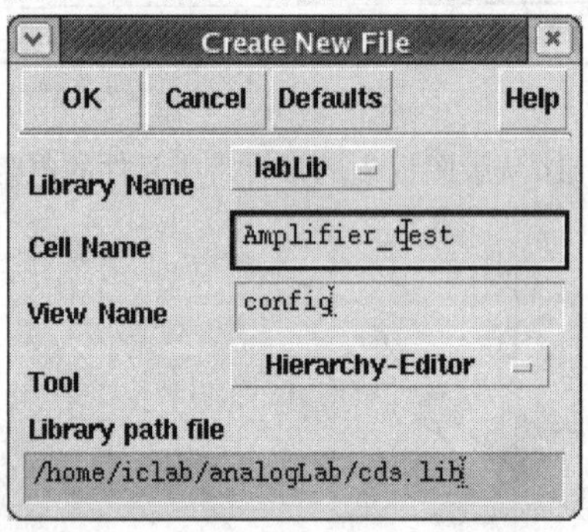

图 11-1　建立 Configuration View

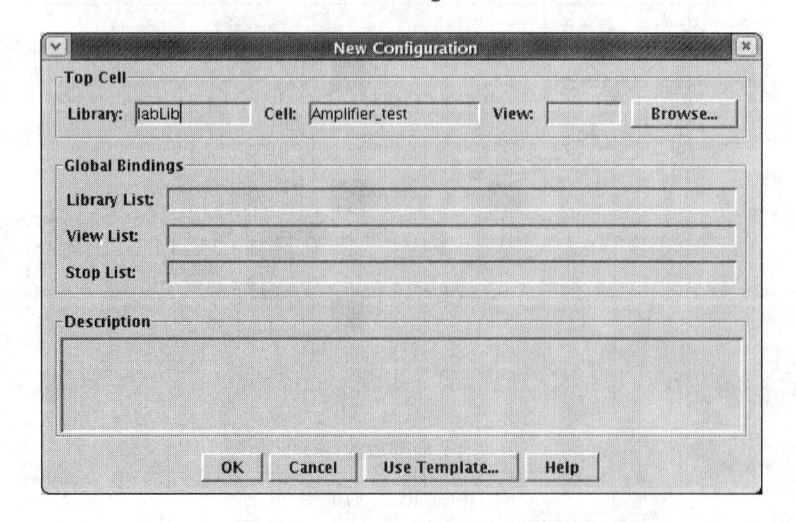

图 11-2　New Configuration 设置

在图 11-2 中点击 Browse，弹出如图 11-3 所示界面。这里要选择的是顶层的 cell，我们就从右边的 Browse 窗口选择前面已经画好的仿真电路 Amplifier/schematic，如图 11-3 所示，然后点击 OK 确定，图 11-2 中的 Top Cell 栏各项将填写完成。

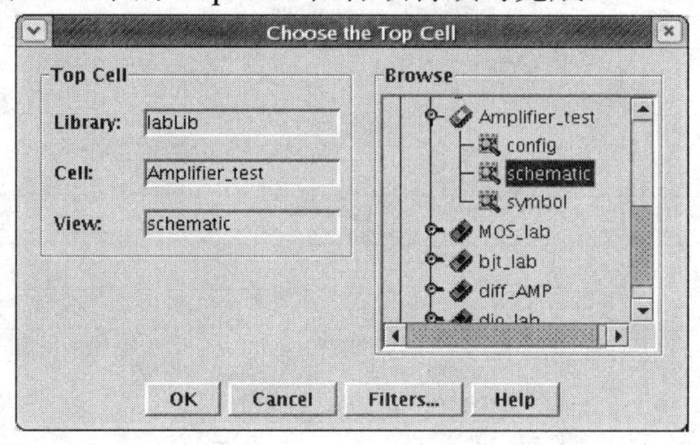

图 11-3　选择顶层文件

此时再在 New Configuration 窗口中点击 Use Template 按钮，在新弹出的窗口图 11-4 的 Name 栏选择 spectre，点击 OK 确定，则 New Configuration 窗口中其他各项自动填好，如图 11-5 所示，再点击 OK 确定，此时就会弹出 Hierarchy Editor 的主窗口，如图 11-6 所示。

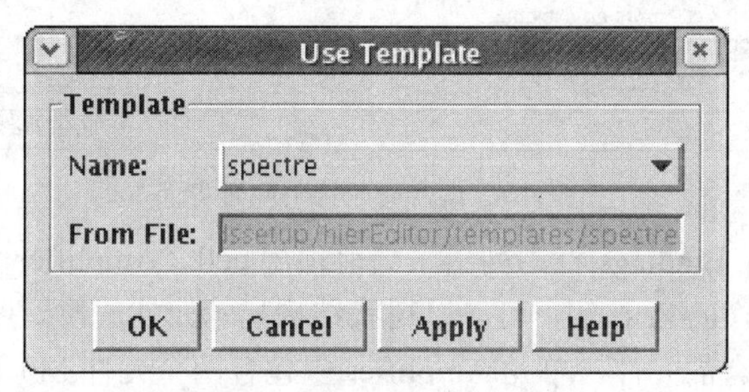

图 11-4　Configuration 模板选择

New Configuration
Top Cell
Library: labLib　Cell: Amplifier-test　View: schematic　Browse...
Global Bindings
Library List: myLib
View List: spectre cmos_sch cmos.sch schematic veriloga ahdl
Stop List: spectre
Description
Default template for spectre
Note:
Please remember to replace Top Cell Library, Cell, and View
fields with the actual names used by your design.
OK　Cancel　Use Template...　Help

图 11-5　设置好的 Configuration 窗口

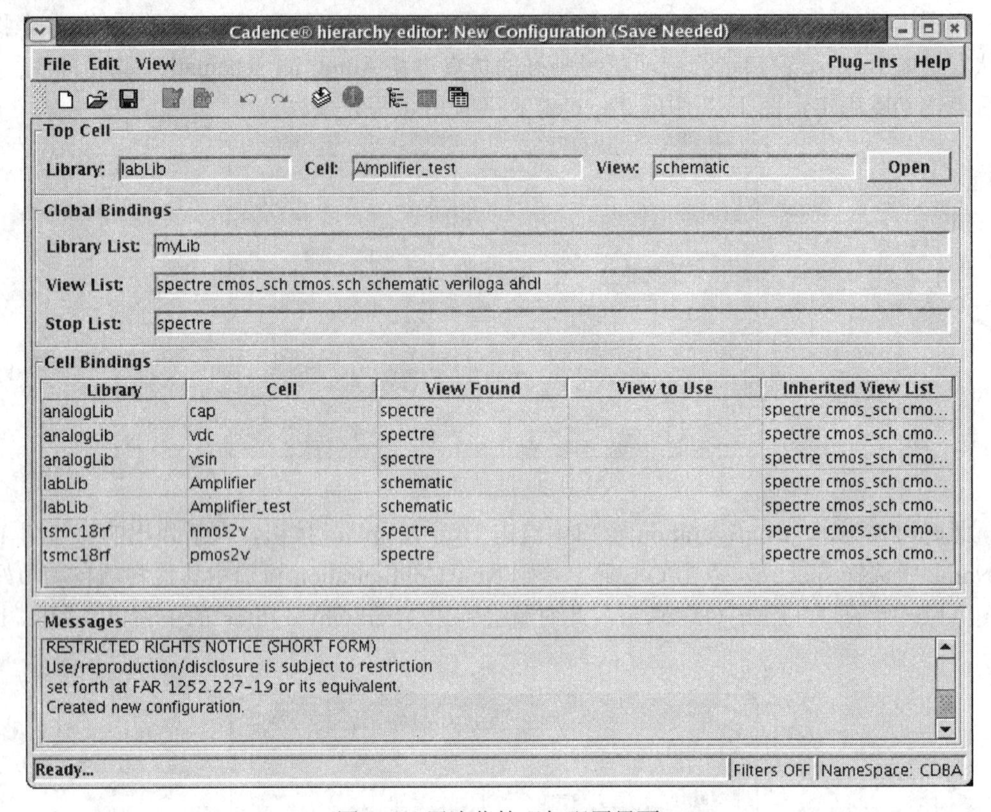

图 11-6　层次化管理与配置界面

图 11-6 中的 Cell Bindings 栏中列出了当前顶层 cell（Amplifier_test）以及所属 cell 中所有元件。点击工具栏的按钮，可以以树状结构显示元件层次。点击元件前面的箭头可以展开该元件下层所有的元件。单元 Amplifier 中包含两个元件 M0 和 M1，而这两个元件对应的 cell 是 nmos2v 和 pmos2v，如图 11-7 所示。

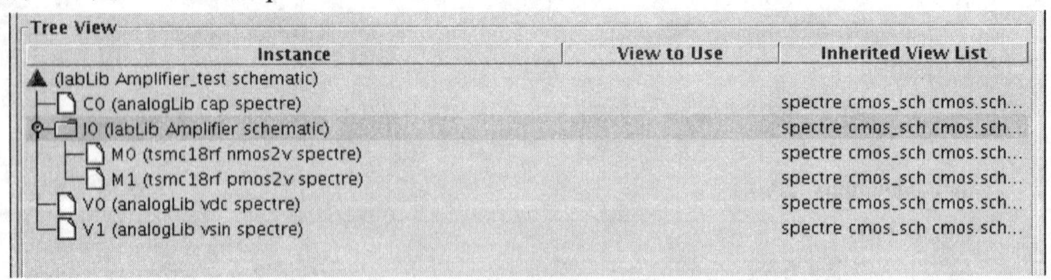

图 11-7　以树状结构显示元件

11.2　前　仿　真

在 11.1 节打开的树状列表中，右键单击 I0（libLab Amplifier schematic），Set Instance View →schematic，如图 11-8 所示。然后单击工具栏中的按钮进行更新，弹出如图 11-9 所示对话框，点击 OK 确定，则 I0 的 View to Use 变为 schematic，如图 11-10 所示。

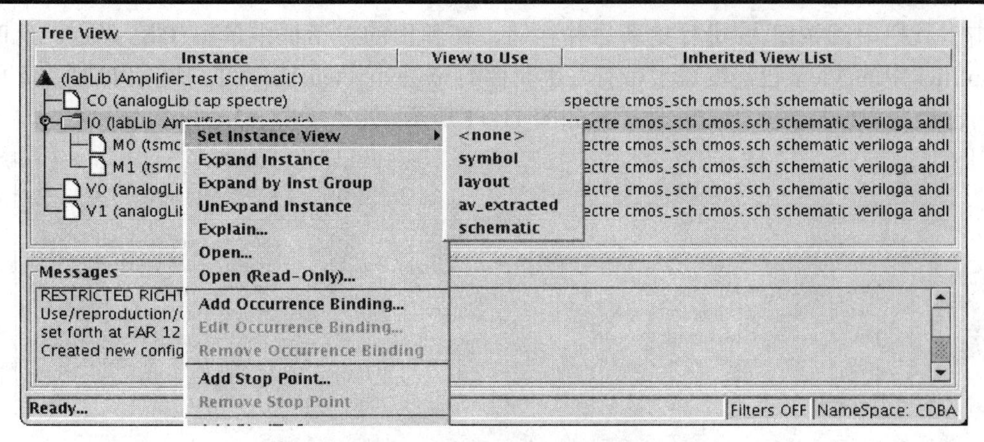

图 11-8　选择元件的 View

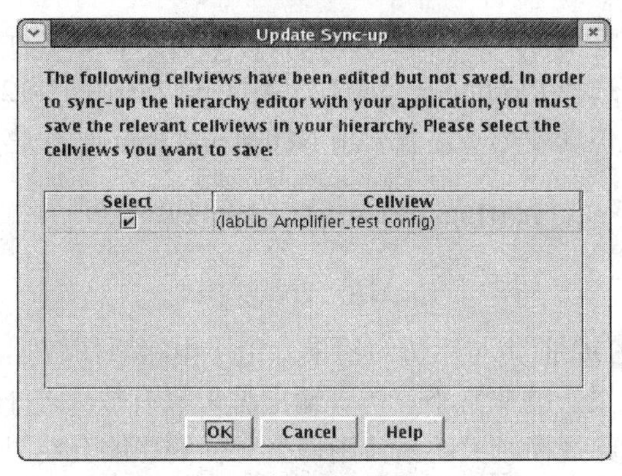

图 11-9　View 更新确定对话框

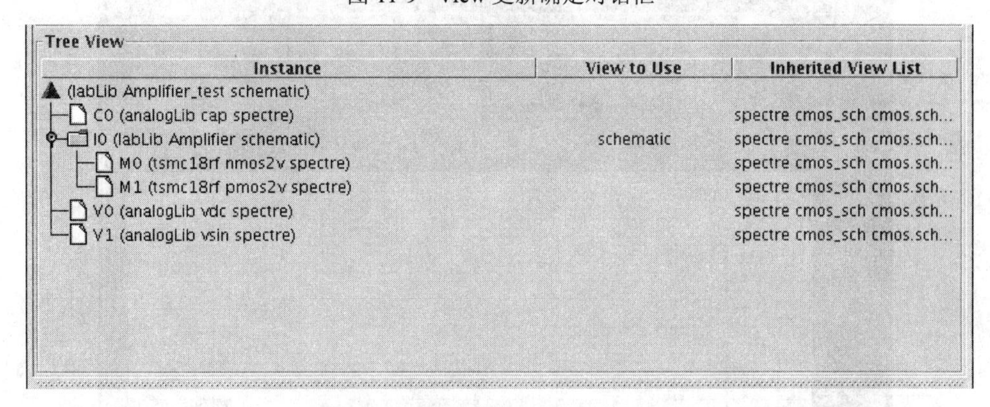

图 11-10　改变的 Amplifier 的 View

再右键单击 Top Cell 栏最右端的 Open 按钮，则会打开 Amplifier_test 的 Schematic，接下来就可以对不带寄生参数的原理图进行仿真。仿真过程与第 5 章完全相同，此处不再示出。

11.3　后　仿　真

同 11.2 节的方法，打开树状列表，右键单击 I0，Set Instance View→av_extracted，然后

单击工具栏中的按钮进行更新后并存储，在弹出的对话框中单击 OK 确定。此时，Amplifier 中的 View 已经变成了带有寄生元件的 av_extracted View 了。观察 I0 树支下的元件，已经变为包括更多寄生元件了，如图 11-11 所示。

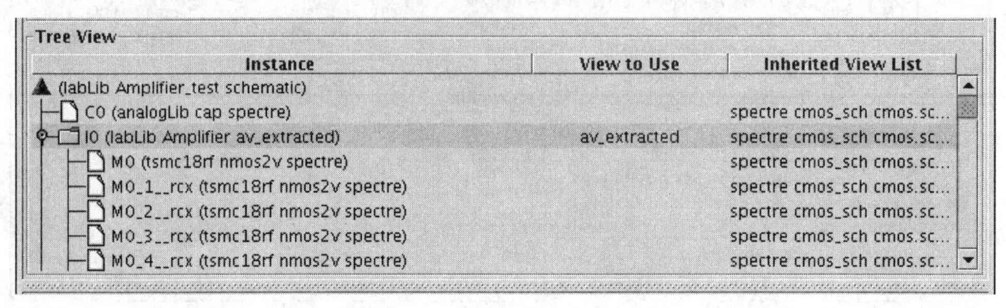

图 11-11　带有寄生元件的 Amplifier 的 View

在刚才打开的仿真环境中，直接用前面设置好的仿真设置进行仿真，只是注意把 ADE 右下角的波形输出模式选择 Plotting mode 选为 Append，如图 11-12 所示，这是为了方便对比寄生参数提取前后的仿真波形。注意要用 Netlist and Run 而不是 Run 进行仿真。

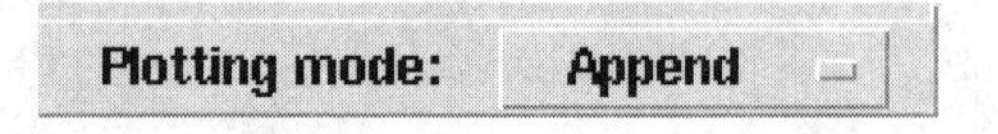

图 11-12　设置新窗口

如图 11-13 所示为 DC 前仿与后仿的结果。由于电路版图较小，RCX 所提取的寄生电阻和寄生电容对仿真结果影响非常小，仿真输出波形只有放大若干倍后才可看到寄生对电路性能的影响，如果电路规模较大的话，则寄生元件的影响会明显。

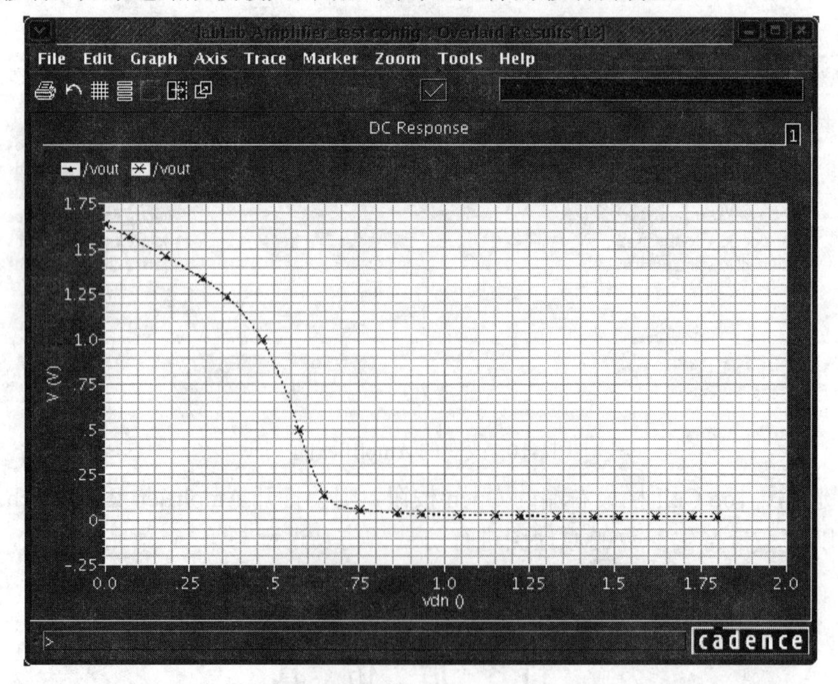

图 11-13　DC 前仿与后仿的结果(需放大若干倍，才可观察到两条曲线的不同)

第 12 章　模拟 IC 综合实验

本章通过两个综合电路仿真实验，使设计者了解电路系统仿真与设计的过程，并掌握 Cadence 的 XL 版图编辑器的使用，掌握工艺角仿真功能。

12.1　两级运算放大器(OPA)设计

本实验的目的是：理解基本两级运算放大器(OPA)的设计，掌握对电源变化不敏感的电流偏置电路的设计；掌握 OPA 的仿真方法；掌握应用 Cadence 的 Layout-XL 设计电路版图。

12.1.1　设计指标

电源电压 vdd = 3.3 V，功率小于 10 mW，负载电容为 5 pF，相位裕度大于 45°；直流增益不小于 80 dB，单位增益带宽不小于 15 MHz。使用 TSMC 0.18 μm 1P6M CMOS 工艺。

工艺参数：$\varepsilon_{SiO_2} = 3.45 \times 10^{-13}$F/cm，$t_{DX} = 6.8$ nm，μm = 400 cm^2，μp = 130 cm^2，VTN = 0.74 V，VTP = −0.7 V。

12.1.2　电路结构

如图 12-1 所示为两级运算放大器的结构，其中 inp 和 inn 为差分输入端，vout 为输出，vb1、vb2 和 vb3 为不同的偏置电压。电路图元件参数设置具体参见服务器上的参考电路。

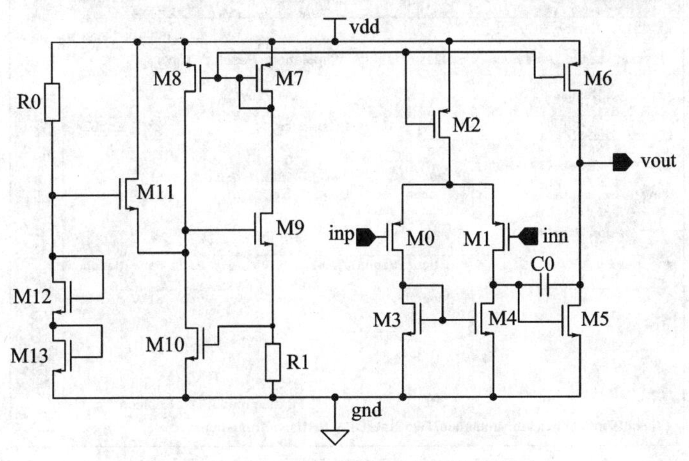

图 12-1　两级运算放大器结构

运算放大器的仿真电路如图 12-2 所示。图中 TwoStateOPA 为图 12-1 电路的符号。V1 和 V2 的参数 DC voltage 分别设置为 vcm1 和 vcm2，频率设置为 1 kHz，AC magnitude 栏设置为 0.5 V，并且要求两者 AC 压相位相反，以方便下面进行仿真。

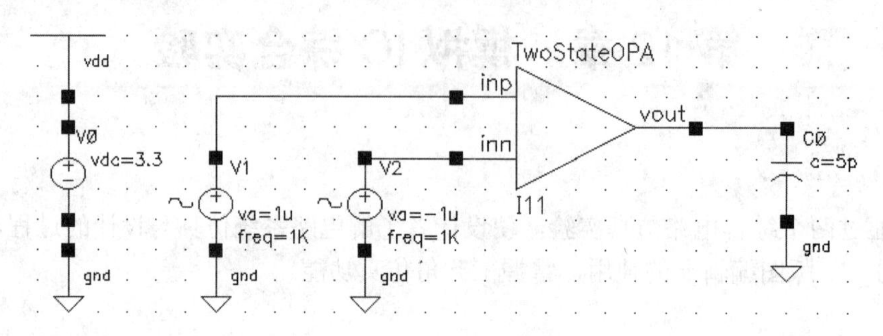

图 12-2　两级运算放大器结构

12.1.3　OPA 仿真设置

1. 变量设置

打开 ADE 窗口，调出变量编辑窗口，点击 Copy From，将 vcm1 和 vcm2 变量的值皆设置为 1.65 V。

2. 仿真参数设置

在 ADE 窗口，调出仿真类型设置窗口，进行 dc、tran 和 ac 设置：设置 dc 时点选存储工作点，并设置对变量 vcm1 进行扫描，扫描范围从 0～3.3 V；tran 仿真时间设置为 10 ms；ac 分析设置为频率扫描，扫描范围从 10 Hz～100 MHz。

3. 输出设置

在 ADE 窗口菜单栏依次选择 Outputs→To Be Plotted→Select On Schematic。点选电路图中的 vout 网线(或输出端口 vout)。点击 OK 存储，经过以上设置，则 ADE 窗口变为如图 12-3 所示窗口。

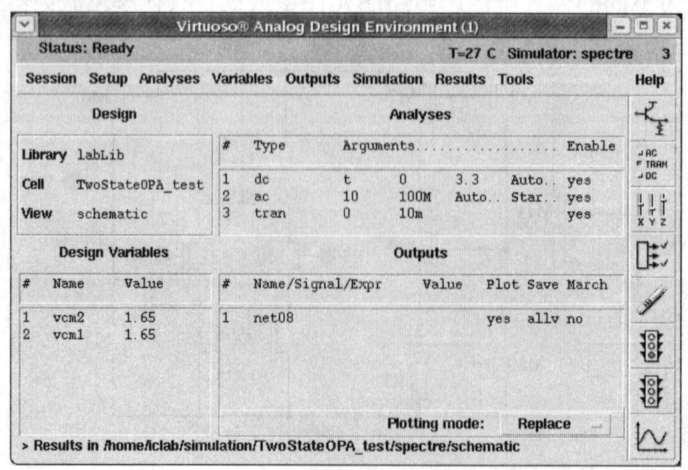

图 12-3　设置好的 ADE 窗口

12.1.4　OPA 仿真

设置好后，点击 Netlist and Run 运行仿真。仿真结束后弹出输出节点的 dc、tran 和 ac 的仿真波形。在此我们介绍另一种查看仿真结果更方便的方法。无论 ADE 的 Outputs 栏有无点选的输出线网设置，查看电路输出的方法是在仿真后点击 ADE 窗口菜单 Results→Direct Plot→Main Form，弹出如图 12-4 所示界面。如果 ADE 仿真分析类型已经设置，在 Analysis 栏将示出三种分析类型，Function 栏可以选择对输出信号的处理函数，Select 下拉栏可以选择是单个网络或是差分输出等，界面的最下部是操作提示信息。例如我们要输出瞬态波形，在 Analyisi 栏点选 tran，在 Function 栏选择 Voltage，界面最下部将出现操作提示 Select Net on schematic…，提示我们点选电路中某一线网，比如我们在电路图中点 vout 线网，则 OPA 的瞬态输出仿真结果如图 12-5 所示。dc 和 ac 仿真结果输出有相似操作。

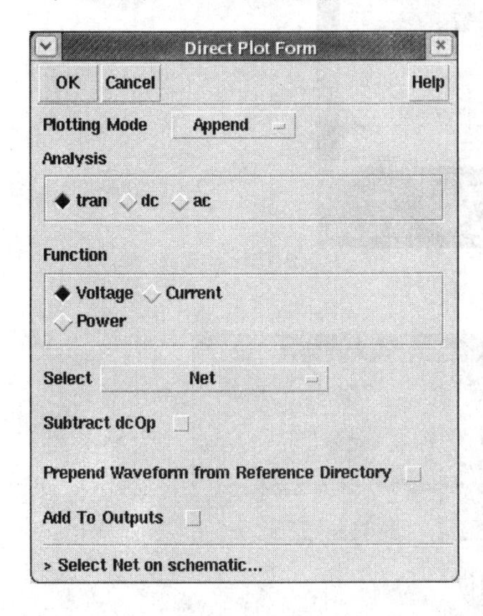

图 12-4　仿真结果直接输出界面

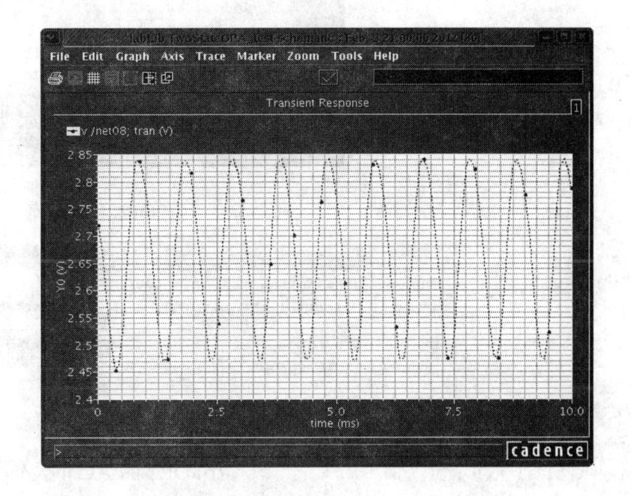

图 12-5　OPA 的 vout 瞬态输出

应用类似的操作，我们可以输出电路的直流扫描结果，如图 12-6 所示。

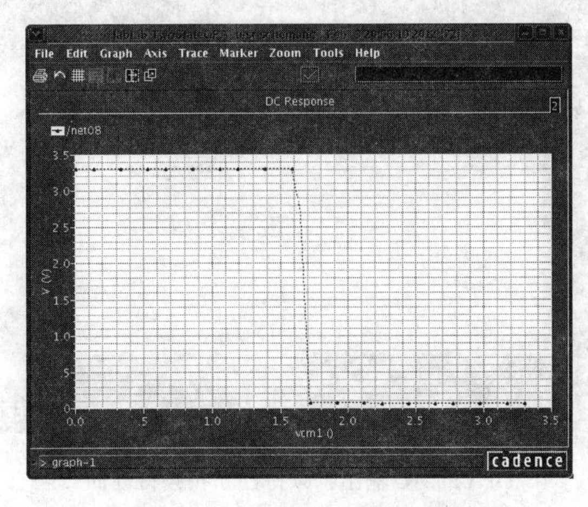

图 12-6　OPA 的直流扫描结果

对于 ac 的结果，可以应用如图 12-4 所示界面方便地输出 AC 响应的幅频特性曲线，如图 12-7(a)所示，并通过 Calculator 可以计算出 OPA 的相位裕度，如图 12-7(b)所示(OPA 的实际相位裕度为 180° − 136.44° = 44°)。

图 12-7(c)示出以 20 dB 表示的OPA的AC幅频响应及其相频响应。我们在图中用Marker 标示出了电路的 DC 增益为 82.4 dB，单位增益带宽为 14.3 MHz。

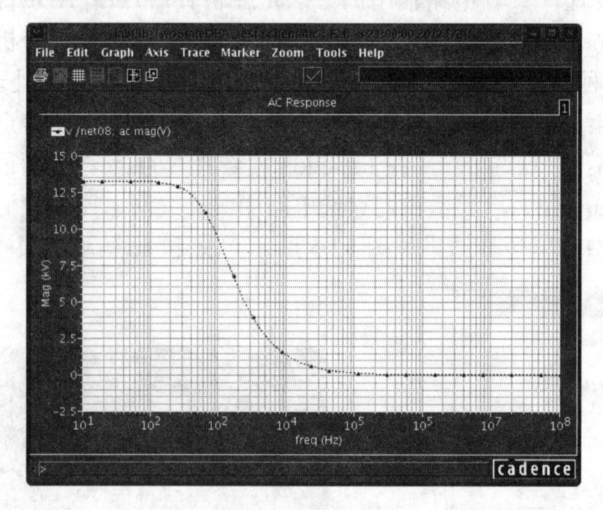

(a) OPA 的 AC 输出曲线

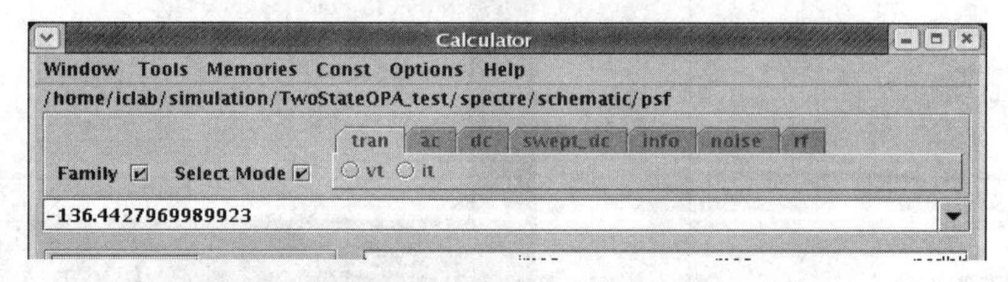

(b) OPA 的 AC 单位输出时相位

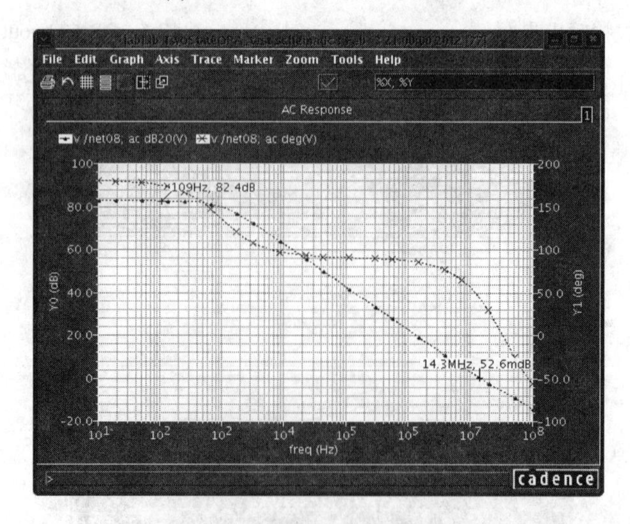

(c) OPA 的 AC 输出幅频特性和相频特性曲线

图 12-7　OPA 的 AC 输出特性结果

基本仿真完成后，进行下面的练习。

练习一：本章所设计的电路仿真结果基本接近设计指标要求，但仍有个别指标未能完全达到设计要求，试通过改变 OPA 的补偿电容 C0——应用 6.2.3 节介绍的参数扫描方法，确定合适的 C0 值，使各项仿真结果达到设计指标要求。

练习二：仿真电路的 CMRR 和 PSRR(参考 6.4 节内容)。

练习三：将图 12-1 电路中的补偿电容 C0 用工艺库中的片上电容代替，如图 12-8 所示为一种片上电容电路，线网 fvo 接 M1 的漏极，即电路第一级输出；线网 tvo 接 M5 的漏极，即 OPA 第二级输出。然后进行以上各种仿真，观察结果有何变化？

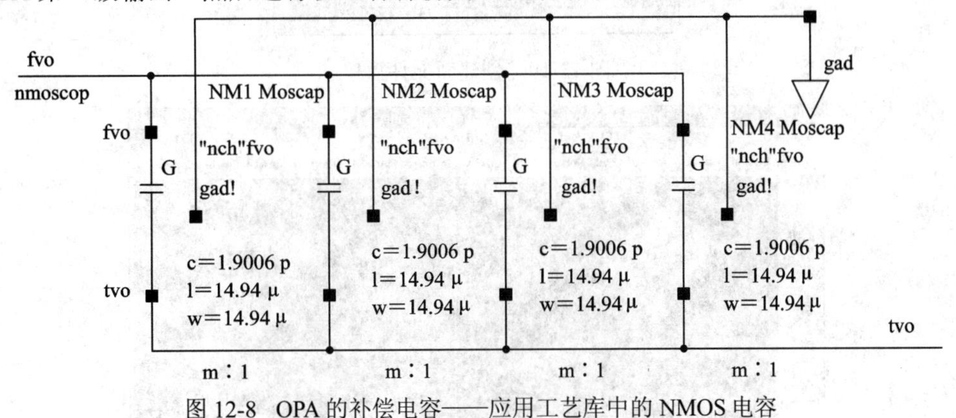

图 12-8　OPA 的补偿电容——应用工艺库中的 NMOS 电容

12.1.5　OPA 的版图设计——应用 XL Layout Editor

版图设计是一项冗繁的工作。为此 EDA 厂商提供了一种 Pcell 单元，就是在电路设计时确定元件的尺寸后，软件根据这些元件尺寸能自动生成其对应的版图，这大大加速了版图的全定制设计过程。Cadence 的 XL Layout Editor 具有实现这种任务的功能，下面进行介绍。按以下步骤操作：

(1) 建立 XL 版图编辑窗口。点击 OPA 的电路图编辑窗口中的菜单 Tools→Design Synthesis→Layout XL，将打开 XL 启动设置选项窗口(Startup Option)，如图 12-9 所示。然后选择 Creat New 点击 OK(如果是打开先前的 XL Layout 设计，则选择 Open Existing)，弹出创建新文件窗口(Create New File)，如图 12-10 所示。填入单元名称后点击 OK 确认，即打开了一个版图编辑窗口(Virtuoso XL Layout Editing)，如图 12-11 所示，此窗口类似于图 7-2 所示版图编辑窗口，但注意两者标题栏并不同，其他并无区别，并注意到此时电路图编辑窗口的形状也发生变化，处于 XL 状态。

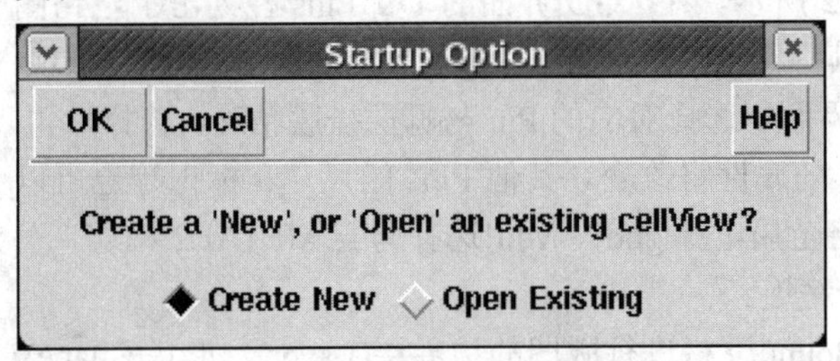

图 12-9　XL 启动设置选项窗口

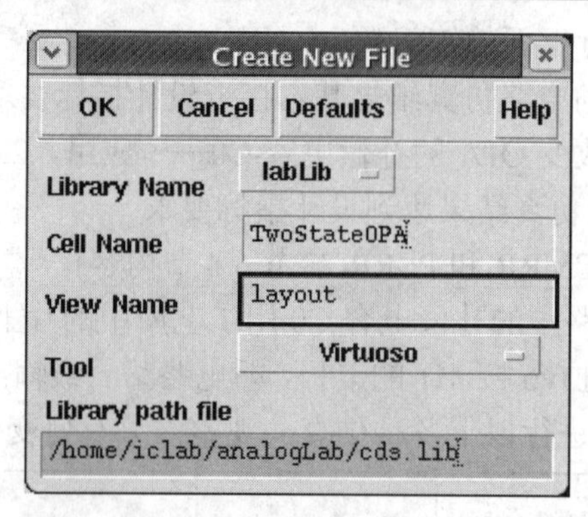

图 12-10　创建新文件窗口

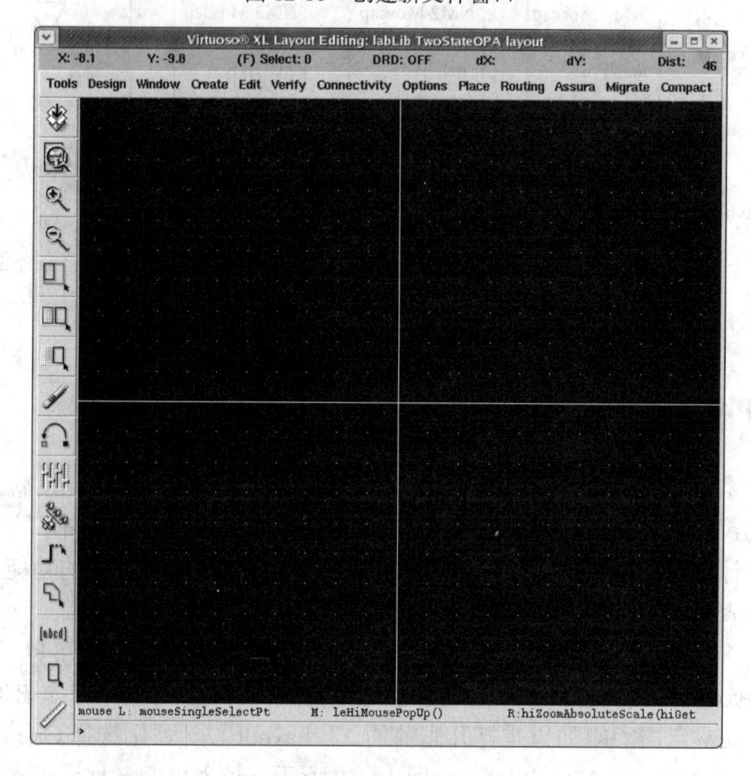

图 12-11　XL 版图编辑窗口

(2) 设置版图生成属性。在打开的 XL Layout Editing 窗口点击菜单 Connectivity→Update→Components And Nets 后，弹出一个版图生成选项窗口(LGO，Layout Generation Options)，如图 12-12 所示。在 LGO 界面的 I/O Pins 栏列出了电路图中的输入输出及电源引脚等，我们点选其中一项，然后点击 Layer/Master 下拉按钮，出现一版图层选择界面(没有示出)，在此弹出界面中选择对应的 Pin 与哪层掩膜粘连，选择后再点击 Update 按钮，则列表中所选择的 Pin 的属性将改变。其他 Pins 的尺寸、标识等也可以由设计者自行设置。在本设计中，分别将全局电源 gnd!、vdd!选择为与 METAL2 粘连，另外 3 个 Pins(inp、inn 和 vout)与 METAL1 粘连。

图 12-12 中的 Boundry 栏进行版图的边界层(Layer)、形状(Shape)、比例(Aspect Ratio)、元件占用率(Utilization)等设置，在此不再缀述。

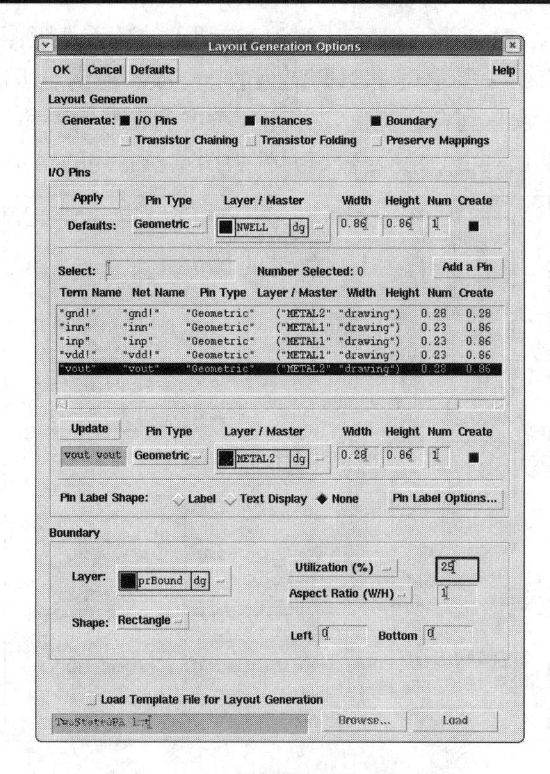

图 12-12　版图生成选项窗口

设置好 LGO 后，点击 OK，则在 XL 版图编辑窗口内出现电路中各元件对应的版图和 Pins 等，如图 12-13 所示。

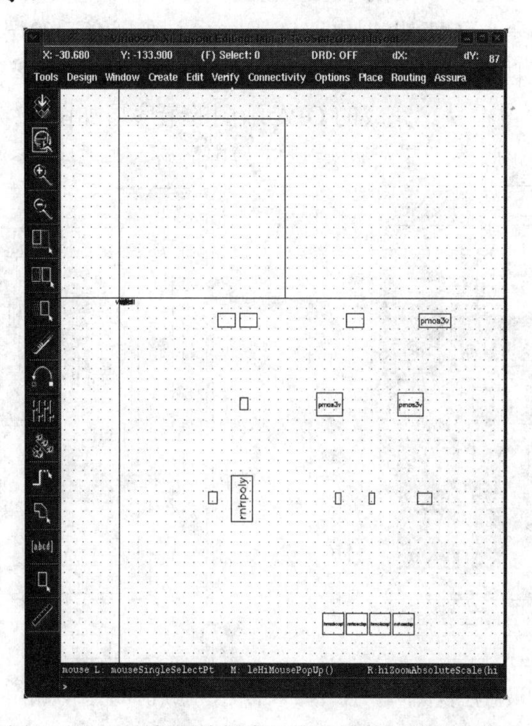

图 12-13　XL 版图编辑窗口调入元件后的初始状态

(3) 布局。初始时，XL Layout Editing 窗口中调入的各元件版图基本以与 schematic 相符位置进行布局(如图 12-13 所示)，并且间隔极散，一般不能满足版图设计要求，实际中要手工将各元件版图单元调整到合适位置，并充分考虑到布局的对称性、元件间布线空间的预留等。对 OPA 的 XL Layout Editing 窗口元件版图重新布局的结果如图 12-14 所示。

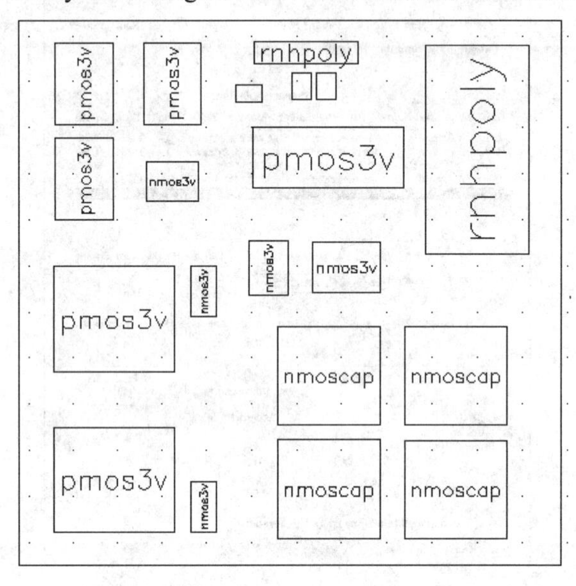

图 12-14　OPA 版图的布局

(4) 布线与其他层设计。布局后的下一步工作就是进行元件间的连线。在此，我们有必要应用快捷键 Shift + f 进入版图的下层，则我们可以看见每个 Pcell 内部的版图结构，而返回上层用快捷键 Ctrl + f。然后根据电路连接关系，选用合适的层将各元件连接起来。连接设计过程中还要考虑阱、衬底接触、电源环等设计，并要及时运行 DRC，以防走线空间不够等，以免使修改变得不易。完成的 OPA 版图的最底层如图 12-15(a)所示，返回上层的版图如图 12-15(b)所示。版图中最外两矩形圈为电源环。

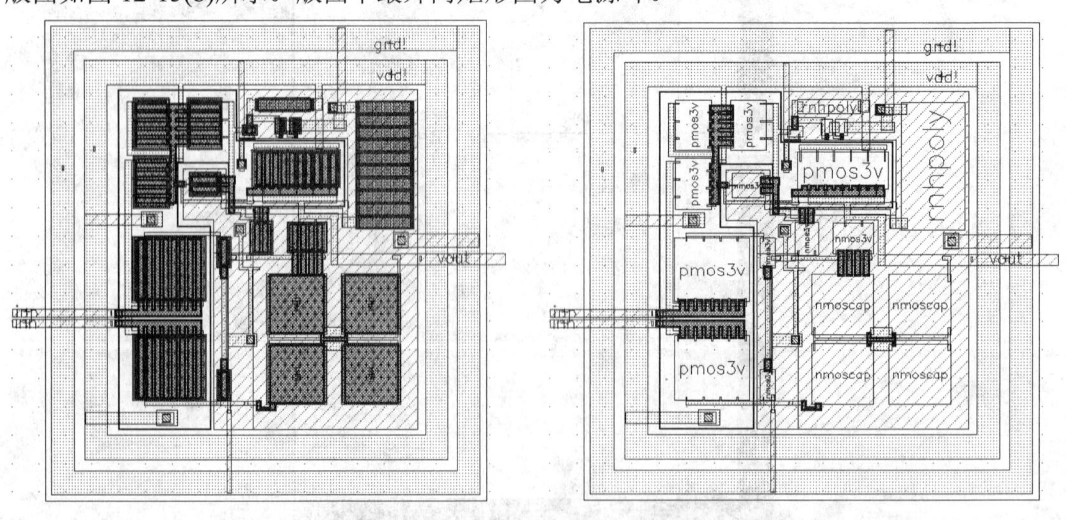

(a) OPA 版图的最底层视图　　(b) OPA 版图的隐藏器件最底层视图

图 12-15　完成连线的 OPA 版图

应用 XL Layout 设计时可以应用工具的交互性，以便观察版图与电路图中元件的对应关系。交互性，即在 XL 版图编辑(XL Layout Editing)窗口点击某一元件或 Pin，XL 电路图编辑窗口的对应元件或 Pin 也被显示选中；反之，在 XL 电路图窗口点击某一元件或 Pin，则在 XL 版图编辑窗口中对应元件也显示被选中。如图 12-16 所示为一个 XL 版图设计时的交互式应用示例截图，注意左图电路图中元件 M1 与右图 XL 版图编辑窗口左下角的 pmos3v 之间的点选对应，设计者在应用中可方便地观察到这种交互性。

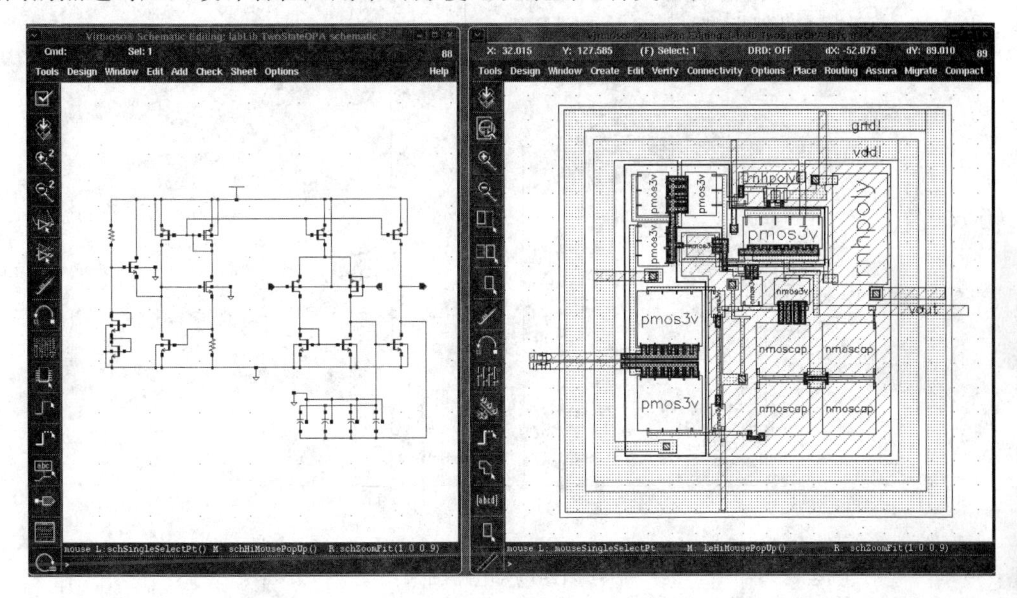

XL 电路图编辑窗口　　↔　　XL 版图编辑窗口

图 12-16　XL 编辑时的交互性

(5) PAD(I/O)版图。一般 PAD 版图单元由 Foundry 提供。其设计有特殊性，用户不必自行设计。简单的电路 PAD 也可由用户自行完成。设计中要注意将版图中心电路的 Pin 输出层与 PAD 定义的输出层通过多层金属与过孔连接引出。本实验不示例此部分。

12.1.6　OPA 的版图验证与后仿真

OPA 的版图设计完成后，要对其进行 DRC、LVS、RCX 和后仿真等。这些操作参考本教程第 8～11 章内容。

12.2　带隙基准仿真——应用工艺角仿真工具

实验目的：掌握带隙基准电路的工作原理与结构，熟悉工艺角仿真。

12.2.1　电路结构

带隙源的电路如图 12-17 所示。图中各 NMOS 管的 W/L 为 10/6，各 PMOS 管的 W/L

为 24/6。Q1 和 Q2 的 Multiplier 栏设为 8，其余参数为默认值。要注意的是图中两个电阻 R1 和 R2 是取自库 analogLib 中的理想元件，初步仿真完成后，将 R1 和 R2 再改为 tsmc18rf 库中的电阻元件。

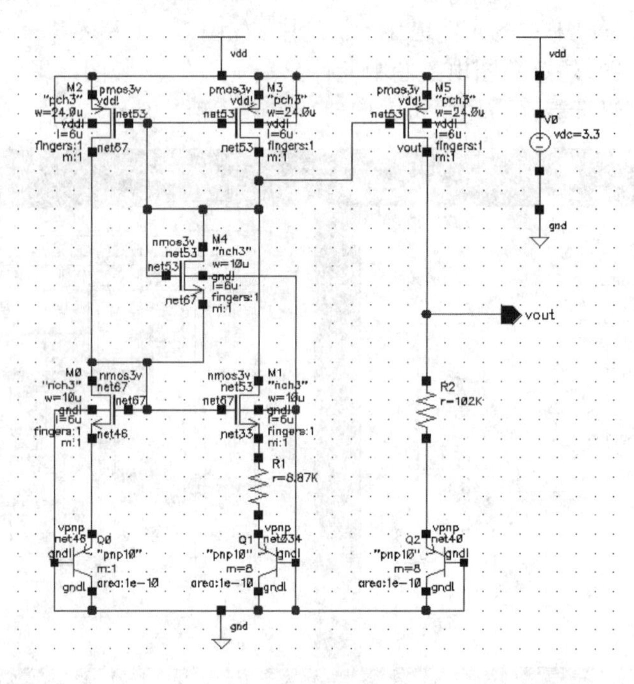

图 12-17 电路图

12.2.2 仿真设置与仿真

打开 ADE 的仿真类型设置窗口，设置仿真类型 tran 和 dc。tran 分析的时间 Stop Time 栏设为 2 μ。dc 分析点选存储工作点选项，并对温度(Temperature)进行扫描，扫描范围从 −40～125(零下 40℃～125℃)。运行仿真后的结果如图 12-18 所示。从图 12-18 中 Transient Response 窗口结果可以看出，在 1 μs 左右，输出电压达到稳定值；从 DC Response 窗口结果可以看出，输出电压误差在 2.4 mV 之内。

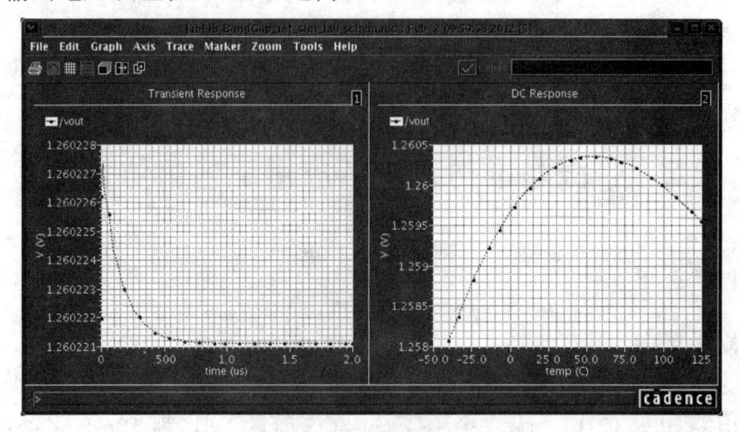

图 12-18 仿真结果

12.2.3　工艺角仿真

1. 工艺角的概念

工艺角(PVT，Process Voltage Temperature)是指 IC 工艺的变化。通常通过 PVT 仿真来估计电路在不同工艺条件和工作环境下的性能。Foundry 的库中一般提供若干种工艺角，例如本教程所使用的 tsmc18rf 库中，3 V 工作电压的 MOS 管有 tt_3v、ff_3v、ss_3v、fs_3v、sf_3v 5 种工艺角，3 V 工作电压的 BJT 有 tt_bip、ff_bip、ss_bip 3 种工艺角、电阻有 tt_res、ff_res、ss_res 3 种工艺角。进行工艺角分析就是在各种不同工艺角的组合下对温度进行扫描。MOS 的 5 种工艺角、BJT(元件 vpnp)的 3 种工艺角，电阻的 3 种工艺角，可以组合成 5 × 3 × 3 = 45 种工艺角分析。查找 tsmc18rf 库中工艺角的路径如下：

<tsmc18rf 库安装目录>/t018pdk1p6m/models/spectre

注意：在 tsmc18rf 库的 spectre 模型目录中，工艺角文件是根据不同类型元件单独定义在不同的文件中，例如 3 V 的 MOS 工艺角定义在文件 cor_3v.scs 中，vpnp 工艺角定义在文件 cor_bip.scs 中，电阻的工艺角定义在 cor_res.scs 文件中等。

2. 加入工艺角

下面介绍工艺角的仿真设置。在 ADE 窗口中选择 Tools→Corners，弹出如图 12-19 所示对话框，在此窗口中点击菜单 Setup→Add Process，又弹出一个新的 Add Process 对话框，如图 12-20 所示。

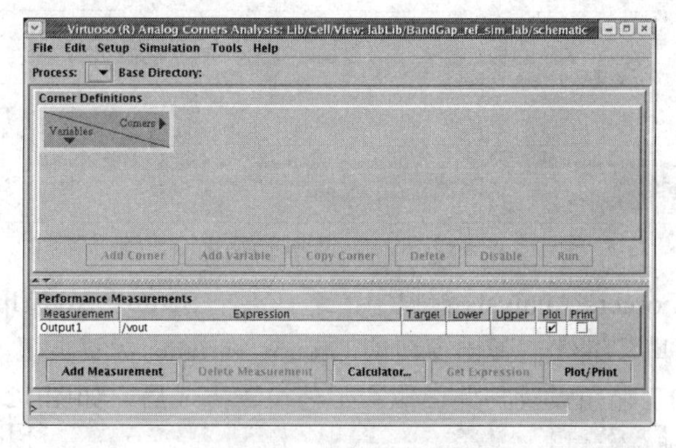

图 12-19　工艺角设置界面

Add Process 窗口中有两个标签页，分别作如下设置：对 Process 标签，按图 12-20(a)进行设置，其中工艺名 Process Name 为设计者命名的工艺名；在 Model Style 下拉列表中选择所使用的工艺角文件类型，一般只有一个模型库时，选择 Single Model Library；Base Directory 栏填入工艺角文件所在的路径；Model File 栏填入工艺角库文件名；如果需加入工艺变量，在栏 Process Variables 中填入。对 Groups/Variants 栏按图 12-20(b)设置，注意应用 tsmc18rf 库时，Groups/Variants 标签页的 Groups Names 栏中填入的名字应与该类型工艺角定义文件名相同，例如，对 3 V 电压 MOS，填入 cor_3v.scs；而在 Variants 栏填入工艺角，工艺角之间用逗号隔开，例如对 3 V 电压 MOS，在 Variants 栏填入 tt_3v, ff_3v,ss_3vsf_3v,fs_3v，然后点击 OK 确定，则图 12-19 中间视窗的 Variables 一列将增加一行，如图 12-21 所示。

(a) 工艺角 process 视图

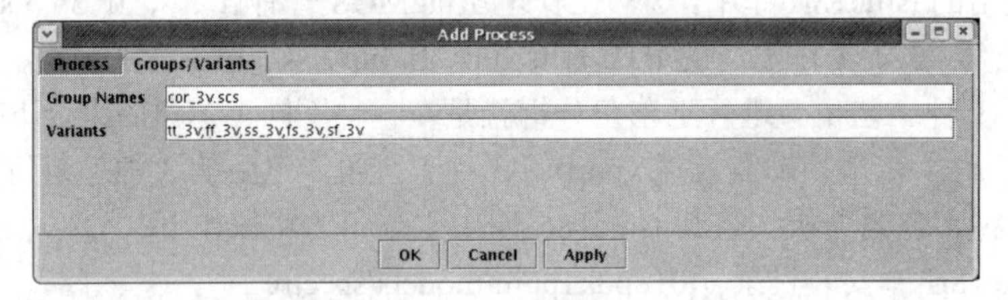

(b) 工艺角 Groups/Variants 视图

图 12-20　加入工艺与设置工艺角

图 12-21　加入工艺后的界面

然后在 Analog Corners Analysis 窗口中，选择菜单 Setup→Add/Update Model Info，弹出如图 12-22 所示窗口，继续在弹出窗口的 Groups/Variants 标签页填入 BJT 工艺角名和工艺角类型名，电阻的工艺角设置与此类似。工艺设置完成后，如图 12-21 所示。

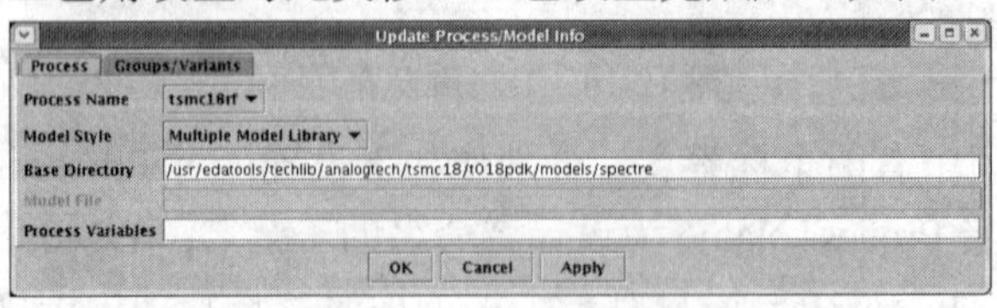

(a) 增加与更新工艺角工艺与模型 process 视图

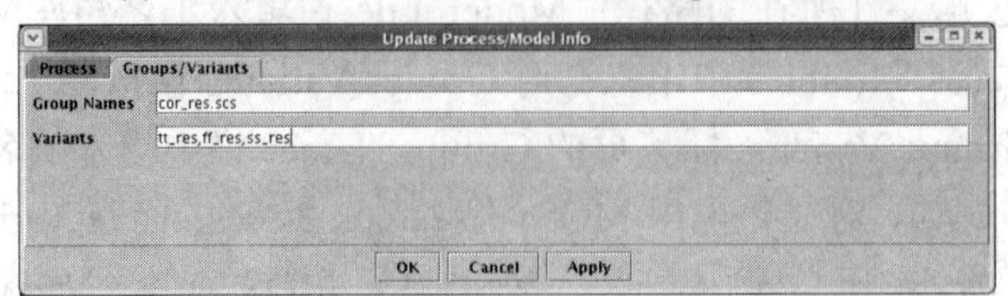

(b) 增加与更新工艺角工艺和模型 Groups/Variants 视图

图 12-22　增加与更新工艺角工艺与模型

填完后，再在 Analog Corners Analysis 窗口中点击 Add Corners，就得到如图 12-23 所示对话框，工艺角名栏(Corner Name)输入 ttt，其中 ttt 只是起的一个工艺角组合名称，是为了说明 MOS 管、BJT、电阻都是使用 tt 工艺角而已。然后点击 OK，则图 12-21 将变为如图 12-24(a)所示。然后重复此操作，将加入更多的工艺角组合设置，如图 12-24(b)所示。

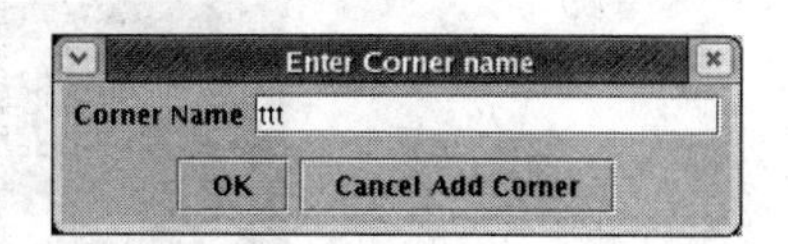

图 12-23　加入工艺角名

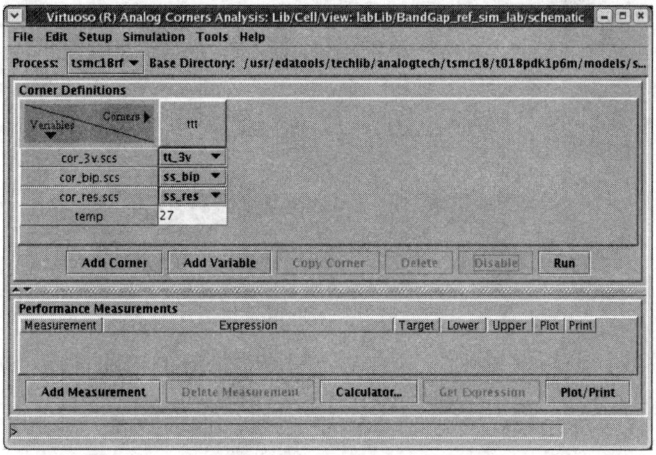

(a) 一个工艺角组合视图

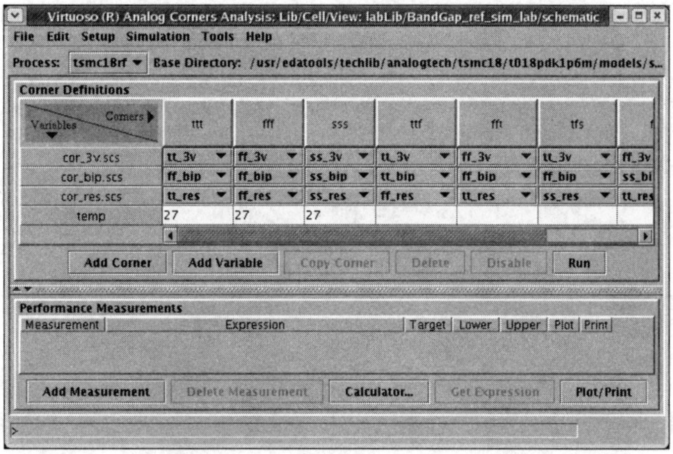

(b) 多个工艺角组合视图

图 12-24　加入工艺角

在图 12-24 中可以在每一种器件的下拉菜单中选择我们想要的工艺角，这样就得到 Corner 的各种组合。设置完毕，点击 File→Save Setup As，再输入文件名，这样下次只需载入这个文件，就调入了先前的设置。

3. 工艺角仿真与分析

在 Analog Corner Analysis 窗口中，点击 Run 就开始工艺角仿真，结束后输出一组曲线，每一条曲线代表一种工艺角组合，如图 12-25 所示。

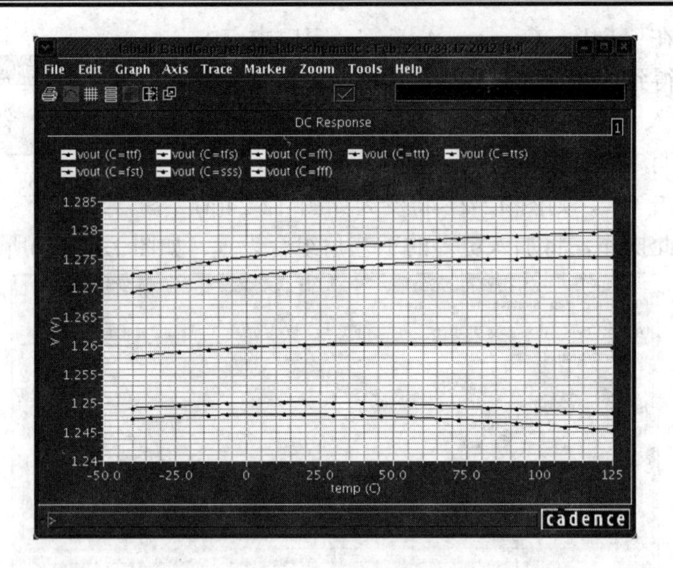

图 12-25　工艺角仿真结果

根据仿真的曲线，分析何种工艺角的设计能达到最好的电路性能。如果不能满足设计要求，需对电路进行改进，然后重新进行仿真，直到达到设计要求。

下篇　数字集成电路设计

第 13 章　ASIC 设计概述

ASIC 的设计过程较复杂，在设计的不同阶段需要使用不同的 EDA 工具，各种工具的使用也较繁琐。本教程主要介绍 ASIC 设计流程中最基本也是最重要、最关键的几个步骤，并通过实验对流程中常用的 EDA 工具的使用进行介绍。

13.1　ASIC 设计流程

图 13-1 示出了 ASIC 设计的一般流程，下面简介流程中主要步骤的概念及功能。图 13-2 中示出了不同类型的 EDA 工具在设计流程中适用的工作域。

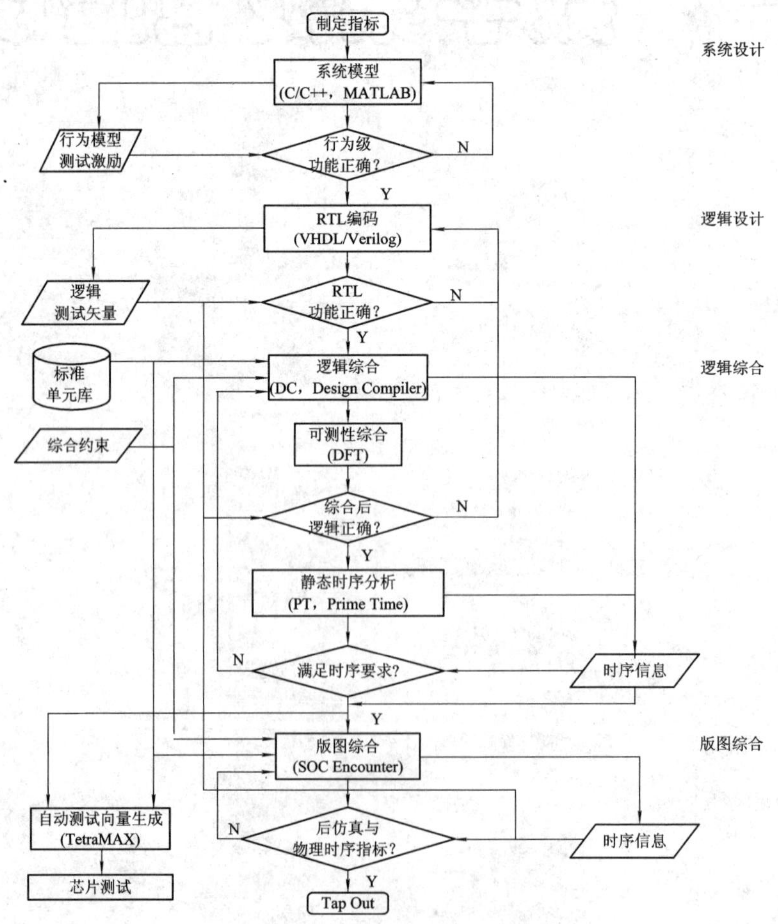

图 13-1　ASIC 设计流程

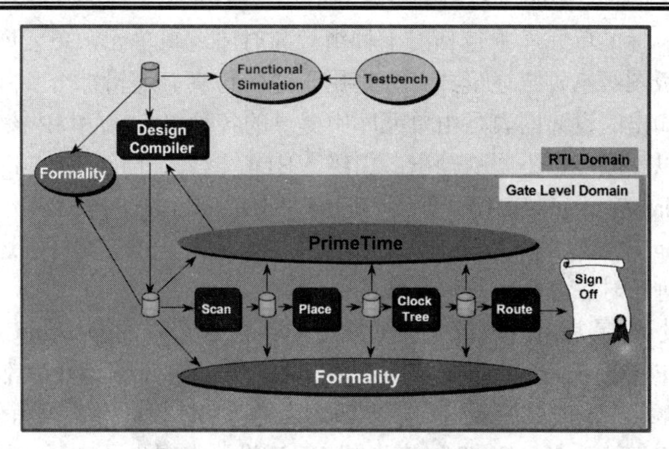

图 13-2　ASIC EDA 工具的工作域

1. 规格与指标制定

ASIC 设计的第一步是根据需求目标制定系统的功能与规范，对系统的设计目的、所完成的功能、可行的实现方案等进行描述，并可以参考其他类似设计对系统的性能，如功耗、面积和速度等指标作出初步规定。在此，并不必考虑 ASIC 实现的具体设计方法、工艺等。

2. 系统架构设计、模块划分与算法验证

ASIC 或 VLSI 系统在具体设计之初，主要做的工作就是系统架构的设计和关键算法的验证。系统架构设计需要有较全面的综合知识。系统架构设计完成后，需要对其进行模块的划分，模块划分的主要要求是每个模块的功能相对独立、模块间的接口定义清楚、模块间的连接关系明确。系统或模块中所涉及到的关键算法在开发前可以应用 C/C++、Matlab 等高级编程语言进行验证。系统级验证一方面是单个算法的验证，另一方面是整个系统的联合验证。系统验证在现代 ASIC 设计中是相当重要的，应引起 ASIC 设计者足够的重视。

算法验证完成后，将系统中的各个模块及整个系统转化为 HDL(VHDL 或 VerilogHDL)描述的形式，以便系统的 ASIC 实现。

3. RTL 描述与逻辑仿真

受限于综合软件的能力，应用 HDL 进行数字系统设计时，一定要考虑所使用的 HDL 语法的描述层次及综合结果。应用 RTL 级(RTL，Register Transfer Level)，有时也称数据流描述风格，所描述的设计可综合性较好，与现代常用的同步逻辑设计方法相符合。在学习和应用 HDL 语言进行电路设计时，特别要注意一个设计如何应用可综合 RTL 语法实现。

逻辑仿真用于验证数字系统逻辑设计的正确性。逻辑仿真不但可以完成功能验证，而且可以进行时序仿真。在应用 HDL 完成模块或系统设计之后，必需进行逻辑验证。对于较简单的模块，可以应用穷举法进行验证；对于复杂系统，则通常应用随机激励测试加特殊激励测试完成。另外，不同的仿真平台有不同的逻辑仿真方法，而对于 HDL 描述的系统，一种方便且移植性较好的方法是应用 HDL 完成测试代码编写(VHDL、Verilog 均支持)。

4. 逻辑综合

逻辑综合是 ASIC 设计中非常关键的一步。它是根据时序、功耗和面积等约束，将 RTL 描述的设计“翻译”成为某种门级实现结构(网表)的过程。综合通常需要 Foundary 提供的

标准单元库支持，标准单元库中包括若干种组合与时序逻辑单元，单元库中的单元有逻辑级、晶体管级和版图级三种描述形式，分别用于逻辑仿真、逻辑综合和版图综合三个设计阶段。逻辑综合输出的设计网表是由单元库中提供的各种单元或/和 IP 核等构成。

逻辑综合可以生成各种不同的输出：门级 VHDL 网表、门级 Verilog 网表、标准延时格式(Standard Delay Format，SDF)文件等。门级 VHDL/Verilog 网表常用于逻辑综合后的仿真，而门级 Verilog 网表通常作为版图综合的电路网表输入，SDF 文件描述了网表中的各种时序信息，用于进行时序分析或布局布线的时序驱动。

对于 ASIC 设计，最常用的逻辑综合工具是 Synopsys 公司的 Design Compiler(通常简称 DC)。如果应用 FPGA 开发系统时，不同供应商在自己的开发套件中都提供面向本公司 FPGA 的逻辑综合组件，但要注意这与传统概念上的 ASIC 设计综合是有较大区别的。

可测性设计(DFT，Design for Test)在现代 VLSI 设计中得到了广泛应用。它是用逻辑等价的可测性单元代替常规逻辑网表中的标准单元，或者插入可测性结构等，这对于 VLSI 的生产测试非常重要。Synopsys 的 DFT 功能集成于综合软件 DC 中。

5. 静态时序分析

静态时序分析是根据设计者给定的时序约束，通过检查电路中所有可能路径的时序违例情况来验证电路的时序性能。它克服了传统动态时序仿真速度慢、不能完成对大规模逻辑电路进行较好时序仿真的不足，是验证电路时钟、时序指标的有效方法。

6. 版图综合(物理综合)

版图综合是将逻辑综合的门级网表“翻译”为版图的过程。主要步骤包括版图的规划与布局和自动布线，规划与布局完成各子模块在版图中位置的布置，有时还要包括一些宏模块的插入，如 ROM、IP 核等。自动布线是根据逻辑网表的连接关系完成单元版图之间的连接。综合后的版图仍需通过 DRC、LVS 等检验通过、设计才算完成。通过 LVS 提取的电路含有各种寄生参数，此时还需再经后仿真和静态时序仿真进行验证，其操作与逻辑级的仿真与静态时序分析相同。

经过以上各步设计与验证得到 ASIC 的完整版图，输出为 GDSII 格式文件，用于流片。

7. 自动测试向量生成

规模较大的数字 IC 芯片流片后，要对其进行完全的测试几乎是不可能的。因此通常需要在设计阶段应用 DFT 技术，并结合可测性向量生成 EDA 工具，产生满足一定故障覆盖率要求的测试向量集。自动测试向量生成软件通常提供可测性向量集的生成、故障仿真和分析等功能。其所生成的测试向量集用于芯片的生产测试中。

8. 形式验证

形式验证是指从数学上完备地证明或验证电路的实现方案是否确实实现了电路设计所描述的功能。它对指定描述的所有可能情况进行验证，而不是仅仅对其中的一个子集进行多次试验，因此可有效地克服了模拟验证的不足。形式验证可以进行从系统级到门级的验证，而且验证时间短，有利于尽早、尽快地发现和改正电路设计中的错误，缩短设计周期。但形式验证不能有效地验证电路的性能，如电路的时延和功耗等。它的主要作用是补充逻辑验证的不足。在本教程第 19 章对形式验证的基本概念和形式验证工具 Formality 的使用进行了介绍。

本实验教程针对以上流程，通过一个 UART 的设计，完成从其 HDL 描述直至版图综合输出的ASIC全流程设计，演示ASIC设计基本的设计过程和主要EDA软件的使用。UART的设计原理参看第 20 章内容。

13.2　ASIC 设计软件

在进行 ASIC 设计时，Synopsys 公司提供了一套功能强大的 EDA 工具，另外 Mentor Graphics 和 Cadence 等其他公司也在某些方面有好的工具。下面根据 ASIC 的设计流程列出本教程中所用到的 EDA 工具：

(1) 逻辑仿真：ModelSim(Mentor Graphics)；

(2) 逻辑综合：Design Compiler(Synopsys)；

(3) 静态时序分析：Prime Time(Synopsys)；

(4) 版图综合：SOC Encounter(Cadence)；

(5) 自动测试矢量生成：TetraMAX(Synopsys)；

(6) 形式验证：Formality(Synopsys)。

另外，数字系统通过版图综合后的版图仍需进行验证，此验证过程与模拟 IC 的版图验证相同，常用的工具有 Cadence 公司的 Assura 或 Mentor Graphics 公司的 Calibre 等。版图验证参阅本教程上册相关内容。

13.3　脚本文件与 Tcl 语法

在使用 EDA 工具时，常常需要编写脚本(Script)文件。脚本文件实际上就是以命令行方式运行 EDA 工具命令的集合。脚本文件的使用使得设计操作简化、运行效率提高、设计移植方便。但通常初学者往往更习惯于应用软件的图形用户界面(GUI)方式。在熟悉了 EDA 软件的基本使用之后，建议设计者通过学习，逐渐掌握 Script 的编写与应用来提高设计效率。

Synopsys公司的EDA工具支持两种脚本文件格式：dcsh和Tcl(Tool command language)。现在一般推荐使用 Tcl，这是因为 Tcl 是一种开放的工业标准语言，它是 UNIX/Linux 操作系统配备的一种脚本编写语言，具有通用性。Synopsys 提供 dcsh 到 Tcl 转换的命令。遵循 Tcl 格式的 Synopsys 软件运行命令可以逐条执行，而将所要执行的部分或全部命令写在一个文件中，就是一个 Tcl 的 Script 文件，运行此文件时它将从上至下逐条执行其中的命令。关于 Tcl 的详细语法介绍，读者可以参阅专门的手册或资料。如图 13-3 所示为一个 dcsh 与 Tcl 对比的例子，一方面简单比较两种格式的不同；另一方面使读者初识 Tcl 命令的描述方法。图中的 dcsh 与 Tcl 脚本文件内容逐条完全对应，读者应能看出其区别。命令的具体含义在后面的实验中会逐步熟悉。

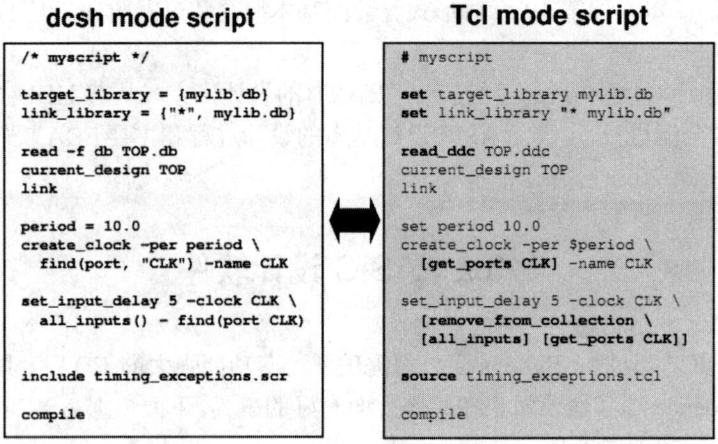

dcsh mode script

```
/* myscript */

target_library = {mylib.db}
link_library = {"*", mylib.db}

read -f db TOP.db
current_design TOP
link

period = 10.0
create_clock -per period \
  find(port, "CLK") -name CLK

set_input_delay 5 -clock CLK \
  all_inputs() - find(port CLK)


include timing_exceptions.scr

compile
```

Tcl mode script

```
# myscript

set target_library mylib.db
set link_library "* mylib.db"

read_ddc TOP.ddc
current_design TOP
link

set period 10.0
create_clock -per $period \
  [get_ports CLK] -name CLK

set_input_delay 5 -clock CLK \
  [remove_from_collection \
  [all_inputs] [get_ports CLK]]

source timing_exceptions.tcl

compile
```

图 13-3　dcsh 与 Tcl 语法对比

下面简单介绍 Tcl 的语法，主要使读者能弄清楚教程中实验的命令操作含意。

(1) Tcl 的命令格式：

　　命令名 [参数 1]　[参数 2]　[参数 3] …

它是由一个命令名和后跟的若干个参数构成，有的命令后面可以不跟参数。命令名及其各参数之间以空格隔开。命令在一行输不完时，以反斜杠 \ 续行。

不同 Tcl 命令后的参数具有不同的含意，它的正确性由命令自身来检查，而不是 Tcl 分析程序。

(2) 只有函数的参数才具有意义(才是真正的参数)，命令后的参数实则为表达式。

(3) 替换是单向的。

说明：下面介绍的变量和命令替换只适用于表达式。

(4) $：变量替换。

例如两命令：　set period 10.0

　　　　　　　create_clock –per $period

第 1 条命令设置变量 period 的值为 10.0，第 2 条命令中的参数 $period 则被 10.0 替换。

(5) [ ]：命令替换。

例如命令：create_clock –per $period [get_ports CLK] –name CLK

命令中的参数[get_ports CLK]表示用命令 get_ports CLK 的结果替换此参数。

(6) “ ”：防止中断。

例如参数：“* mylib.db”，表示将 * 和 mylib.db 看作是一个参数，而不是看作两个参数。

(7) { }：防止所有的替换和中断。

例如：

命令	结果
set x 8	x = 8
set y [expr $x+2]	y = 10
set a “y-3 is [expr $y-3]”	a =y-3 is 7
set a “x is $x; y is $y”	a = x is 8, y is 10
set a {[expr $x*$y]}	a = [expr $x*$y]

(8) \ ：特殊字符转义符。注意，命令续行符与之相同。

例如命令：set a word\ with\ \$\ and\ space 表示将变量 a 的值设置为：word with $ and space。

要说明的是，数字 IC 设计 EDA 专用软件一般运行在 UNIX 或 Linux 操作系统下，因此要求设计者应具有基本的 UNIX/Linux 命令操作技能，并掌握一种 UNIX/Linux 下的文本编辑软件，例如 vi 编辑器等。

第 14 章　逻辑仿真——ModelSim

ModelSim 是由 Mentor Graphics 公司开发的业界最为广泛使用的逻辑仿真软件之一。它支持 VHDL、Verilog 等单语言或混合语言仿真，采用直接优化的编译技术 Tcl/Tk 技术和单一内核仿真技术，编译仿真速度快，编译的代码与平台无关，便于保护 IP 核，个性化的图形界面和用户接口，为用户加快调试提供了强有力的手段，是 ASIC/FPGA 设计的首选仿真软件。本教程要介绍的是 ModelSim/SE 的使用，它是 ModelSim 的高级版本，功能最强大。ModelSim 不定期推出新的版本，但其基本使用步骤与功能等一般变化不大。

本章首先介绍 ModelSim 的基本功能与使用，之后介绍 ModelSim 的一些有用的高级功能。

14.1　基本使用步骤

ModelSim 有 3 种使用方式：第 1 种是图形用户界面(GUI)，它同时接收菜单操作和命令行输入，是最直观、最易使用的一种方式；第 2 种是交互式的命令行，这种方式没有用户界面，通过控制台命令运行；第 3 种是批处理方式，是用 UNIX/Linux 命令运行批处理文件。本教程主要讨论第一种方式——GUI 的应用。

14.1.1　示例程序准备与启动软件

1. 建立工作目录

实验前，首先打开一个 Terminal 窗口，执行以下 UNIX/Linux 命令，在用户根目录下建立进行实验的工作目录 uart_lab。

```
~]$ mkdir uart_lab
```

2. 拷贝示例程序到工作目录

本章实验的示例程序存储在服务器的目录：/ic_cad_demo/digitalLab/uart/modelsim_lab。在打开的 Terminal 窗口，输入以下命令将 ModelSim 的实验示例文档拷贝到自己的工作目录下：

```
~]$ cp –rf /ic_cad_demo/digitalLab/uart/modelsim_lab ~/uart_lab
```

modelsim_lab 下的目录结构如图 14-1 所示。

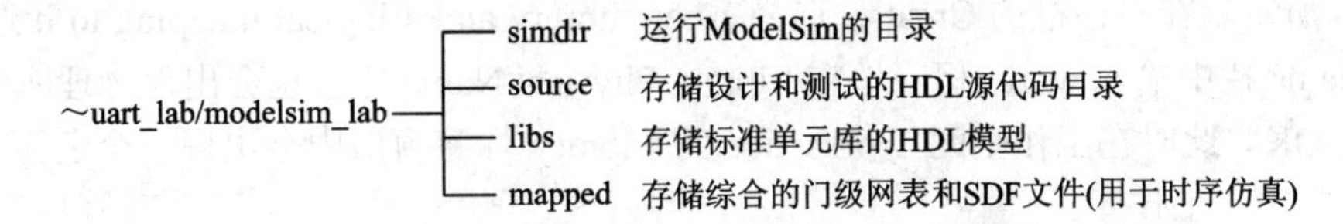

图 14-1　ModelSim 实验示例程序目录结构

3. 启动环境设置

启动软件时，首先打开一个 Terminal 窗口，根据窗口提示输入并执行以下命令以启动软件的环境设置：

```
~]$ mtr.setup
```

4. 启动 ModelSim 软件

在上一步打开的 Terminal 窗口，进入目录~/uart_lab/modelsim_lab/simdir，输入命令：

```
~]$ vsim
```

便可以打开如图 14-2 所示的 ModelSim 图形用户界面(实际使用版本为 ModelSim SE PLUS 6.2b)。(启动 ModelSim 时将在启动软件的目录下自动生成一些环境记录文件，为了不致造成混乱，实验中要求在目录~/uart_lab/modelsim_lab/simdir 下启动 ModelSim。并且以后每次应用 ModelSim 时，也在此目录下启动软件。)

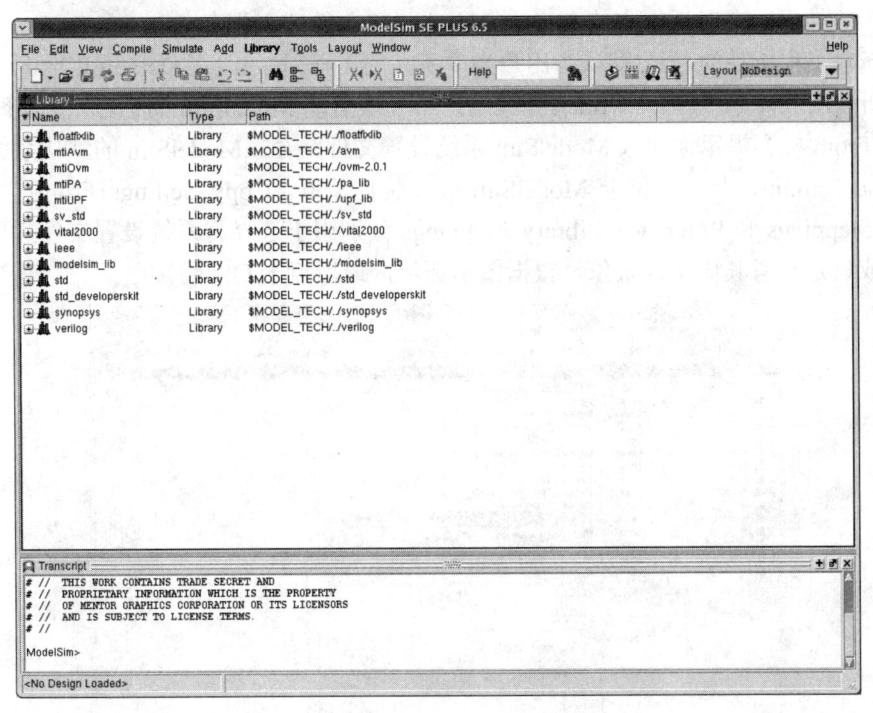

图 14-2　ModelSim 的 GUI 启动初始界面

14.1.2　建立新库

在 ModelSim 主菜单栏点击：File→New→Library，弹出 Create a New Library 对话框，

如图 14-3 所示。在对话框的 Creat 栏选择 a new library and a logical mapping to it 选项，在 Library Name 栏中输入 work，相应地在 Library Physical Name 栏中也会出现物理库名 work，然后点击 OK。此时在工作空间 Workspace 的 Library 标签窗口中会出现一个名为 work 的库，这就是用户工作库。

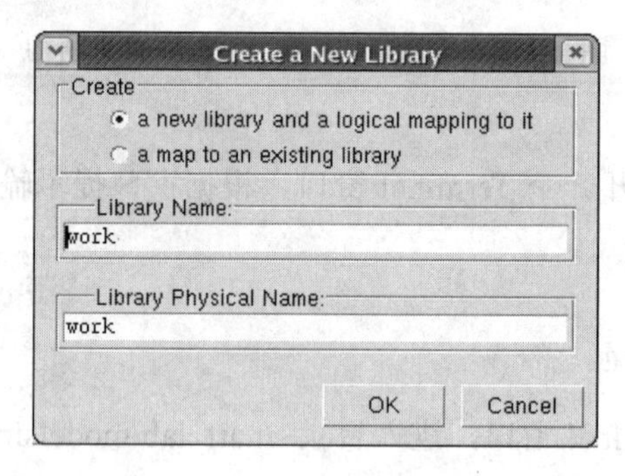

图 14-3　建立新库

14.1.3　建立工程与加入源文件

(1) 在 ModelSim 主菜单栏点击 File→New→Project，弹出 Create Project 对话框，如图 14-4 所示。然后，在对话框中的 Project Name 栏输入新建工程名 uart，在 Project Location 栏输入新建工程所处的目录(默认为用户当前所在的工作目录)，在 Default Library Name 栏中输入所使用的库名(默认为 work)。如果用户第一次启动 ModelSim 的话，对话框下部 Copy Settings From 栏会提示你输入 ModelSim 系统设置文件路径。ModelSim 的默认系统设置文件为 modelsim.ini，此文件位于 ModelSim 的安装目录下。Copy Settings From 栏的 Copy Library Mappings 和 Reference Library Mappings 分别用于选择将系统设置文件拷贝到当前 Project 或只是参考其原文件映象。根据图示选项，最后点击 OK 确认。

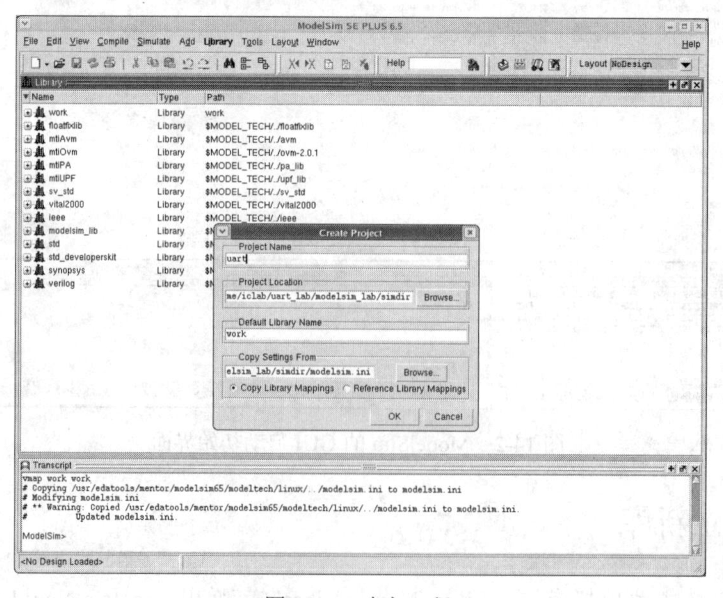

图 14-4　建立工程

(2) 完成(1)操作后，在 Workspace 视窗(如图 14-9 所示)中将会出现一个名为 Project 的标签页，如图 14-5 所示，同时弹出一个 Add items to the Project 的对话框，在对话框中选择 Add Existing File 图标后，又会弹出一个 Add file to Project 的对话框，点击此对话框中的 Browse 按钮，弹出 Select files to add to project 对话框，在 Directory 栏选择目录 ~/uart_lab/modelsim_lab/source/vhdl/src 下的文件 fifo.vhd 后，按住 Ctrl 键继续选择其他需加入 Project 的 4 个文件，选中的文件名将列于 File names 编辑框中(以空格隔开)，之后点击 Open 按钮确定。此时在 Project 标签页中出现了刚才被选入的 fifo.vhd、mod_m_counter.vhd、uart_top.vhd、uart_rx.vhd、uart_tx.vhd 5 个文件，它们的状态(Status)均显示为❓，表示这些文件还没有被编译，如图 14-6 所示。

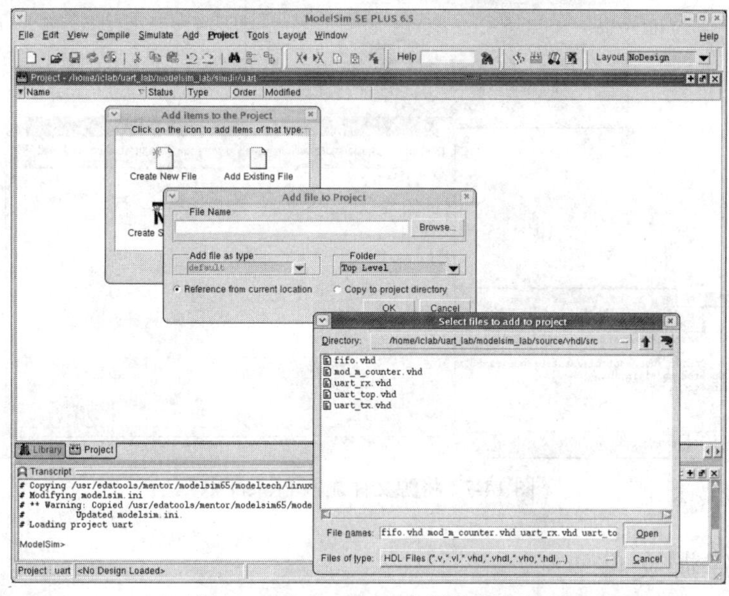

图 14-5　建立 Project 与添加源文件

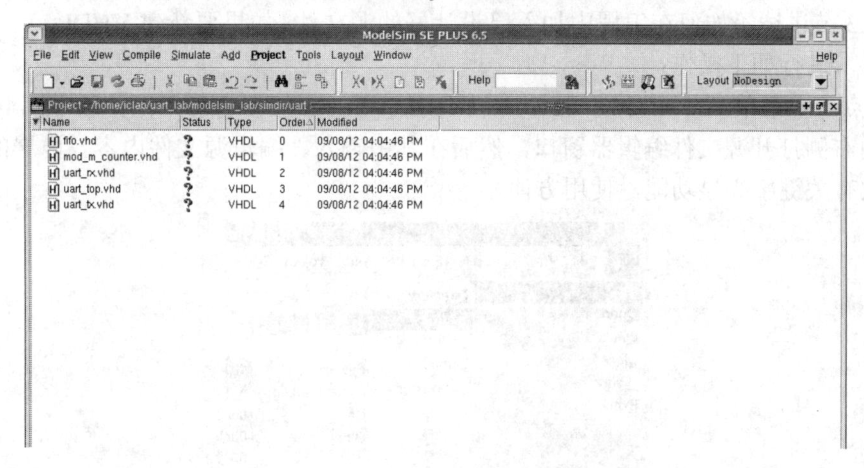

图 14-6　加入 Project 标签页的未编辑文件

(3) 还可以继续将其他源文件加入 Project，下面以加入测试文件 uart_test.vhd 为例来说明。有两种操作方法：① 点击主窗口菜单 Project→Add to Project→Existing File，打开 Add file to Project 对话框，如图 14-7 所示；② 在 Project 标签页空白处点击右键，弹出快捷菜单，选择 Add to Project→Existing File，也可以打开 Add file to Project 对话框。然后在对话框中点击 Browse 按钮，从目录~/uart_lab/modelsim_lab/source/vhdl/testbench 中选择文件 uart_test.vhd，点击 Open 将其加入当前 Project。

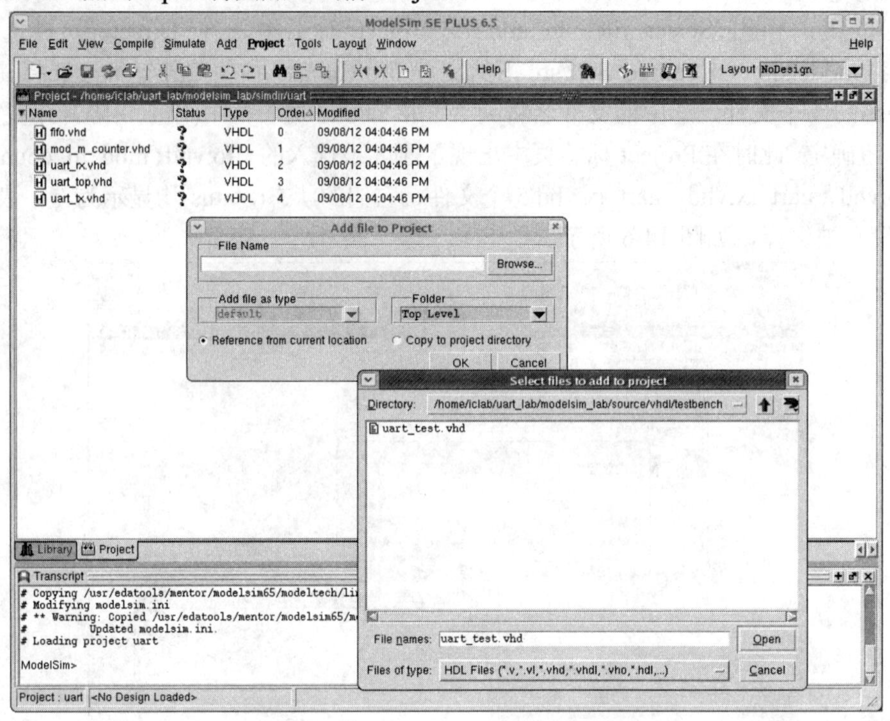

图 14-7　将源文件加入 Project 中

14.1.4　新建源文件

14.1.3 节讲述了如何在工程中加入已设计好的源文件。如果要新建 VHDL、VerilogHDL 等源文件，进行如下操作：

(1) 点击主菜单 File→New→Source→VHDL(Verilog，SystemC，…)，如图 14-8 所示。在主界面右侧打开源文件编辑器窗口，然后在其中输入、编辑源文件内容。内嵌的源文件编辑器具有关键字亮显功能，使用方便。

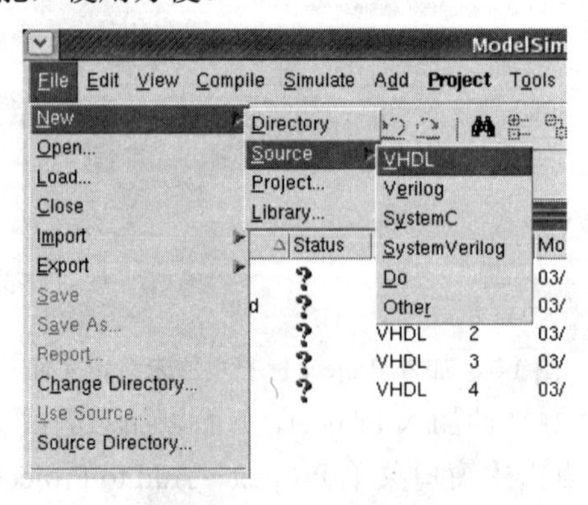

图 14-8　建立新源文件

新建文件在第一次存储时，点击主菜单的 File→Save 或工具栏图标，将打开一个文件存储对话框，如图 14-9 所示，然后在对话框上部选择文件存储的目录，在 File name 栏输入文件名，并注意文件扩展名：VHDL 为“.vhd”，Verilog 为“.v”。源文件在编辑修改后再次进行存储时将不再弹出文件存储对话框。

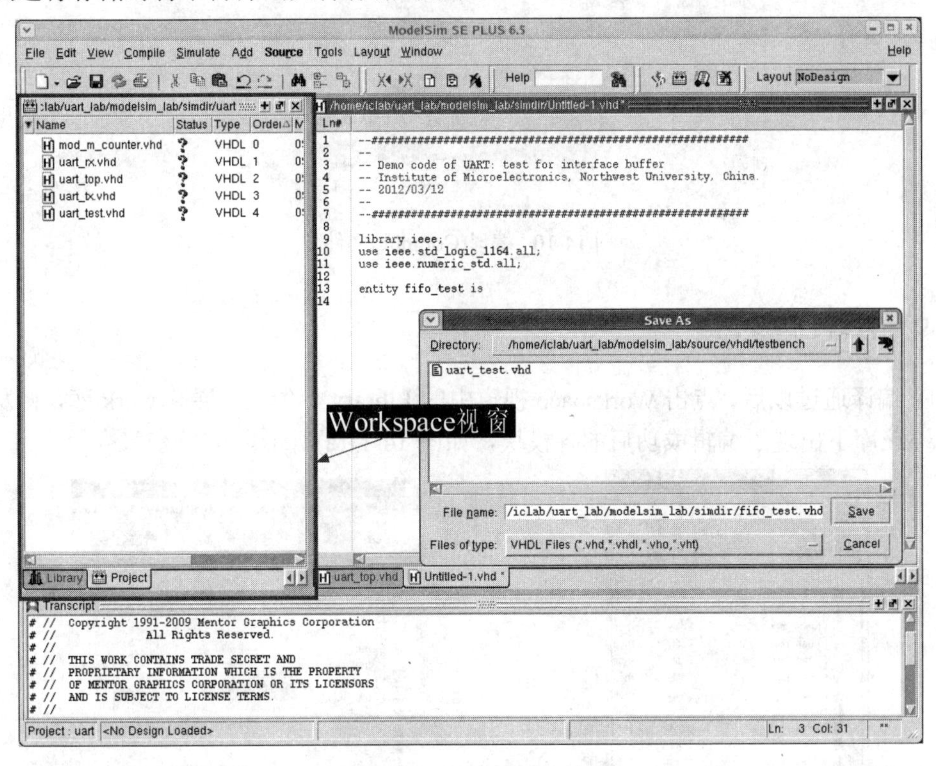

图 14-9　源文件编辑与存储

(2) 特别注意：编辑并存储的源文件在存储后并没有调入当前工程，还需通过 14.1.3 节中的(3)所述的方法，将新建的源文件加入到当前 Project 中，而后才可以进行编译、仿真等。

14.1.5　编译文件

HDL 源代码文件首先要进行编译，主要是进行语法检查。启动编译有三种方法：

(1) 在 Workspace 窗口的 Project 标签页选择需编译的文件(通常可以按住 Ctrl 键，选择多个文件)，再点击右键，在弹出菜单中点击 Compile→Compile Selected，对所选文件进行编译。或者选择 Compile All(此时 Project 中的所有文件都会被编译)，具体如图 14-10 所示。

(2) 从主菜单启动编译：Compile→Compile All(Compile Selected，…)。

(3) 点击工具栏中的(Compile)或(Compile All)按钮，进行编译。

编译完成且无错误，文件状态 Status 显示为绿色的对号✔，表示编译通过。如果编译出错，则文件状态 Status 显示为红色的错号✘，同时主界面下部 Transcript 窗口将出现红色提示信息。鼠标双击出错信息行，弹出窗口中将显示具体的出错文件、出错行、出错语法提示等，可据此进行修改，修改完成后不要忘记进行存储并重新编译。

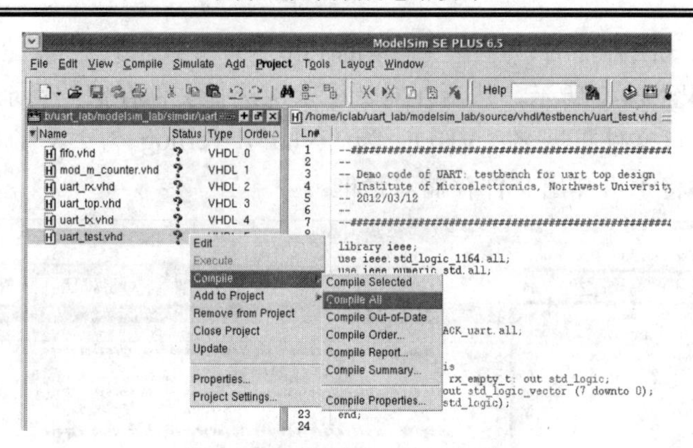

图 14-10　编译(Compile)文件

14.1.6　运行仿真

(1) 编译通过以后，点击 Workspace 视窗中的 Library 标签页，展开 work 库，将发现此时在 work 库下出现了编辑成功后的各模块，如图 14-11(a)所示。

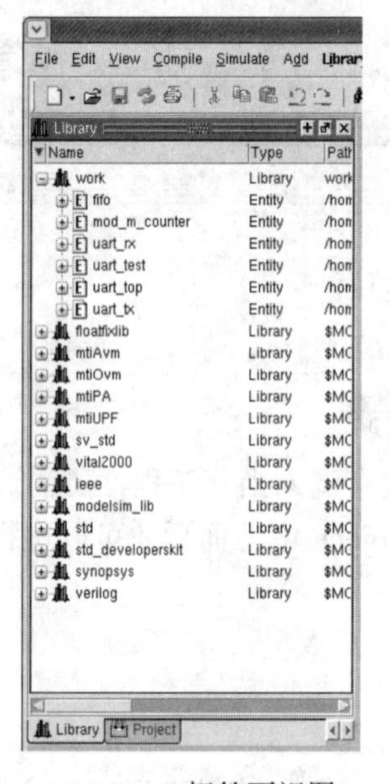

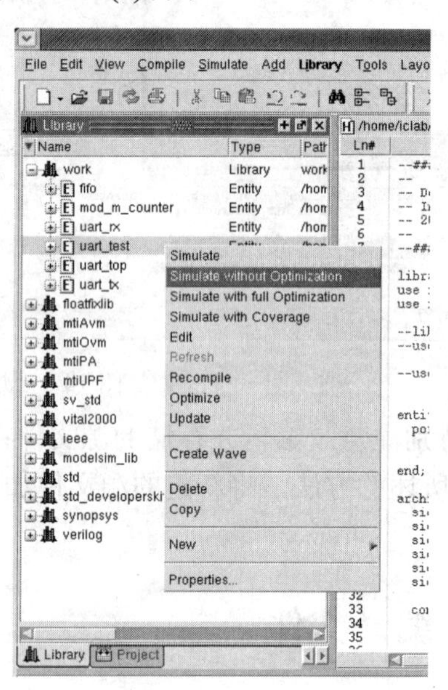

(a) Library 标签页视图　　　　(b) Library 标签页启动仿真视图

图 14-11　编译成功后的库文件与启动仿真

(2) 启动仿真。有三种方法：① 选择测试模块 uart_test，点击右键弹出菜单，选择 Simulate without Optimization，如图 14-11(b)，就可以加载要仿真的设计了，此时在 Workspace 视窗内将出现了一个新的 sim 标签页。在 Workspace 视窗右侧弹出 Objects 窗口(蓝色背景)，窗口中列出所测试单元的输入/输出和内部信号等。在源文件编辑区出现了一个 Wave 的新标签页窗口，如图 14-12 所示。② 在主菜单点击 Simulate→Start Simulation，在弹出的对话框中可进行更多仿真设置，关于此我们在 2.3 节已介绍。③ 还可以在工具栏点击按钮启动仿真。

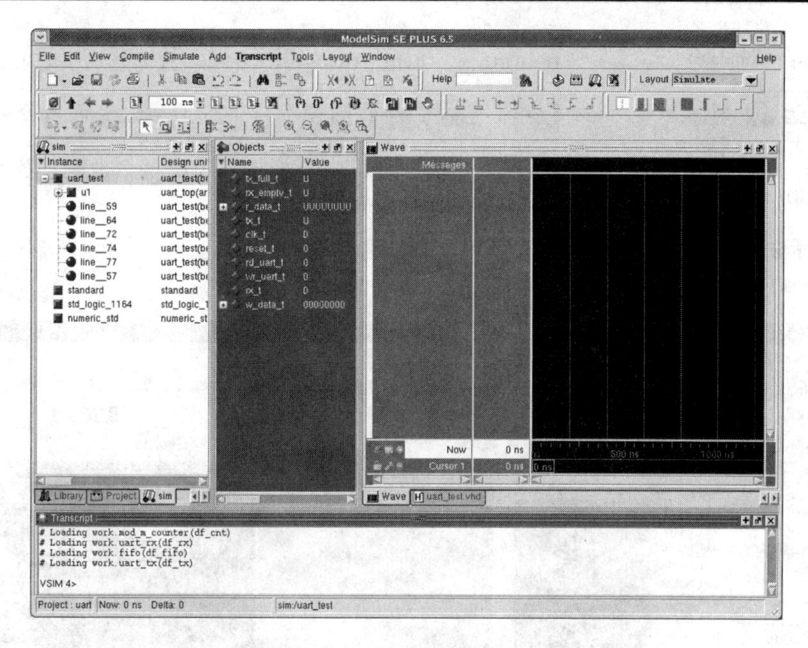

图 14-12　启动仿真之后的界面

(3) 加入需要显示波形的信号。首先在 sim 标签页中选择元件，可以是例化元件，则所选元件的端口信号等将出现在 Objects 窗口。之后在 Objects 窗口点击右键，然后依次点击 Add→To Wave→Signals in Region，如图 14-13(a)所示，Objects 窗口中的信号将出现在波形窗口的 Messages 栏，如图 14-13(b)所示。也可以根据其他选项，在 Wave 窗口中加入意欲观察的信号或变量。

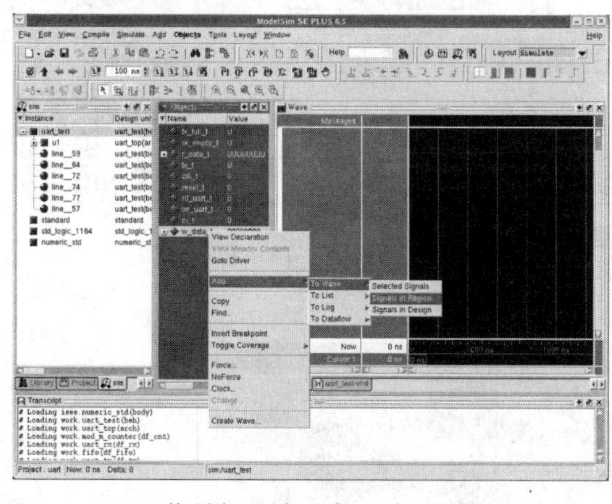

(a) 信号加入波形窗口过程视图

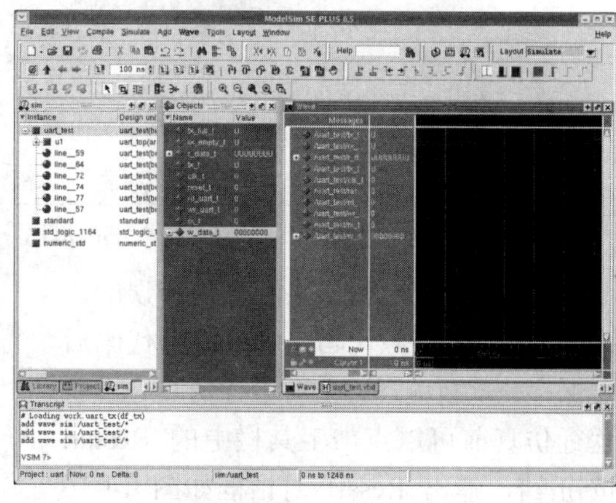

(b) 信号加入波形窗口结果视图

图 14-13　将信号加入波形窗口

(4) 运行仿真。图 14-14 中示出了常用的编译、仿真和波形查看工具栏。运行仿真前在图 14-14(b)的仿真运行时间窗口填入仿真时间，本实验为 1 ms，然后点击 Run 按钮运行仿真。仿真结束后，点击工具栏波形查看按钮可以将波形放大到合适的大小，以便观察。波形窗口默认内嵌在主窗口内，可以点击波形窗口右上角的按钮(Dock/Undock)，将波形窗口单独调出来观察。实验仿真结果如图 14-15 所示。

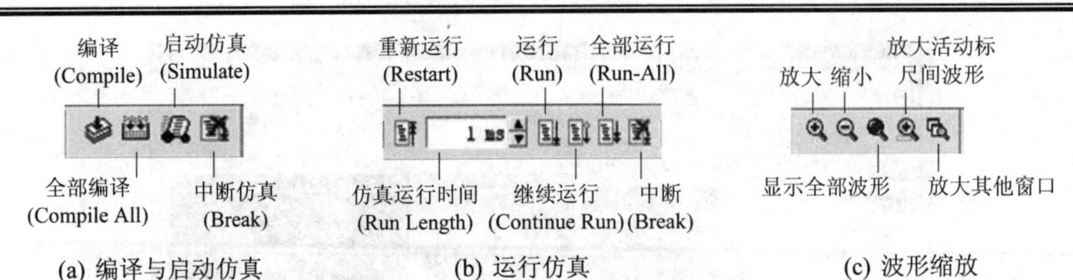

图 14-14 常用工具栏简介

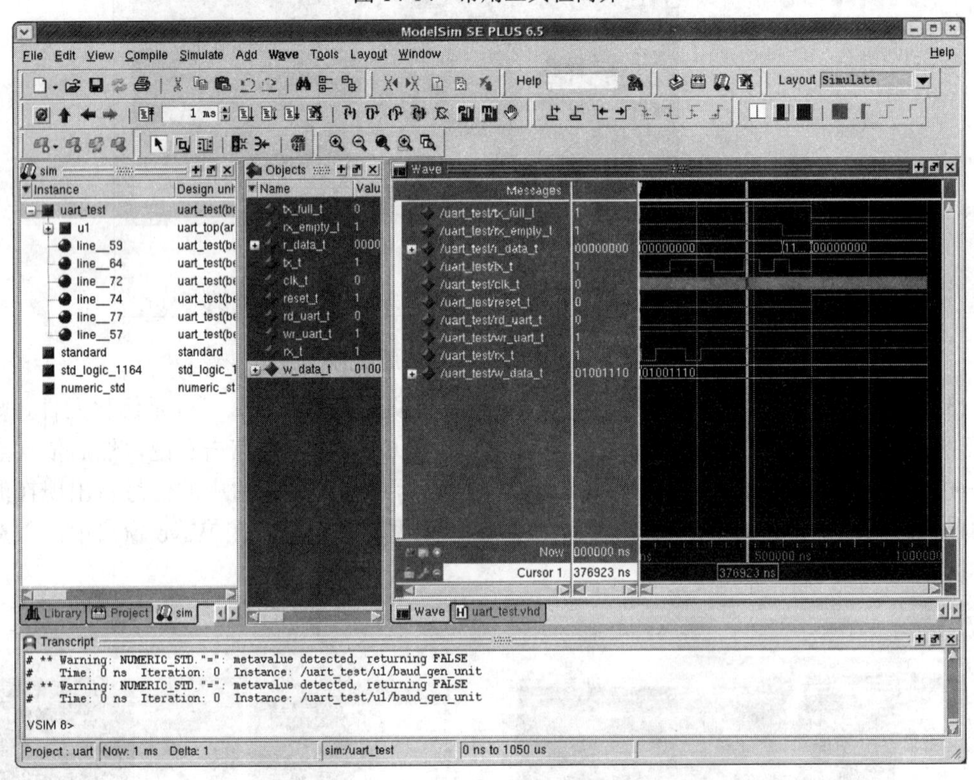

图 14-15 仿真波形

(5) 观察波形。如果波形是错误的，则需修改 HDL 源代码。修改完源代码后要保存，重新编译，重新运行仿真。重新运行仿真前可以点击工具栏中的 Restart 按钮，弹出 Resart 对话框如图 14-16 所示，使仿真重新开始；否则，新仿真的结果将接在前次仿真之后。

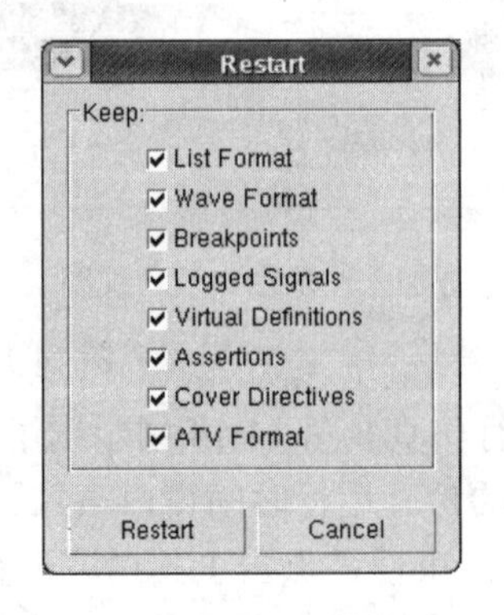

图 14-16 Restart 对话框

点击对话框中的 Restart 按钮以后，重新点击按钮执行仿真。如果观察波形正确，说明设计达到了要求，可以点选主菜单 Simulate→End Simulation 退出仿真引擎。

14.2　ModelSim 的不同窗口及功能介绍

14.1 节对 ModelSim 的使用进行了简单介绍，下面对 ModelSim 的不同仿真、调试功能窗口进行介绍。

点击主窗口菜单 View，可以选择并打开下拉菜单中的 Dataflow、List、Wave、Process、Locals、Objects 和 Watch 等 Debug 窗口，如图 14-17 所示。下面对其功能分别进行简介。

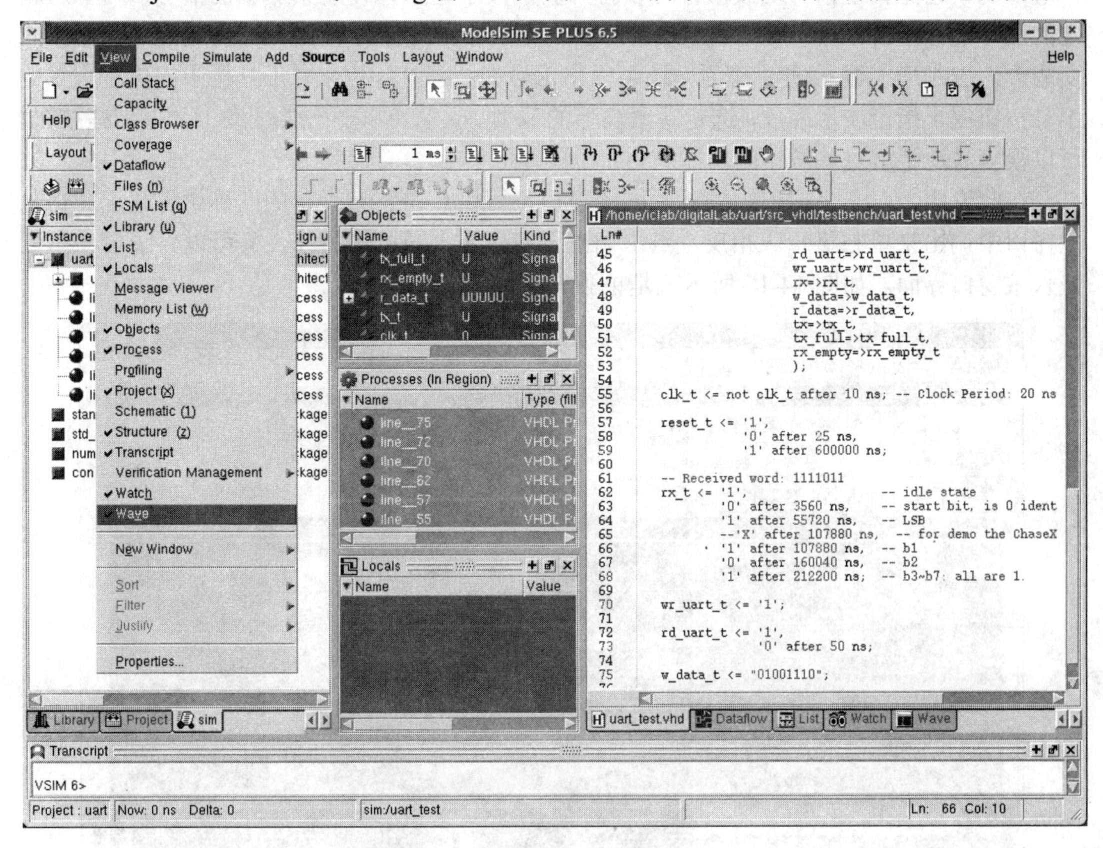

图 14-17　选择打开不同视窗

14.2.1　Main 窗口

如图 14-2 所示(可能每个人启动 vism 后的主窗口会略有不同)。主窗口最下面的 Transcript 窗口最初的提示符为 ModelSim>，在加载设计以后，显示的提示符为 VSIM 4>，VSIM 后面的数字表示执行命令的次数。它可以告诉我们仿真器目前的状态，不同状态有不同的行为，包括命令和输入信息都有不同。主窗口的 Workspace 视窗最开始只有 Library 一个标签页，我们可以在这个 Library 窗口中加入新库或者编辑已有的库，也可以浏览和编辑库目录。从 14.1 节的仿真实例我们也可以看到，在建立工程以后，Workplace 中会出现 Project 标签页，在启动仿真以后 Workplace 中会陆续出现 sim 等标签页。主窗口右端是用户工作区，可以在此处放置打开的代码编辑窗口、仿真波形窗口及下面将介绍的其他 Debug 窗口。

14.2.2　Wave 窗口

Wave 窗口用于显示待观察的信号波形。对于 VHDL、Wave 窗口可以显示信号与变量；对于 Verilog，波形窗口可以显示的对象是线网、寄存器变量和命令时间等。利用 Wave 窗口可以观察任意指定信号的波形；可以打开新的波形窗口以便观察更多的信号；可以对指定的信号进行组合，建立虚拟的总线；可以改变信号和向量的基数(例如将二进制显示形式变成十六进制形式显示)便于查看；还可以将信号的波形打印出来。工具栏中提供了大量的工具按钮便于指定波形缩放，选定观察波形的范围。大家可以一一尝试点击一下这些按钮，可以很容易地了解这些按钮的功能。

在此说明，对于主窗口中的各不同子窗口，可以点击其右上角的图标将此子窗口从主窗口中调出来单独显示。相反，点击调出子窗口右上角的图标，又可以将子窗口重新嵌入主窗口界面。如图 14-18 所示就是单独调出的 Wave 子窗口。

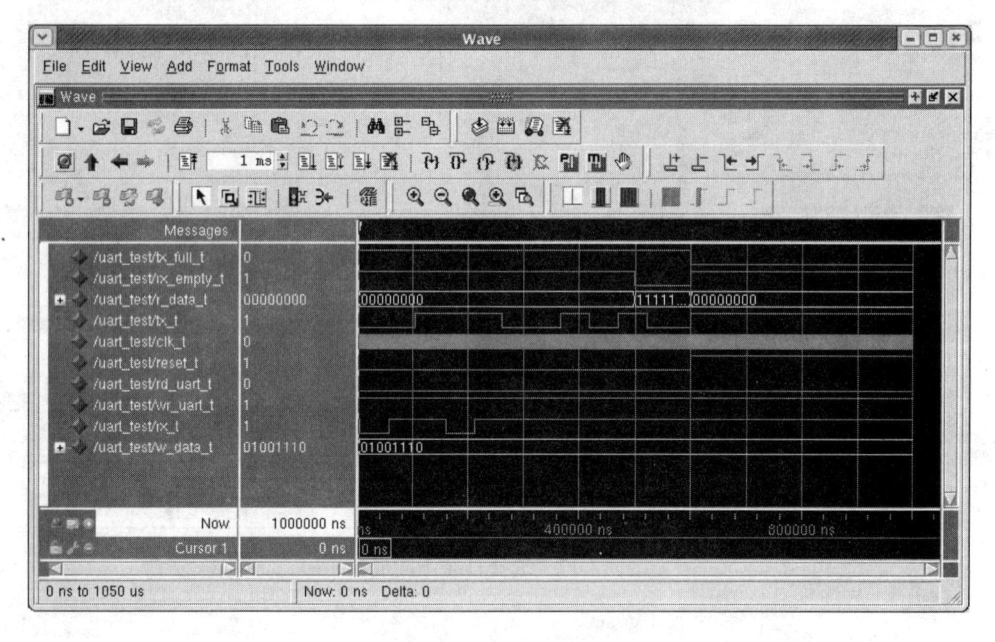

图 14-18　Wave 窗口

14.2.3　Objects 窗口

Objects(对象)窗口显示了被选中的设计层次模块的信号名以及它们的值，如图 14-19 所示。信号可以是 VHDL 信号，可以是 Verilog 线网、寄存器变量和命名事件。窗口中的信号能够支持“拖放”功能，即将信号拖放到 Wave 窗或者 List 窗。Objects 窗口 Edit 菜单中的 Force 可以用于产生激励。Objects 窗口 View 菜单中的 Filter 可以帮助快速显示或者不显示想要观察的信号类型，例如输入、输出或者内部信号等。

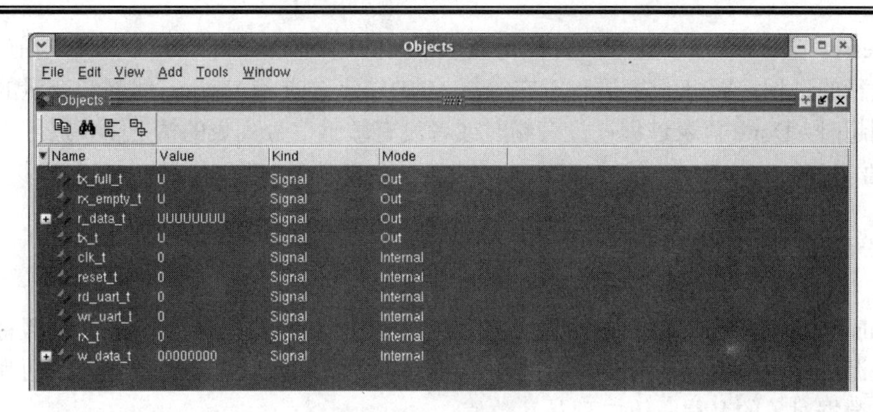

图 14-19　Objects 窗口

14.2.4　Processes 窗口

Processes(进程)窗口可以显示外部和内部的进程，通过工具栏中的 View 按钮可以点击选择 4 种观察模式，它们分别是：Active、In Region、Design 和 Hierarchy。

如图 14-20 所示的是 Active 模式下的窗口，这时会将当前仿真周期内所有的将要执行的进程罗列出来。

Processes (Active)

File Edit View Window

Name	Type (filtered)	State	Order	Parent Path
line__34	VHDL Process	Active	1	/uart_test/u1/uart_tx...
line__26	VHDL Process	Active	2	/uart_test/u1/baud_...
line__32	VHDL Process	Active	3	/uart_test/u1/uart_rx...
line__33	VHDL Process	Active	4	/uart_test/u1/fifo_rx...
line__47	VHDL Process	Active	5	/uart_test/u1/fifo_rx...
line__33	VHDL Process	Active	6	/uart_test/u1/fifo_tx...
line__47	VHDL Process	Active	7	/uart_test/u1/fifo_tx...
line__75	VHDL Process	Ready	8	/uart_test
line__72	VHDL Process	Ready	9	/uart_test
line__70	VHDL Process	Ready	10	/uart_test
line__62	VHDL Process	Ready	11	/uart_test
line__57	VHDL Process	Ready	12	/uart_test
line__55	VHDL Process	Ready	13	/uart_test
line__74	VHDL Process	Ready	14	/uart_test/u1
line__105	VHDL Process	Ready	15	/uart_test/u1/uart_tx...
line__51	VHDL Process	Ready	16	/uart_test/u1/uart_tx...
line__98	VHDL Process	Ready	17	/uart_test/u1/fifo_tx...
line__97	VHDL Process	Ready	18	/uart_test/u1/fifo_tx...

图 14-20　Processes 窗口(Active)

如图 14-21 所示的是 In Region 模式下的窗口，这时将选择的结构中所有的进程列出来。

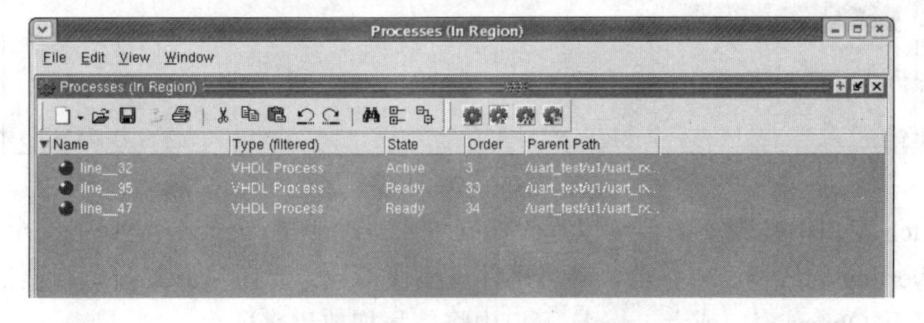

图 14-21　Processes 窗口(In Region)

Processes 窗口中 State 列有 3 种标记显示不同的进程状态：Ready 代表在当前 delta 时间内被执行的进程；Wait 代表进程正在等待 VHDL 信号或者 Verilog 线网和变量的改变，或等待到超时；Done 代表进程在没有超时或者没有敏感信号列表的情况下，执行了 VHDL 的 Wait 语句。

14.2.5　Locals 窗口

Locals 窗口显示下面即将被执行语句中可以马上被看到的数据对象及其值(即将被执行的语句在源程序中是由绿色箭头标示的)，如图 14-22 所示。Locals 窗口包含了两列，第一列列出了数据对象的名称，第二列是其数值。

图 14-22　Locals 窗口

14.2.6　Watch 窗口

Watch 窗口显示了当前仿真时间的信号与变量的值，与 Objects 和 Locals 窗口不同的是，Watch 窗口允许观察当前设计中任意的信号与变量的值，如图 14-23 所示。

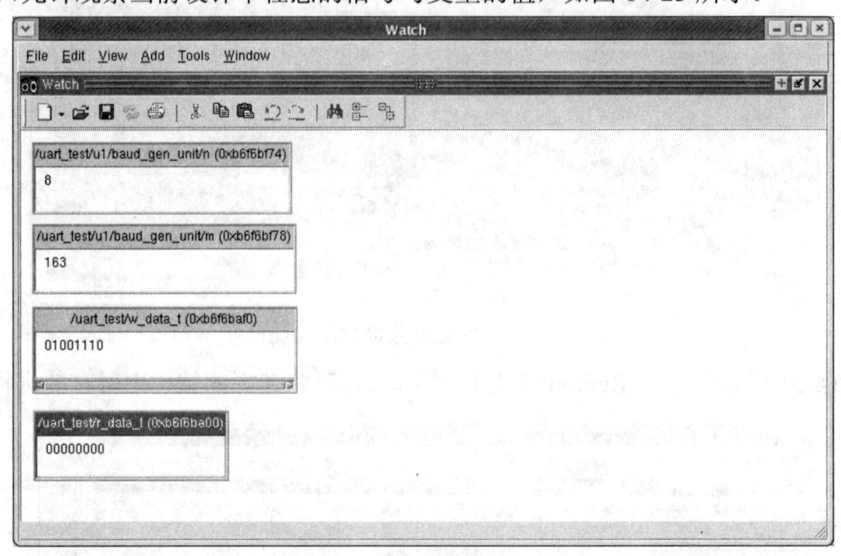

图 14-23　Watch 窗口

在 Watch 窗口中被观察的值可以是 VHDL 的信号、变量、generic 语句中的全局变量值，也可以是 Verilog 的线网、寄存器、命名事件与模块参数。要在 Watch 窗口观察信号或者变量，只需要从 Object 窗口或者 Locals 窗口中将信号拖放进来即可。

14.2.7　List 窗口

List 窗口使用表格方式显示仿真结果。其中 VHDL 显示信号和变量，Verilog 显示线网和寄存器变量。可以从 List 窗口将信号拖放到其他的窗口，或者将信号从其他的窗口拖放到 List 窗口。这个窗口支持查找功能，可以通过 Edit 菜单下的 Find 进行查找，可以用 Tools 下的 Combine Signals 来建立用户定义的虚拟总线。通过 File 菜单中的 Write List 可以将 List 中的内容导出。如图 14-24 所示的 List 窗口，窗口左侧的数据显示了时间信息，窗口右侧的数据显示了在指定的时间各信号及变量的值。

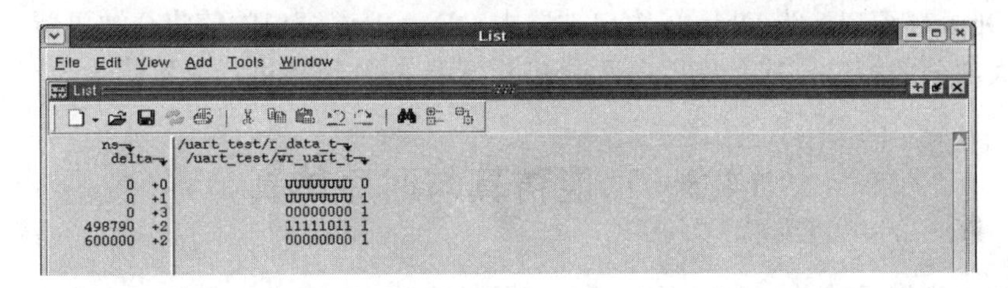

图 14-24　List 窗口

14.2.8　Dataflow 窗口

Dataflow 窗口对 VHDL 信号或者 Verilog 线网的信号驱动进行图示化的跟踪。其中驱动信号或线网的进程位于左边，读取的进程或被线网触发的进程放在右边。对进程而言，被读取的信号或触发该进程的线网在左边，被进程驱动的信号或线网在右边。Dataflow 窗口下部内嵌了波形窗口，将波形与图示的模型之间建立了动态的链接，光标所处的波形上的信号的值可以在图上动态地得到显示，如图 14-25 所示。更为重要的是 Dataflow 具有强大的波形跟踪功能，在 Trace 菜单下的各个子菜单命令可以很方便地进行波形跟踪，尤其是 ChaseX 功能能够对未知态 X 进行跟踪，14.4.1 小节将演示此功能。

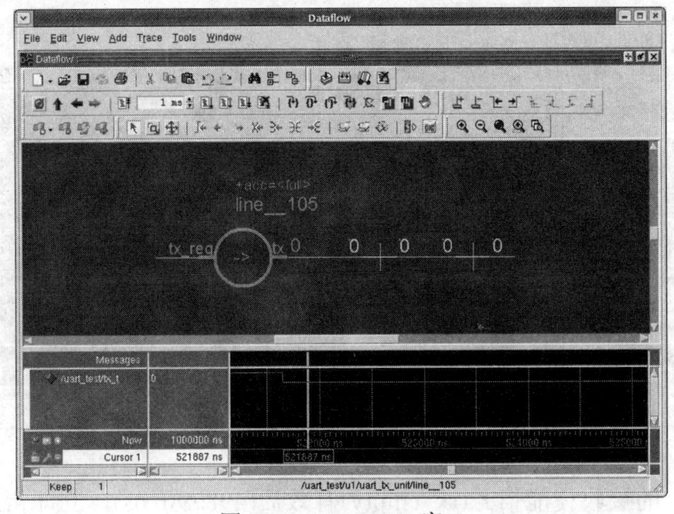

图 14-25　Dataflow 窗口

14.2.9　ModelSim 窗口特点

以上所介绍的 ModelSim/SE 6.5 版本的 Debug 窗口可以支持任何窗口的多个副本，支持拖放。在一个窗口选择 HDL 项后，按鼠标左键，这些选项能被从一个窗口拖放到另一个窗口。HDL 项可以从 Dataflow、List、Objects 和 Wave 窗口中拖出来，然后把它们放到 List 或者 Wave 窗口中。

对于 Dataflow 窗口，当一个进程被选到这个窗口时，Processes、Objects 窗口会被更新。

对于 Processes 窗口，当一个进程被选择，Dataflow、Objects 窗口将会被更新。

对于 Objects 窗口，当 Objects 窗口被选中，Dataflow 窗口的值将会被更新。

对于大部分的窗口，都允许用户通过 Edit 下的 Find 选项进行查找。

14.3　功能仿真与时序仿真

在本节，我们通过对 UART 的通信接口仿真实验来演示如何使用 ModelSim 进行功能仿真和时序仿真。

14.3.1　功能仿真

功能仿真是不考虑电路的元件、连线等延迟及其所产生的效应，只验证设计的逻辑正确性。功能仿真一般用于 HDL 所编写的行为或 RTL 级代码验证。我们在 14.1 节所运行的仿真就属于功能仿真。请重新运行 uart 工程(Project)中的 uart_test.vhd 查看功能仿真的结果，这些过程前面已经介绍过了，这里就不再赘述。仿真结果的局部放大波形如图 14-26 所示。

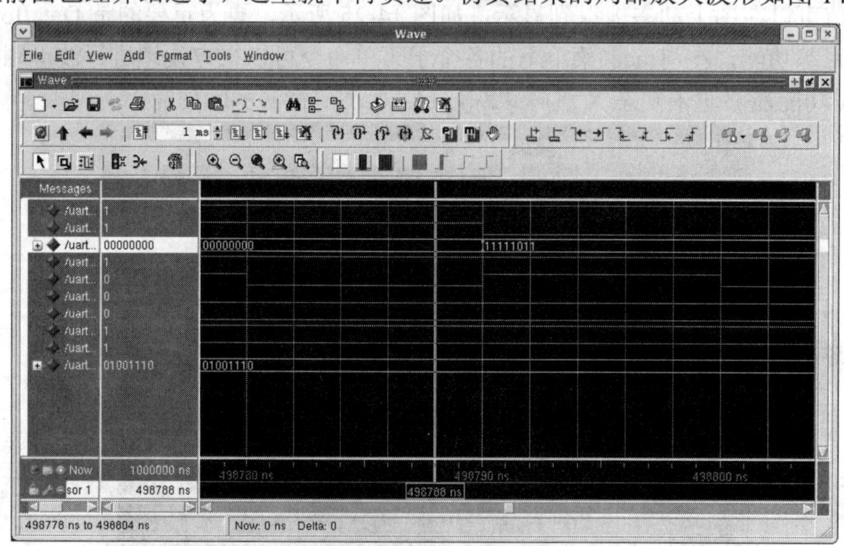

图 14-26　功能仿真波形

图中 UART 的接收使能信号(rx_empty)有效后(498790 ns)，立即得到接收到的数据(r_data_t)。从局部放大的波形可以看到功能仿真的特点——没有时间延时，输入与输出之间的波形是完全对齐的，由于功能仿真只针对设计的功能进行仿真，因此它是不包含延时的。

要放大局部波形，可以点击 Wave 窗口工具栏的按钮后，在 Wave 窗口要放大的波形位置附近利用鼠标来拖动光标，两光标间的波形将被放大到整个 Wave 窗口。连续如此操作，可以不断放大。

14.3.2　时序仿真

时序仿真的操作过程与逻辑仿真并无二致，但它所仿真的对象通常是逻辑综合或版图综合后的电路网表，即通常所说的后仿真。这两种网表的顶层一般是采用 HDL 的结构风格描述的，网表中的例化元件是单元库中的元件，这些元件的模型带有延时信息，所以仿真的结果可以观察到电路中的延时情况。时序仿真更接近于实际电路的工作情况，它对于逻辑竞争、冒险等错误可以方便观察到。下面我们以对 UART 顶层设计 uart_top 的逻辑综合结果进行仿真为例来说明时序仿真。

(1) 右键点击 Project 标签窗口→Add to Project→Existing File，在 uart 工程中加入以下两个文件：uart_top_clk20ns_mapped.vhd、tsmc18.vhd。注意，这里文件 uart_top_clk20ns_mapped.vhd 是 uart_top 逻辑综合后的 VHDL 网表文件，其存储路径为：~/uart_lab/modelsim_lab/mapped/netlist。特别注意其结构体(architecture)名是 SYN_arch；tsmc18.vhd 是标准单元的 VHDL 模型，存储在目录~/uart_lab/modelsim_lab/libs/tsmc18_hdl 下。

(2) 为了把 tsmc18.vhd 模块单独编译到另一个库中，使它与工程中其他设计模块区分开来，我们在这里新建一个名为 tsmc18 的库，如图 14-27 所示。建立新库请参阅 14.1.2 节内容。完成以后可以看到在 Library 栏中多了 tsmc18 库。

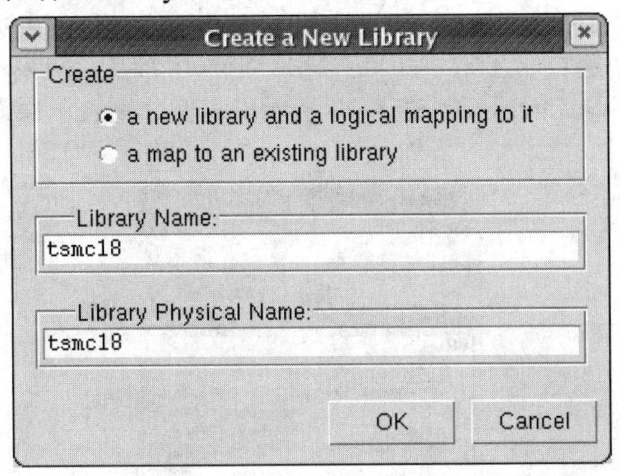

图 14-27　新建 tsmc18 库

(3) 将 tsmc18.vhd 编译到 tsmc18 库里来，并更改 tsmc18.v 的编译属性。选中 Project 标签页中的文件 tsmc18.vhd，点击右键得到下拉菜单，如图 14-28(a)所示，选择 Properties，弹出如图 14-28(b)所示的对话框。在 Compile to library 右边的下拉菜单中选择 tsmc18，然后点击 OK 确定。然后，对 tsmc18.vhd 进行编译，编译结果将进入指定的 tsmc18 库中，存储在 simdir 目录下，不会与当前 Project 中的设计相混淆。

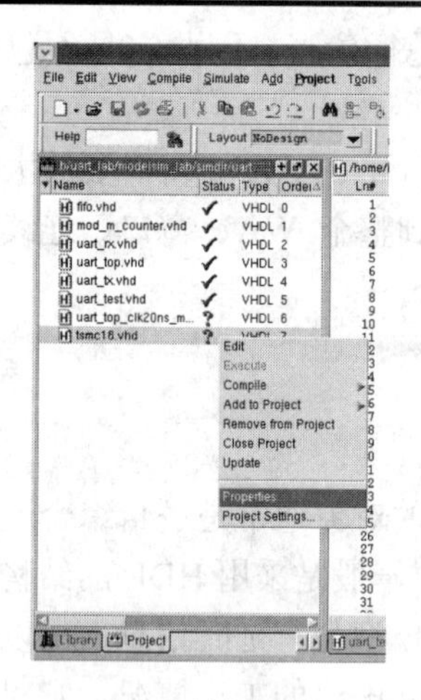

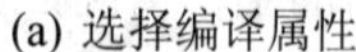

(a) 选择编译属性

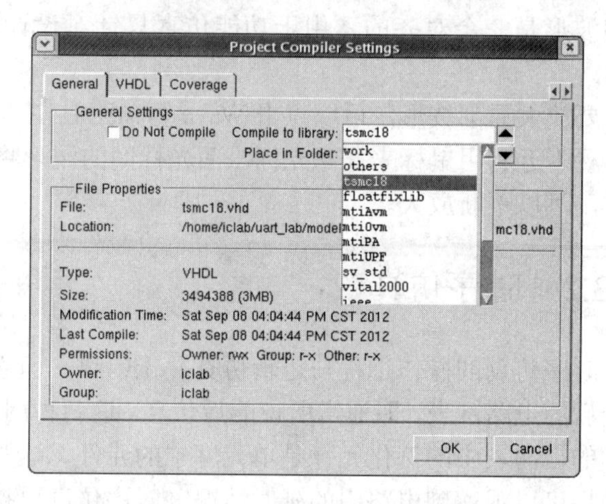

(b) 选择编译后保存的位置

图 14-28 更改编译属性

对综合后的网表进行仿真时，所加的激励仍与功能仿真时的相同，即应用 uart_test.vhd 文件进行仿真。但是需要对 uart_test.vhd 中例化元件的配置进行如下修改：将 uart_test.vhd 结构体中的元件配置语句

```
for u1: uart_top use entity work.uart_top(arch);
```

改为

```
for u1: uart_top use entity work.uart_top(syn_arch);
```

即测试文件中的待测元件 uart_top 的结构体应用综合后代码的结构体 SYN_arch(提示：VHDL 标识符不区分字母大小写)。

完成以上修改后，对 uart_test.vhd 和 uart_top_clk20ns_mapped.vhd 的编译属性不作更改，对两个文件进行编译，编译结果会自动进入默认的 work 库中，可以看到设计 uart_top 下有了两个结构体 arch 和 syn_arch，如图 14-29 所示，它们分别表示原设计的结构体名和综合后设计的结构体名。

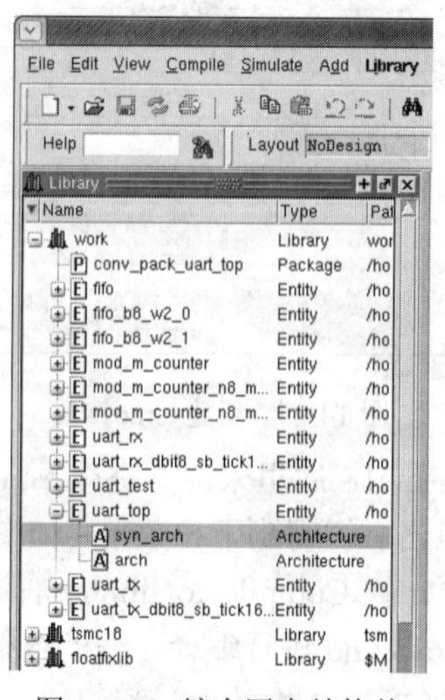

图 14-29 综合网表结构体

编译以后，在主菜单点击 Simulate→Start Simulation，出现 Start Simulation 对话框。在出现的对话框中选择 SDF 标签，如图 14-30 所示。然后点击 Add 按钮出现了 Add SDF Entry 对话框，点击 Browse 按钮将~/uart_lab/modelsim_lab/mapped/sdf 目录中的 uart_top_clk20ns_mapped.sdf 文件选中打开。在 Add SDF Entry 对话框中的 Apply to Region 区填入/u1(u1 是被测元件在测试激励中的例化名)，点击 OK 确定。最后点选 SDF 标签页的 SDF Options 栏下的 Reduce SDF error to warnings 选项。选择 Libraries 标签，点击 Add 按钮弹出 Select Library 对话框，点击 Browse 按钮选择 tsmc18 库，如图 14-31 所示，点击 OK 确定。

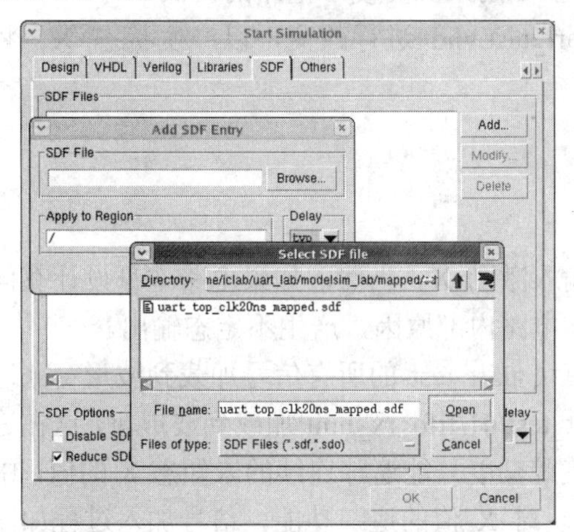

图 14-30　启动仿真并加入标准延时文件

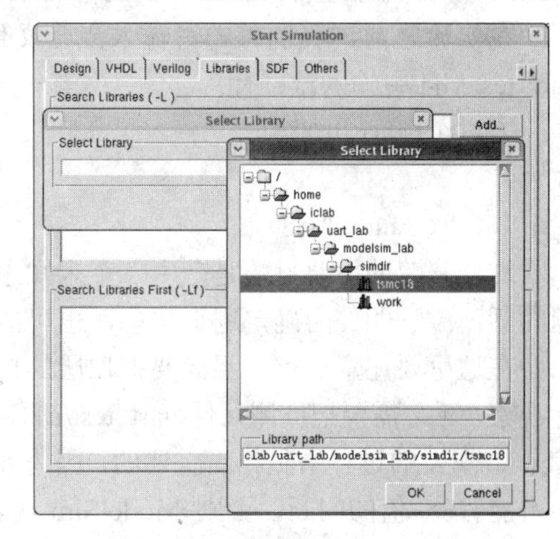

图 14-31　仿真时加入其他库

完成以上设置后，点击 Start Simulation 对话框中的 Design 标签，选择 work 库中的 uart_test 模块，点击 OK 启动仿真。对网表正确反标注 SDF 的延时信息后，在 Transcript 栏中会出现提示：SDF Backannotation Successfully Completed.。

启动仿真以后，按照前面相同的步骤加载波形，运行仿真。由于加入了延时信息，仿真需要的时间稍长。对执行完毕以后得到的波形进行局部放大，如图 14-32 所示，并比较此图与图 14-26 所示 0 结果的不同。可以看到波形中的输入输出信号已经不再对齐了，它们之间出现了 2 ns 的延时。

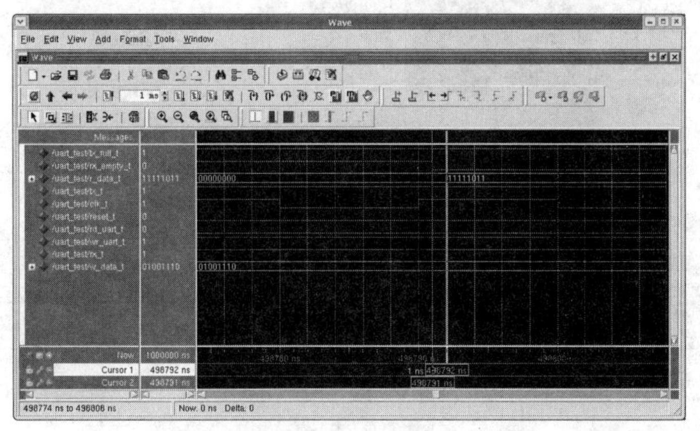

图 14-32　时序仿真结果

14.4　ModelSim 的高级功能

14.4.1　波形追踪(Chase X)

本节演示 ModelSim 的高级功能之一，即波形追踪的 Chase X 功能。利用这一功能，ModelSim 可以迅速帮助设计者找到电路中未知态 X 的来源，便于电路的调试。

在实验之前，我们首先对输入激励文件 uart_test.vhd 进行改变，以产生状态 X。将 uart_test.vhd 中输入激励行

'1' after 107880 ns;

改为：

'X' after 107880 ns;

这样修改的主要目的是产生一个未知态的输入激励 X。当然，如果电路本身设计有问题的话，激励即使为确定逻辑状态，也可能由于电路内部原因，产生不定态输出。

在这里要注意一点，不但要把顶层的仿真模块 uart_test 的所有信号加载到波形窗来进行观察，还必需要把被测元件/uart_test/u1 和/uart_test/u1/fifo_rx_unit 加载到波形窗，这在追踪未知态 X 的过程中是相当重要的，因为波形追踪功能只能追踪连续的未知态 X 的值，中间不能有 X 值的间断，否则 ModelSim 无法实现对 X 值的追踪功能。信号加入过程如图 14-33(a)～(c)所示。

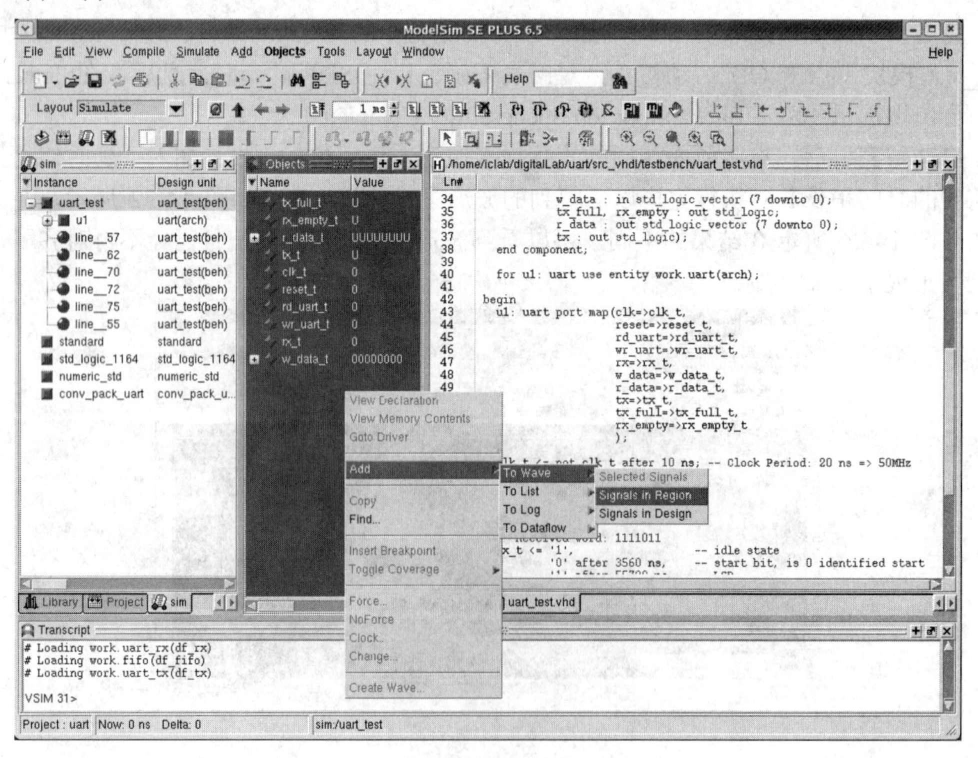

(a) 被测元件加载到波形窗(一)

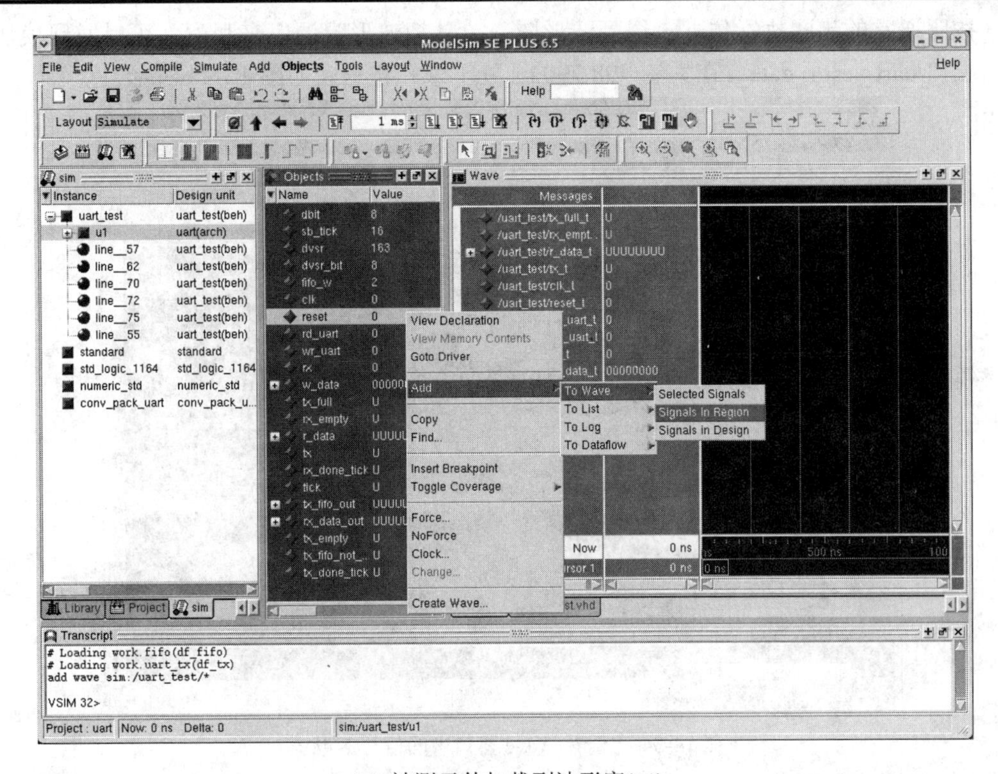

(b) 被测元件加载到波形窗(二)

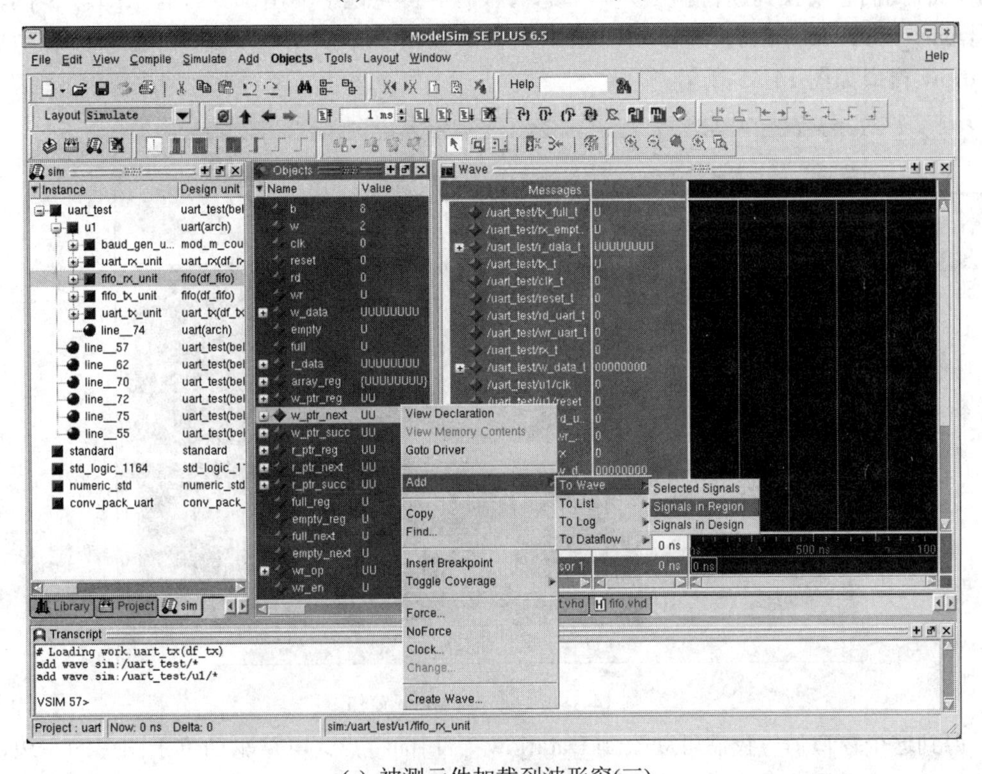

(c) 被测元件加载到波形窗(三)

图 14-33　将被测模块加入 Wave 窗口

按照通常的步骤执行仿真，得到波形图。单独把波形窗调出来观察，可以发现模块的输出端口/uart_test/r_data_t 在大约 498 790 ns 处于未知态 X，如图 14-34 所示。

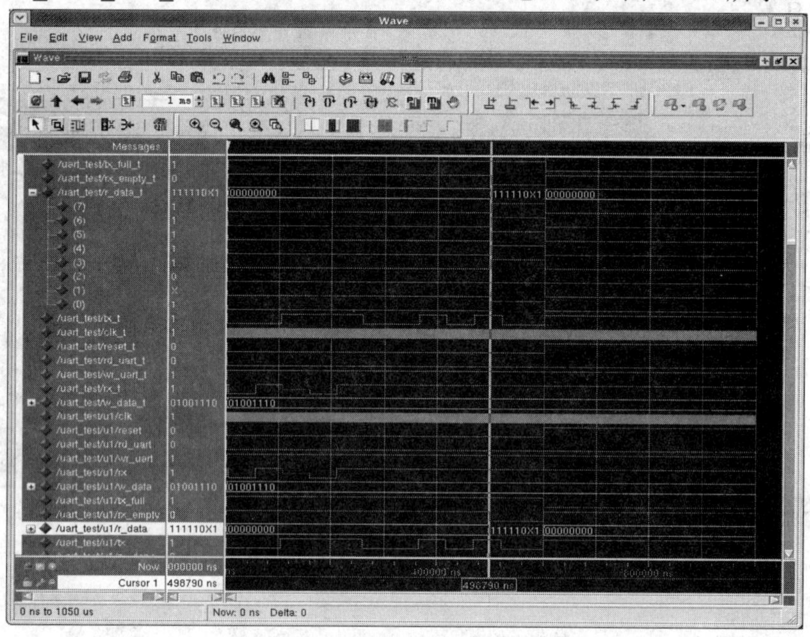

图 14-34　查看 Wave 窗口中的信号 X 状态

此时我们想要找到使得输出为未知态的根源。首先选中输出部分含有未知态 X 的输出信号/uart_test/r_data_t(1)，选中后点击工具栏的按钮来启动 Dataflow 窗口。启动后的 Dataflow 窗口如图 14-35 所示。

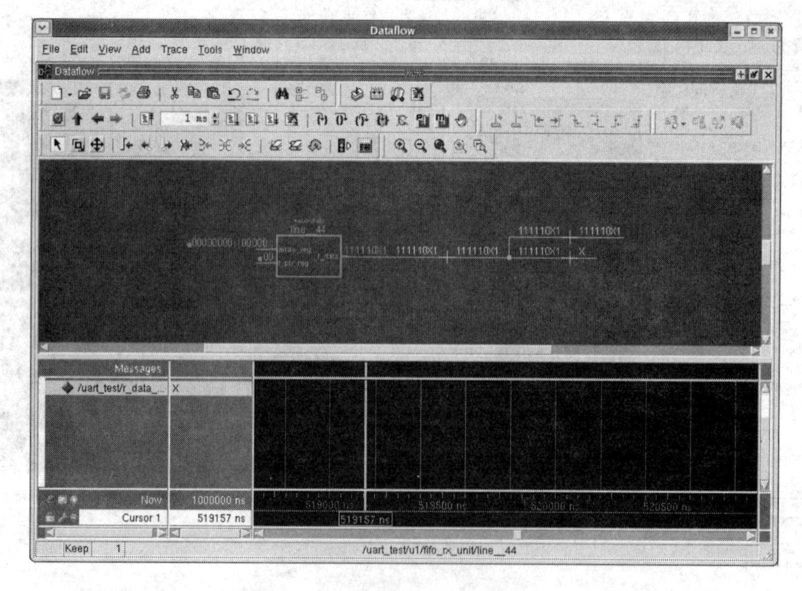

图 14-35　启动 Dataflow 窗口

得到这个窗口后，我们可观察到 Dataflow 窗口的特点：电路驱动位于图形的左边，电路负载部分位于图形的右边。图中白色的文字代表信号的名称，黄色部分代表在当前光标处的位置时刻对应变量的值。信号的值与光标所处的时刻之间建立了动态的连接，注意要使用 ChaseX 功能时，必需要使光标位于未知态的位置，也就是波形中显示为红色的区域。此时图中黄色值对应的显示为 X 值。

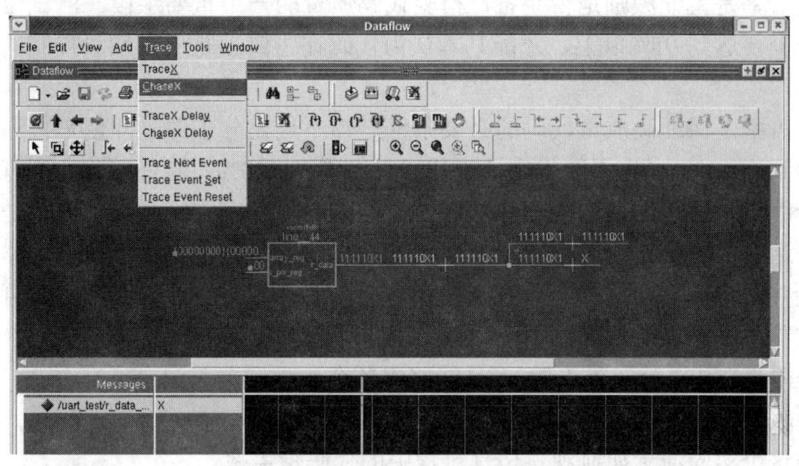

图 14-36　运行 ChaseX

下面我们演示 ModelSim 强大的波形追踪功能。如图 14-36 所示，首先在 Dataflow 窗口中选中最右端标记为 X 的输出端，如果被选中，则显示颜色为红色。然后点击菜单 Trace→ChaseX(或点击右键，在弹出菜单中选择 ChaseX)，之后得到如图 14-37 所示 ChaseX 的结果图形。

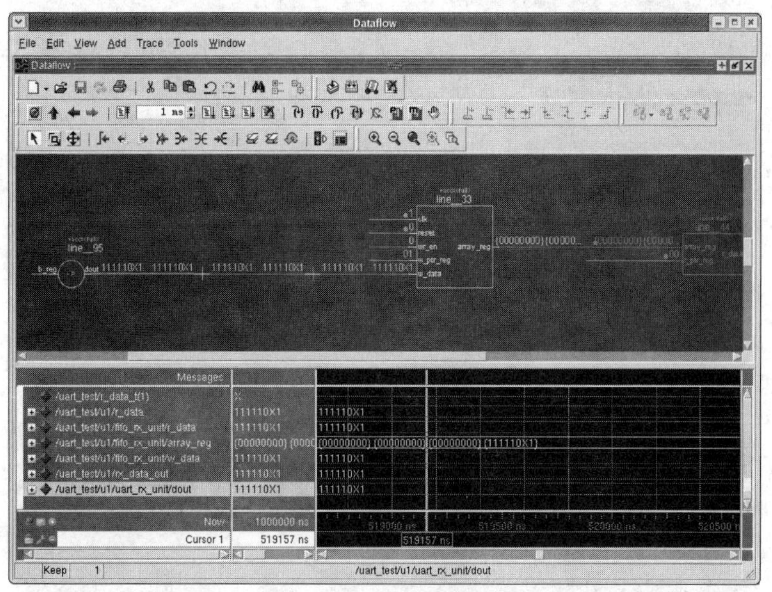

图 14-37　ChaseX 结果

通过图 14-37 显示出的图形窗口，可以从 Dataflow 下部的波形窗口发现输出的不定态 X 的来源为/uart_test/uart_rx_unit/dout。而在上面的图形窗口中，可以从最右端的 X 输出向左端来追踪产生 X 的元件、HDL 语句等，以方便对设计进行修改。在此可以看出 ModelSim 强大的 ChaseX 功能。

14.4.2　代码覆盖(Code Coverage)

代码覆盖率是验证激励是否完备，检验代码质量的一个重要手段。测试激励的代码覆盖率一般至少要达到 95%以上，才能基本认为代码在逻辑上是通过质量控制的，才能进入综合步骤。

代码覆盖率是保证高质量代码的必要条件，却不是充分条件。即便是代码覆盖和分支覆盖都能够到达 100%，也不能肯定地说代码已经得到 100%的验证，除非所有分支覆盖都能进行组合编译。在大的设计中，想通过一个激励就验证完成一个设计或者是一个模块是不现实的。通常的做法是每一个激励都只验证电路功能的某个方面，整个电路的功能验证由数个激励共同完成，在这种验证方法中代码覆盖率就显得更加重要，因为可以通过代码覆盖率来控制激励对功能的覆盖程度。ModelSim 的 Code Coverage 不但能记录各个激励对代码的“行覆盖”和“分支覆盖”，而且能够将各个激励的覆盖记录进行合并，做到对覆盖率的全面覆盖。

下面的这个实验演示如何观察仿真过程中的代码覆盖率。

本实验依然以 uart 工程为例。注意，这时我们运行的是功能仿真，而不是时序仿真。

为观察代码覆盖，在编译之前首先要设置一下编译属性，在 Workspace 视窗的 Project 标签页中利用 Ctrl 键选中 uart_test.vhd、uart_top.vhd、uart_rx.vhd、uart_tx.vhd、fifo.vhd 和 mod_m_counter.vhd6 个文件，点击右键得到下拉菜单，选择 Properties，如图 14-38 所示。

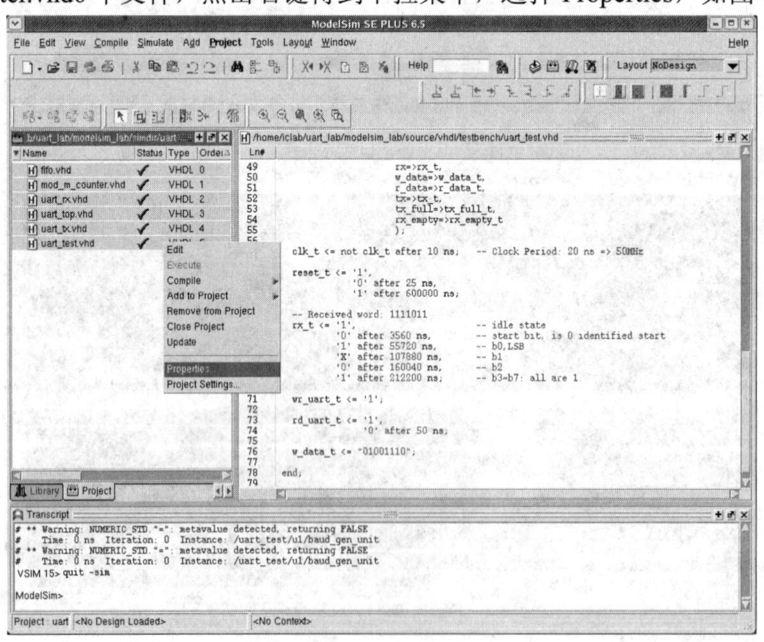

图 14-38　调整编译属性

弹出 Project Compiler Settings 对话框，选择 Coverage 标签页，将 Enable Statement Coverage(语句覆盖)、Enable Branch Coverage(分支覆盖)、Enable Condition Coverage(条件覆盖)、Enable Expression Coverage(表达式覆盖)、Enable 0/1Toggle Coverage(0/1 转换覆盖)等选项打上勾，如图 14-39 所示，点击 OK 确定。

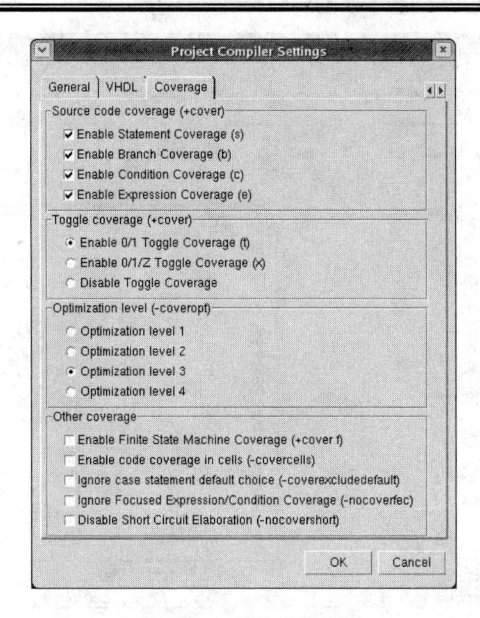

图 14-39　编译覆盖设置

然后与一般的编译方法一样，右键点击所选文件，在弹出的菜单中选择 Compile Selected 进行编译。如图 14-40 所示，在下一步启动仿真时，右键点击 Library 标签页中 work 库下的 uart_test 模块，在弹出菜单中不要选择 Simulate，而是选择 Simulate with Coverage。此时出现的界面与图 14-17 有所不同，在源码编辑区出现了如 Statement、Branch、Cover Groups、Assertions 等标签窗口。启动仿真后，在没有执行仿真之前，所有的语句都没有被覆盖到，因此它们都被打上了红色的叉，如图 14-41 所示。

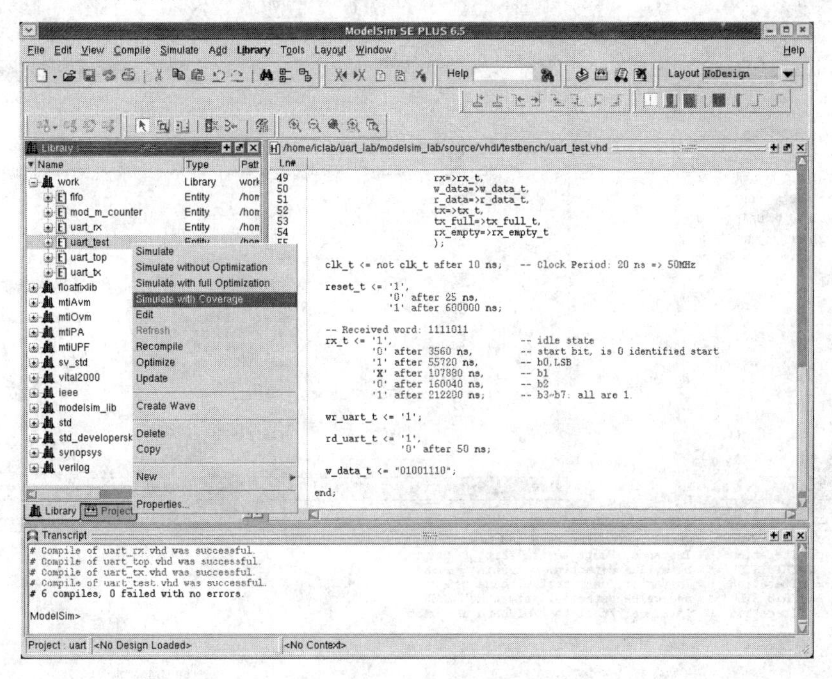

图 14-40　选择覆盖仿真

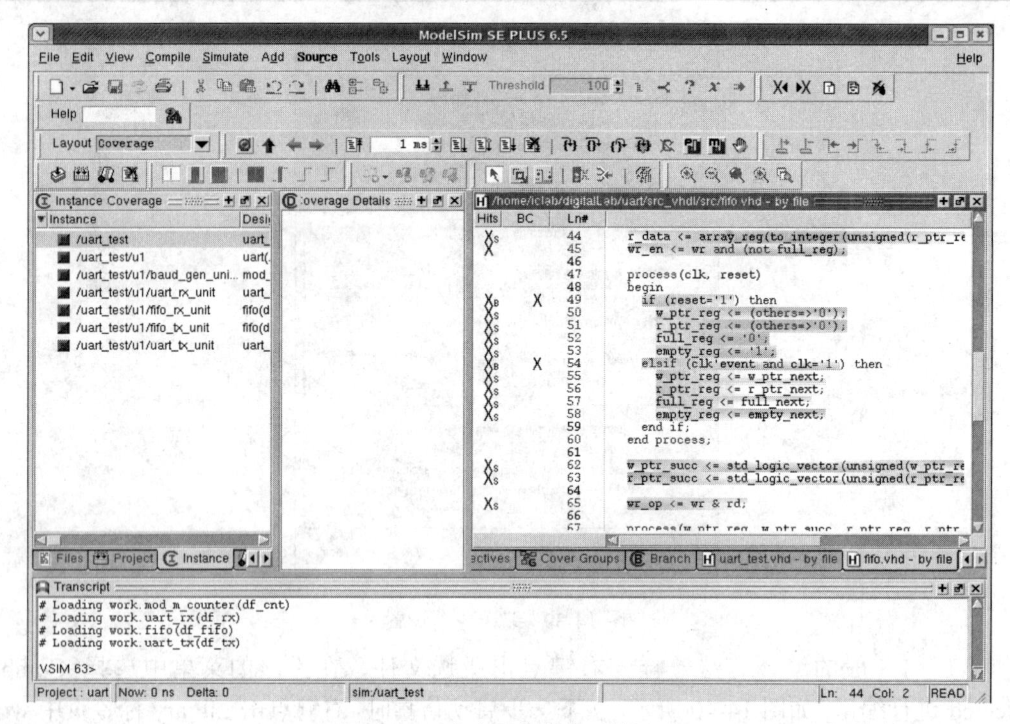

图 14-41　启动覆盖仿真后的界面

执行仿真后，被覆盖的语句前的红色叉号变为绿色对号，结果如图 14-42 所示。

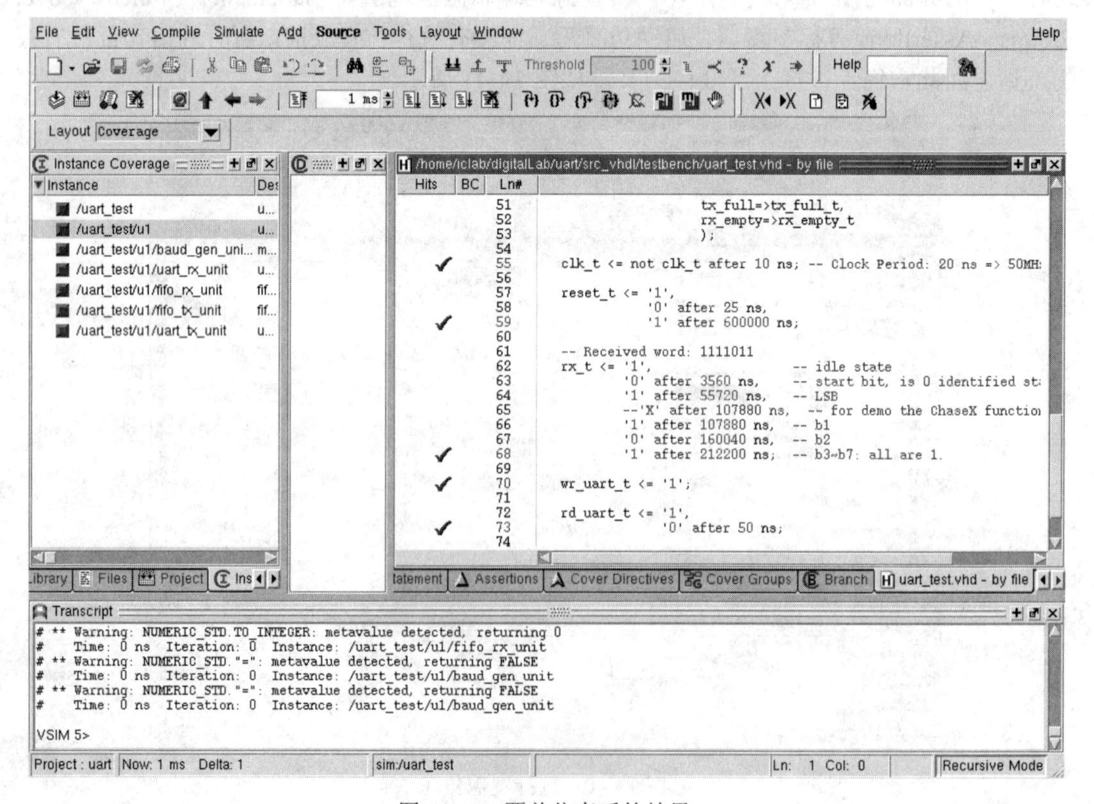

图 14-42　覆盖仿真后的结果

此时，选择 Workspace 中 Instance 标签页中的 uart_test 设计单元，右侧 Branch 等窗口中的内容会相应地发生改变，以显示选中的设计单元中没有被覆盖到的内容。选择不同的标签页：Statement、Branch、Condition、Expression 等，便可以显示对应类中没有被覆盖到的语句。没有覆盖到的语句、分支、表达式等在窗口中被打上了红色的叉号，源代码中执行过的语句前被打上了绿色的对号，点击不同 Missed 窗口中的语句，中间的 Coverage Details 窗口中会显示相应语句的详细信息。

针对我们的实验内容，首先点击 Instance 标签窗口中的 test_uart/u1，把 Missed Statements 调出来观察，可以看到 uart_test.vhd 中第 74 条语句没有被覆盖到，如图 14-43 所示。

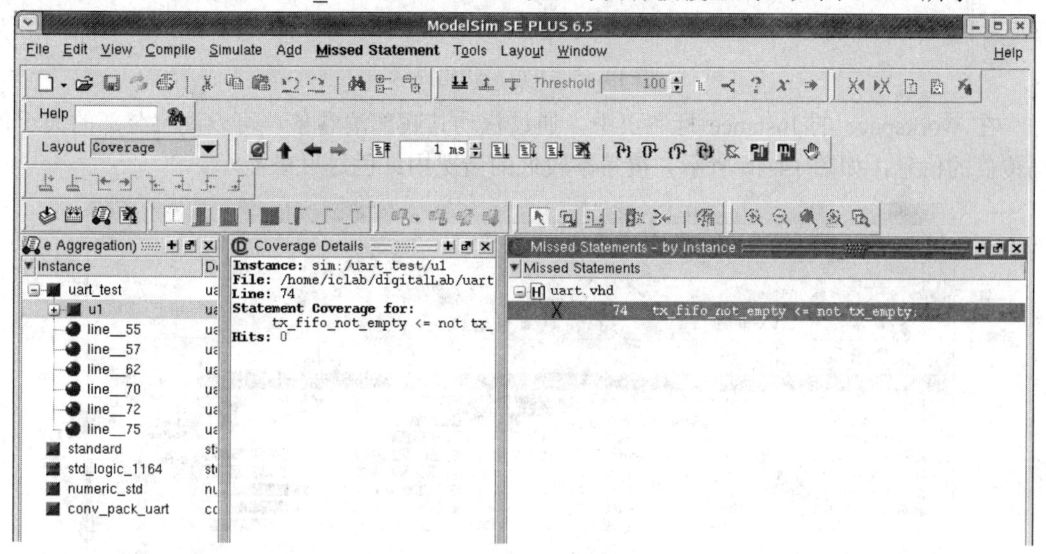

图 14-43　未覆盖语句

运行仿真后，此条语句已被覆盖，Missed Statements 变为如图 14-44 所示的窗口。

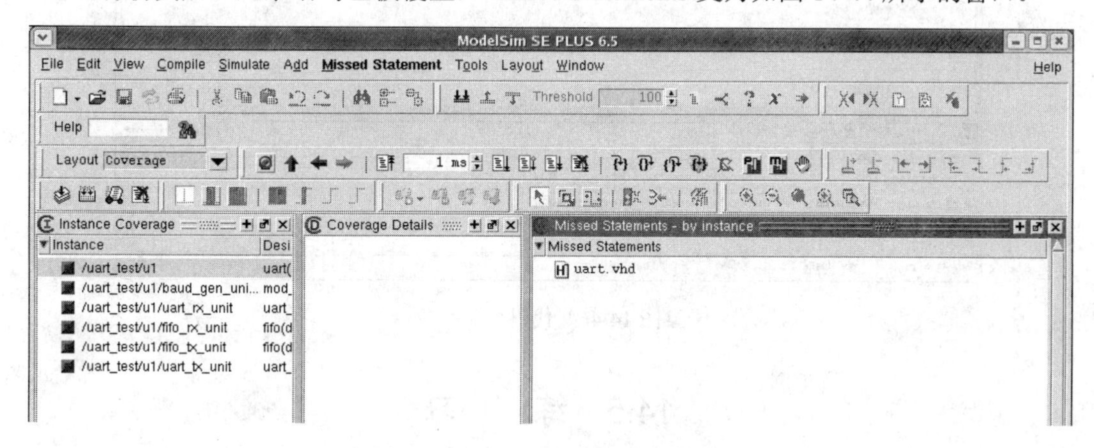

图 14-44　设计的所有代码完全覆盖

仿真完后，点击 Instance 标签页中的/uart_test/u1/fifo_rx_unit 设计单元，把 Missed Statements 窗口调出来观察，可以看到 fifo.vhd 文件中仍有 77、78、80 和 88 4 条语句没有被覆盖，如图 14-45 所示。

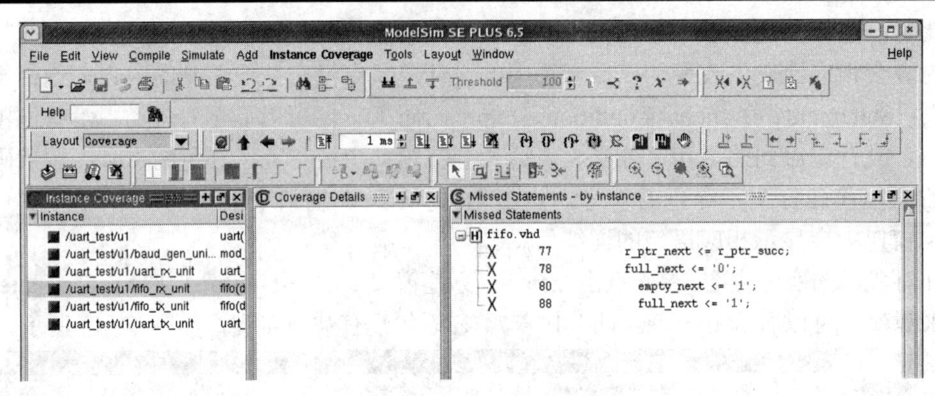

图 14-45　未覆盖代码提示

在 Workspace 的 Instance 标签页中，通过拉动其底部滚卷条，可以观察全部的关于代码覆盖的信息，如图 14-46 所示。覆盖率较低的情况用红色进度条显示。

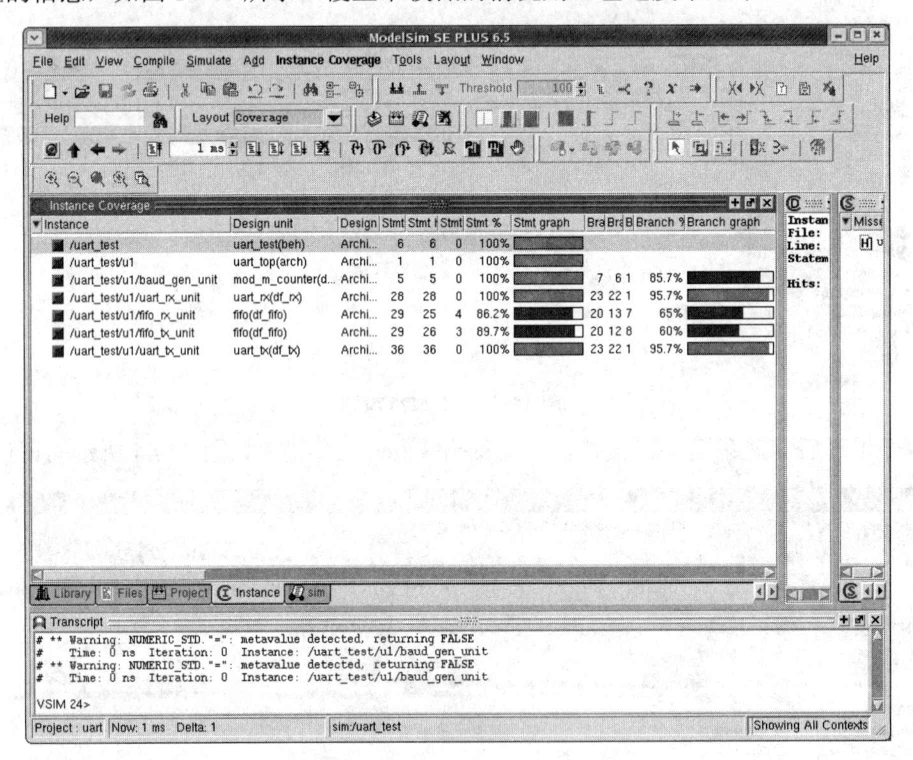

图 14-46　代码覆盖率

14.5　练　　习

1. 参考附录中 UART 的设计介绍，假定波特率为 9600 Baud，则示例代码 uart_top.vhd 中的通用参数 DVSR 应赋值为多少？

2. 原示例代码传输 8 bits 字长数据，无奇偶校验位。现假定要传输的数据字长为 7 bits，另加 1 bit 的偶校验位。试对示例代码进行改写，并仿真验证。

第 15 章　逻辑综合——Design Compiler

Design Compiler，简称 DC，是 Synopsys 公司提供的逻辑综合工具组件。DC 可以对逻辑设计进行优化，并使所设计的逻辑具有最小的面积和最高速度的功能。DC 中有一组工具，用于将 HDL 描述的设计进行转换、优化，并映射为依赖于特定工艺库的门级设计。它支持对较大范围模块化设计的展平(Flat)或层次化的(Hierarchical)设计风格，可以对组合逻辑和时序逻辑电路的速度、面积和功耗等进行优化。DC 中嵌入了可测性设计的组件，在新版本中还加入了功耗分析等功能。它是 ASIC 设计的核心工具。

本章通过对 DC 介绍，使设计者掌握 DC 的 GUI 与命令方式的操作使用、约束制定、可测性设计(DFT)插入等内容。

15.1　初识 DC

15.1.1　基本概念与术语

图 15-1 给出了应用 RTL 描述进行逻辑综合的概念和简要流程。

Synthesis = Translation + Logic Optimization + Mapping

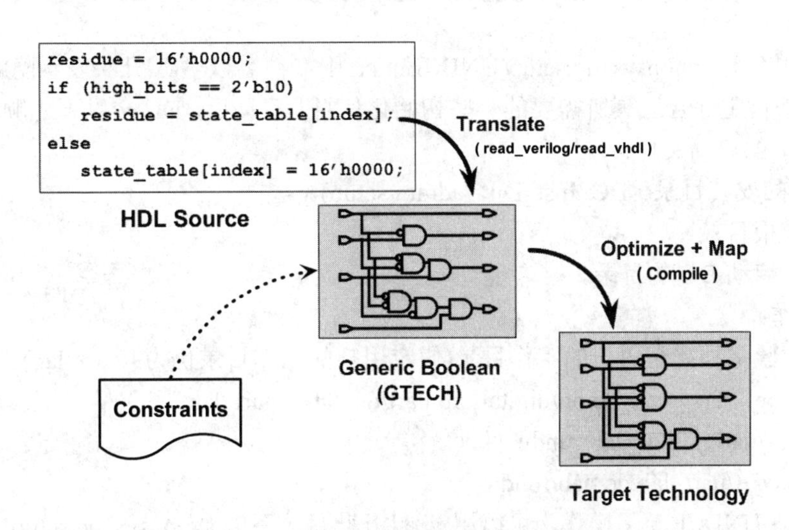

图 15-1　RTL 逻辑综合的概念和简要流程

DC 中有 8 种设计对象(Objects)，如图 15-2 所示。在数字设计中，特别是应用 Synopsys 工具时应熟悉这些对象所指内容。

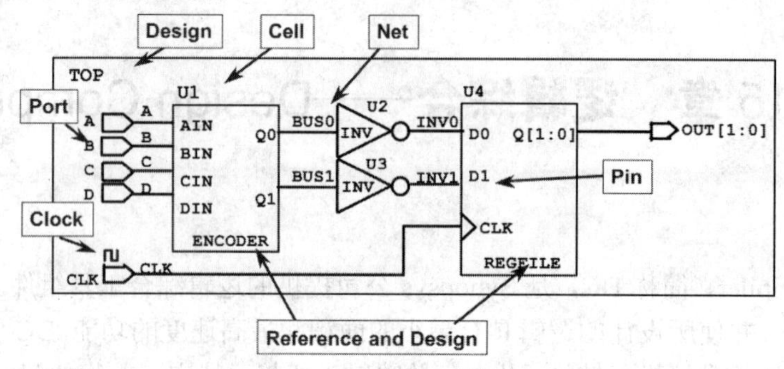

图 15-2　DC 的对象

下面对不同对象的含义进行简单解释：

设计(Design)：能完成一定逻辑功能的电路——独立的元件(名)皆称为设计。设计中可以包含下一层的子设计。例如图 15-2 中的 TOP 及 ENCODER、REGFILE 等。

参考(Reference and Design)：单元的参考对象——所例化的元件，即单元参考的实例。例如图 15-2 中的 ENCODER、REGFILE、INV 等。

单元(Cell)：设计中包含的子设计的实例——元件例化名。例如图中的 U1、U2、U3、U4 等。

端口(Port)：设计的输入/输出口。

管脚(Pin)：单元的输入/输出口。

连线(Net)：端口间及引脚间的互连线。

时钟(Clock)：作为时钟信号源的管脚或端口。

库(Library)：直接与工艺相关的一组单元的集合。

15.1.2　环境设置文件.synopsys_dc.setup

DC 使用名为.synopsys_dc.setup(UNIX/Linux 中文件名以“.”开头表示隐藏文件)的启动文件，用来指定综合工具所需要的一些初始化信息。启动后，DC 会以下述顺序搜索并启用相应目录下的启动文件：

(1) DC 的安装目录(<DC_Inst_Dir>/admin/setup)。

(2) 用户根目录。

(3) 当前启动 DC 的目录。

实验操作：

(1) 将实验文档拷至用户的工作目录(假定用户的工作目录仍为~/uart_lab)。

~]$ cp –rf /ic_cad_demo/digitalLab/uart/dc_lab ~/uart_lab

(2) 进入~/uart_lab/dc_lab/rundir 目录。

~]$ cd ~/uart_lab/dc_lab/rundir

如果熟悉 UNIX/Linux 操作，可以用 vi 打开此目录下的.synopsys_dc.setup 文件察看其内容。

(3) 在.synopsys_dc.setup 文件中，一般设置有以下几个系统变量。

```
set search_path   "/libs ./source ./scripts"
set target_library "typical.db"
set link_library "* typical.db dw_foundation.sldb"
set symbol_library "tsmc18.sdb"
set synthetic_library "dw_foundation.sldb"
```

下面简单解释这些系统变量。

search_path 指定了综合工具的搜索路径。

target_library 用于设置综合时所要映射的库，target_library 中包含有单元电路的延迟信息，DC 综合时就是根据 target_library 中给出的单元电路的延迟模型与信息来计算路径延迟。

link_library 是链接库，它是 DC 在解释综合后网表时用来参考的库。一般情况下，它和目标库相同。当使用综合库时，需要将该综合库加入到链接库列表中。

注意：在 link_library 的设置中必须包含星号“*”，表示 DC 在引用例化模块或者单元电路时首先搜索已经调进 DC memory 的模块和单元电路。如果在 link_library 中不包含“*”，DC 就不会使用 DC memory 中已有的模块。因此，会出现无法匹配的模块或单元电路的警告信息(unresolved design reference)。

symbol_library 是指定的符号库。symbol_library 定义了各种单元电路在 Schematic 中显示的符号形状。用户如果想启动 design_analyzer 或 design_vision 来查看、分析电路时需要设置 symbol_library。

synthetic_library 是 Design Ware 综合库，在初始化 DC 时，不需要设置标准的 Design Ware 库。standard.sldb 用于实现 HDL 描述的运算符，如+、–、*等，对于扩展 Design Ware，需要在 synthetic_library 中设置，同时需要在 link_library 中设置相应的库以使得在链接的时候 DC 可以搜索到相应运算符的实现。

图 15-3 给出了本章 UART 的 DC 实验目录结构。在本章实验中，要求在目录 rundir 下启动运行 DC；实验的 HDL 源代码保存在目录 source 下；libs 目录存放了标准单元工艺库；scripts 目录下存储了实验脚本文件；results 下存储了运行综合脚本文件(dc_script_uart.tcl)所生成的各种文件和结果。

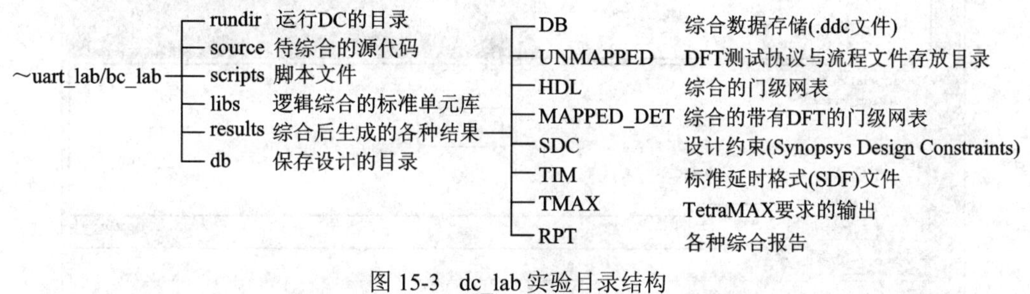

图 15-3 dc_lab 实验目录结构

15.1.3 启动 DC

可以使用以下 4 种方式启动 DC，不同方式的命令格式不同，具体方式列于命令后的括弧中。本书主要应用 design_vision 方式，即命令遵循 Tcl 语法。

方式 1：dc_shell　　(dcsh mode)

方式 2：design_analyzer　　(dcsh mode)

方式 3：dc_shell –t　　(Tcl mode)

方式 4：design_vision　　(Tcl mode)

15.2　DC 的 GUI 方式

15.2.1　启动 Design Vision

(1) 在 rundir 目录下启动 design vision。

在 Terminal 中输入以下命令，启动 DC 的系统环境设置：

```
~]$ syn.setup
```

然后，进入~/uart_lab/dc_lab/rundir 目录并输入以下命令：

```
~]$ design_vision
```

启动 DC。初始界面如图 15-4 所示。

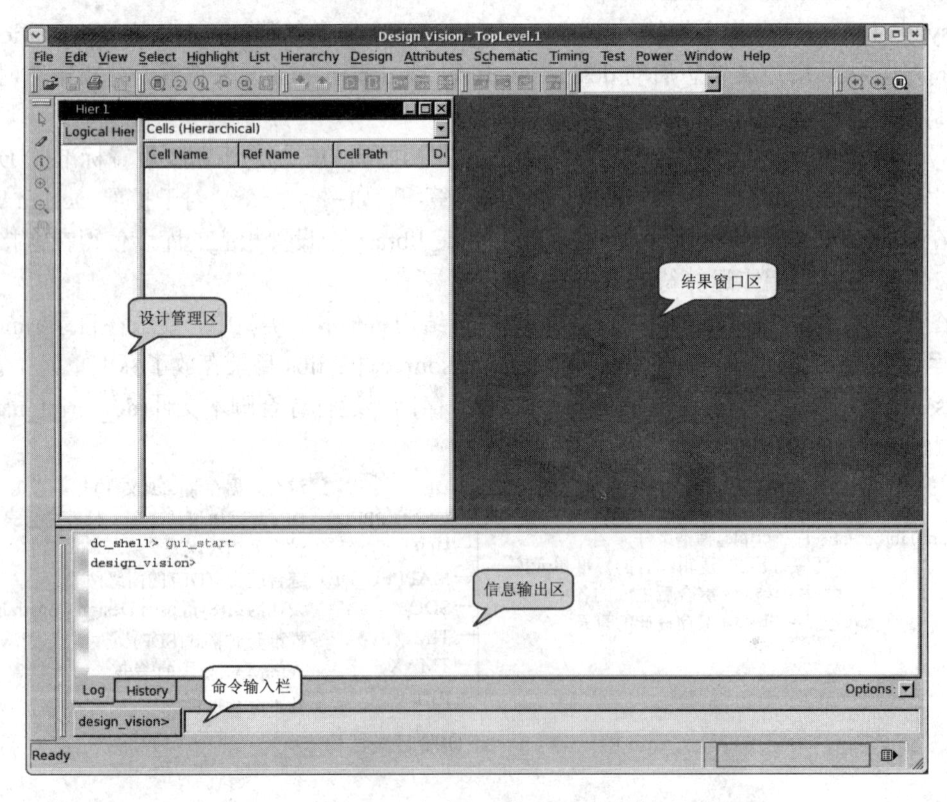

图 15-4　Design Vision 方式启动的 DC 图形用户界面(GUI)

(2) 选择菜单 File→Setup，打开 Application Setup 对话框，如图 15-5 所示。检查搜索路径和各种库的设置是否正确。与环境设置文件.synopsys_dc.setup 中内容对比。另外，还可以点击左侧 Categories 栏的 Variables 查看各种变量的设置。点击 Cancel 关闭窗口。

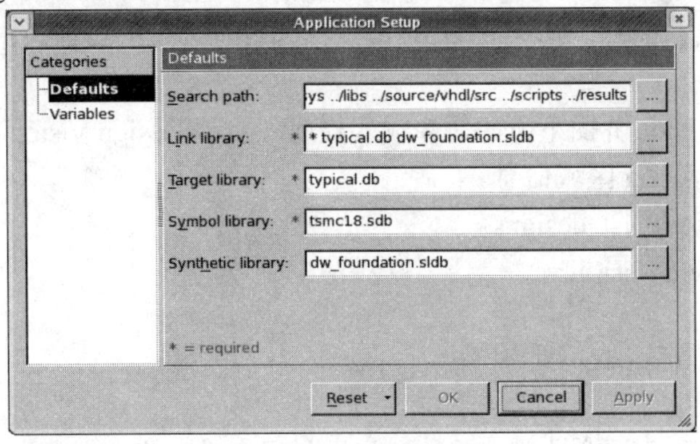

图 15-5　应用设置对话框

(3) 在打开的 Design Vision 窗口命令输入栏内(design_vision>之后)，输入以下命令：

```
design_vision> printvar target_library
design_vision> printvar link_library
design_vision> printvar symbol_library
design_vision> printvar search_path
```

观察 Log 标签页中的输出，进一步确认库设置变量(library setup variable)，初步了解 DC 的命令执行方式。

15.2.2　读入设计

(1) 选择菜单 File→Read，然后选择本实验目录 source/vhdl/src 下的文件 uart_top.vhd 并打开。在 Hier.1 窗口中将看到 uart_top、baud_gen_unit、uart_rx_unit、fifo_rx_unit、fifo_tx_unit 和 uart_tx_unit 等图标，如图 15-6 所示。

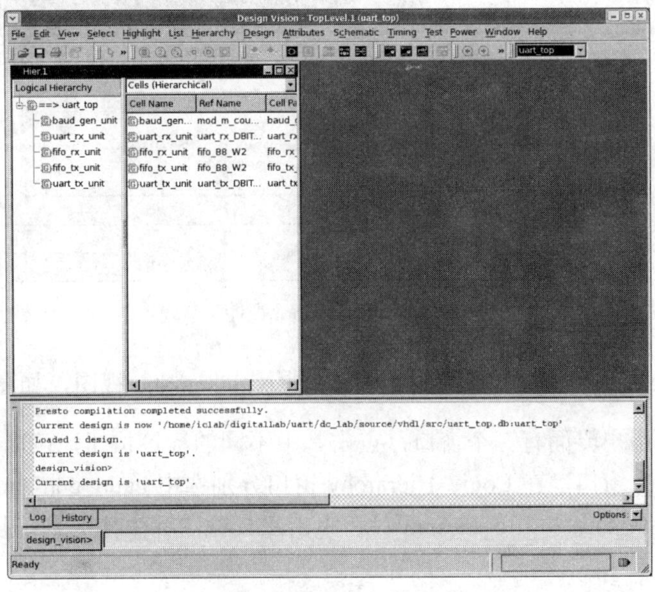

图 15-6　Hier.1 窗口

(2) 选择菜单 File→Link Design，点击 OK，查看窗口下部 Log 区域有无 warming 或 error 信息。一般 warning 可忽略。如果有 error 信息，则表示读入的设计有错误，需要根据错误提示进行修改。

(3) 在 Design Vision 界面下方的命令输入栏或在启动 Design Vision 的 Terminal 窗口中，输入以下命令，观察 Log 区域信息。

design_vision> list_designs

design_vision> list_libs

15.2.3 Design Vision 视图介绍

(1) Design 视图：左键单击选中 Logical Heriarchy 栏中的 uart_top，在窗口右下部的信息栏将观察到：Design uart_top，显示正在处理的设计。

(2) Symbol 视图：单击工具栏图标，进入 Symbol 视图，如图 15-7 所示。观察符号图的 I/O 与选中的设计对应层的 HDL 端口描述间的关系。

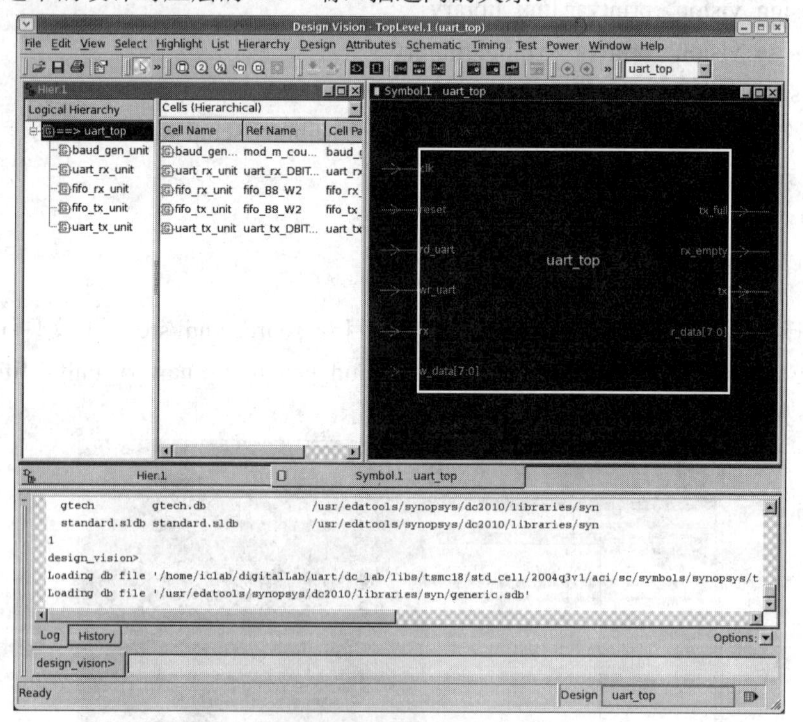

图 15-7　Symbol 视图

(3) Schematic 视图：单击工具栏图标，进入 Schematic 视图，如图 15-8 所示。

(4) 现在图形用户界面有三个窗口，点击其中不同的标签按钮，可以显示不同的窗口。

(5) 显示 Hier.1 窗口，在 Logic Hierarchy 窗口分别选中 baud_gen_unit、uart_rx_unit、fifo_rx_unit、uart_tx_unit 和 fifo_tx_unit 等，单击工具栏图标和，显示它们的 Symbol 和 Schematic 视图。

(6) 除 uart_top 的 Schematic 视图外，关闭其他视图窗口。双击标有 uart_rx_unit 的块

(BLOCK)，或选中后点击工具栏图标，进入下层子模块设计内部。点击工具栏图标回到 uart_top 的 Schematic 视图。点击 uart_top 的 Schematic 下的其他 Block，进入下层并观察结果。

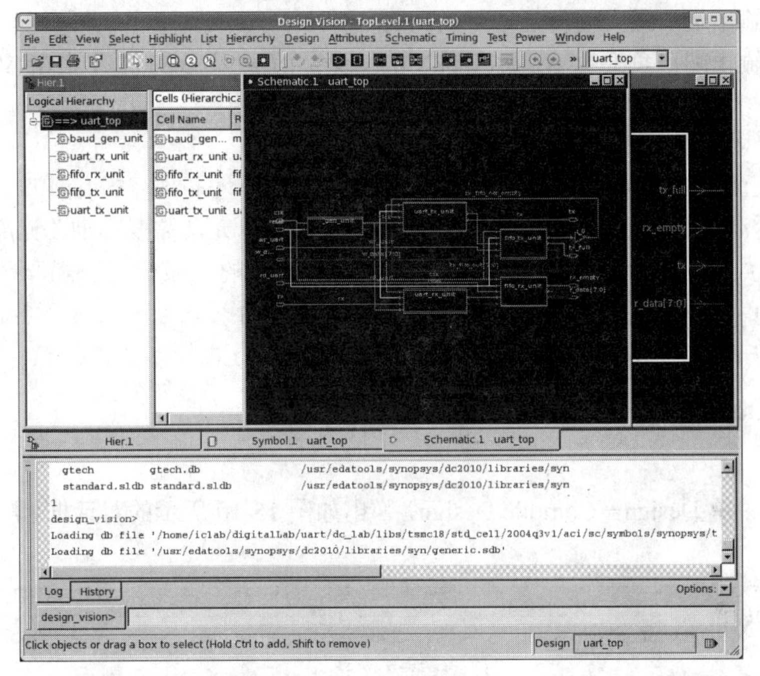

图 15-8　Schematic 视图

15.2.4　加载 Script 约束文件

(1) 打开 uart_top Symbol 视图。

(2) 选择菜单 File→Execute Script，弹出如图 15-9 所示的对话框。选中 scripts 目录下的 dc _script_uart_lab1.tcl 文件，选中 Echo commands 选项，然后点击 Open。

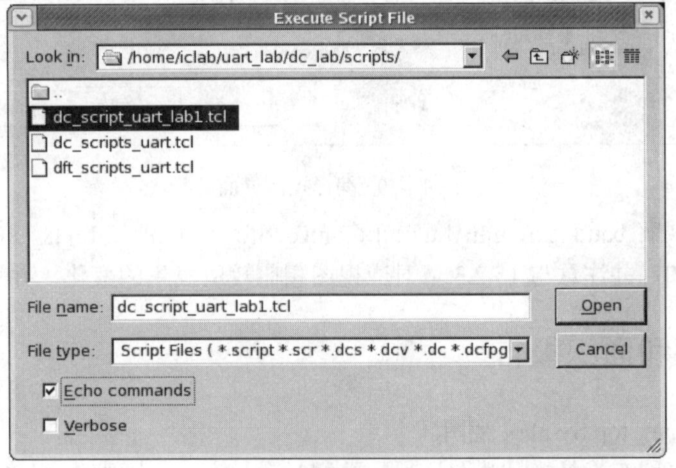

图 15-9　加载 script 文件

dc _script_uart_lab1.tcl 文件中设置了以下内容(可以用 vi 命令打开此文件进行观察)：

① 时钟周期 20 ns，时钟歪斜(skew)1.2ns。

② 除时钟 clk 端口(port)外，其他所有输入端口由库单元 DFFHQX2 驱动。

③ 除时钟 clk 端口外，其他所有输入端口最大输入延迟(Max input delay)为 4.5 ns。

④ 所有输出端口最大输出延迟为 1.2 ns。

⑤ 所有输出端口负载为 typical/INVX4/A，表示负载是 typical 库中 INVX4 单元的管脚 A。

⑥ 互连线负载模型为 tsmc18_wl20。

⑦ 最大面积为 0(面积为 0，表示综合时面积应尽量小)。电路的面积单元有可能是 2 输入与非门、晶体管数或 μm^2。目标库到底用哪种面积单元，需要咨询单元库的供应商。

本实验为了简化过程，通过 Script 文件读入设计的约束命令。希望设计者能对照 dc _script_uart _lab1.tcl 的文件内容与 Design Vision 主界面菜单 Attributes 下各种设置项之间的关系，熟悉 DC 的约束、工作环境等设置的 GUI 输入方式。

15.2.5　编译

(1) 选择菜单 Design→Compile Design，弹出如图 15-10 所示的对话框。默认所有选项，点击 OK。

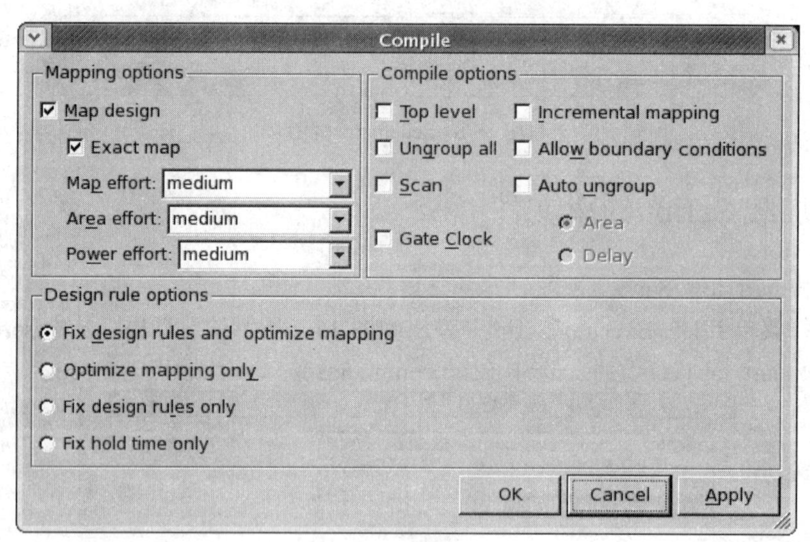

图 15-10　编译控制界面

(2) 编译后观察 baud_gen_unit、uart_rx_unit、fifo_rx_unit、fifo_tx_unit 和 uart_tx_unit 的 Schematic 视图，并注意与 15.2.3 节对应视图相比较所发生的变化，并思考为什么？

15.2.6　时序和面积报告

(1) 返回到 uart_top Symbol 视图。

(2) 将鼠标停留在工具栏柱状图标上，将会出现关于图标作用的提示，点击 Create Path Slack Histogram 图标，弹出相应的对话框，直接点击 OK，可观察到对设计的 Slack 的统计结果，如图 15-11 所示。

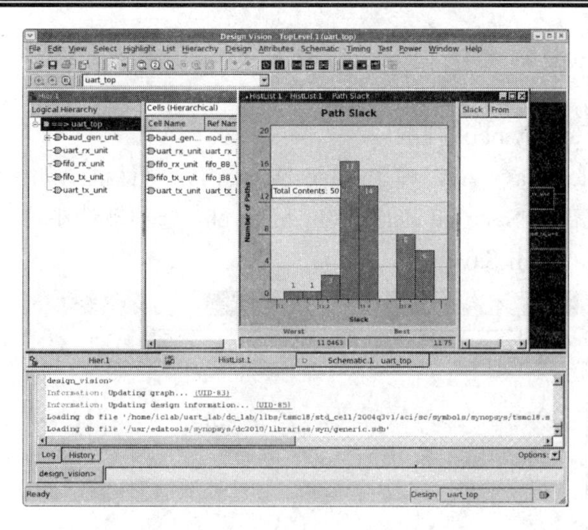

图 15-11　时序报告图示

(3) 在 Design Vision 的命令输入栏中输入以下命令：

design vision> report_constraint –all_violators

记录以下信息：

最大延迟(Max Delay)：Largest Violation(Slack)=?

最大面积(Max Area)：Actual Area=?

注意：*也可以分别用 report_timing 和 report_area 命令来报告最大延迟和最大面积。*

(4) 显示 uart_top Schematic 视图。

(5) 选择菜单 Timing→Path Slack，弹出如图 15-12 所示的 Path Slack 对话框。对话框中可以设置观察路径的起点(From)、经过的节点(Through)、终点(To)、最坏路径(Nworst paths)数(若干条)及路径延时统计结果显示控制等。点击 OK 后弹出如图 15-11 所示的 Path Slack HistList 图。该方法不同于低版本 DC，它是 DC 高版本观察关键路径(Critical Path)的方法，其使用更加灵活、方便。

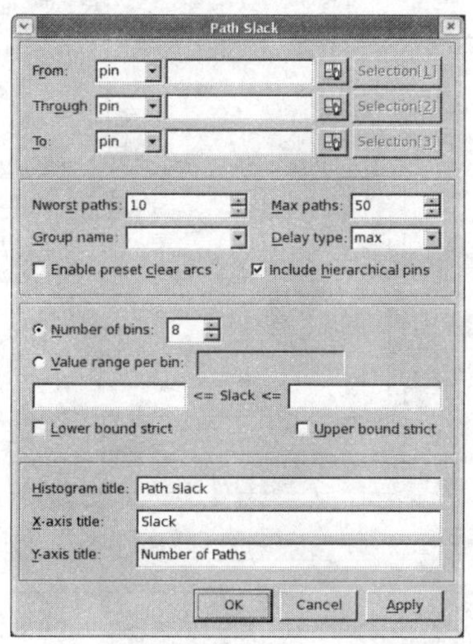

图 15-12　Path Slack 对话框

15.2.6　保存设计

(1) 返回到 uart_top Symbol 视图。

(2) 选择菜单 File→Save As，弹出 Save Design As 对话框，如图 15-13 所示。选择 db 目录，确认对话框底部的 Save all designs in hierarchy 选项被选中，在 File name 栏中输入 dc _mapped_lab1.ddc，点击 Save。

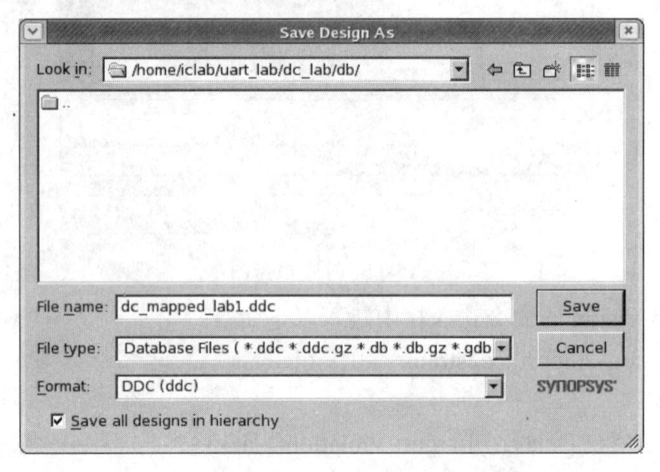

图 15-13　保存设计

(3) 选择 Design Vision 窗口下部的信息输出区的 History 标签，点击按钮 Save Contents As，弹出 Save Contents To File 对话框，如图 15-14 所示。在 Look in 栏中选择目录~/uart_lab/dc_lab/scripts，在对话框 File name 栏中输入 dc_command_script_uart_lab1.tcl，然后点击 Save 键。此操作将命令历史保存在文件 dc_command_script_uart_lab1.tcl 中。

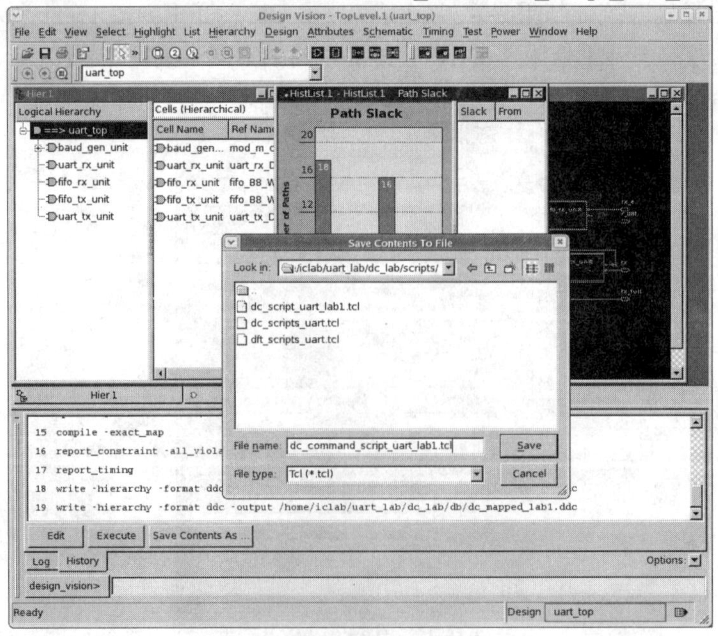

图 15-14　保存历史命令

15.2.7　退出 Design Vision

(1) 选择菜单 File→Remove All Design，清除 Design Vision 内存中的所有设计(design)文件。也可以使用命令 remove_design -all 清除 Design Vision 内存中的 designs 和 libraries。

(2) 在 Design Vision 图形用户界面的命令输入栏或在启动 Design Vision 的 Terminal 窗口中，输入以下命令，观察 Log 区域，将会发现 Design Vision 内存的设计文件已被清除。

design vision> list_designs

(3) 选择菜单 File→Exit 或使用命令 quit，退出 Design Vision。

15.3　约束设置与 DC 的命令操作方式

15.3.1　约束简介

设计电路总是要有一个设计目标的，DC 用设计约束来描述这个目标。这里所说的目标主要包括时序目标和面积目标，所以设计约束也由时序约束(Timing Constraints)和面积约束(Area Constraints)组成。时序约束主要包括时钟周期(组合电路不需要时钟的设置)、输入延迟、输出延迟等内容。面积约束用来设置电路的最大面积。图 15-15 简要示出综合时的约束要求。

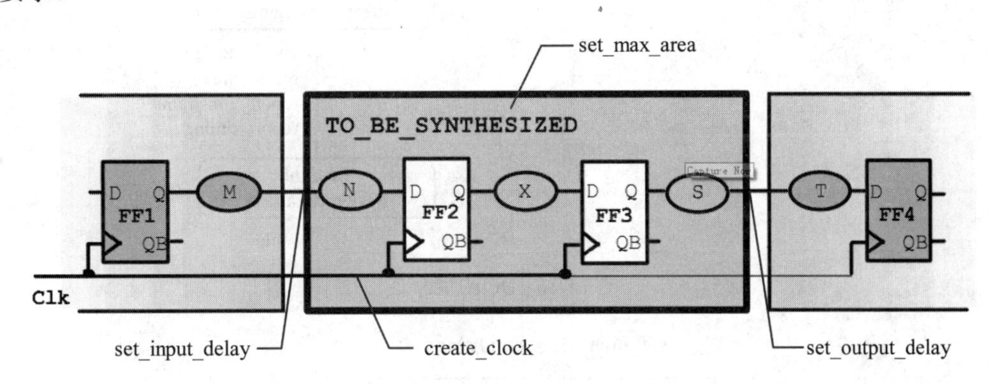

图 15-15　时序与面积设置

另外，电路的性能还受实际工作环境的影响，所以应用 DC 综合电路时还必须设置环境属性(Environmental Attributes)。环境属性主要包括电路工作时的温度、电源电压，以及输入驱动、输出负载、互连线负载模型等。图 15-16 示出 DC 综合时的全过程及各步骤所使用的主要命令。

图 15-17 示出主要约束在设计中所处的位置。

表 15-1 给出本节实验的主要约束和环境设置参数。

本次实验我们将在 Design Vision 模式下应用命令方式设置电路的时序、面积约束和环境属性，以及控制设计的运行等。

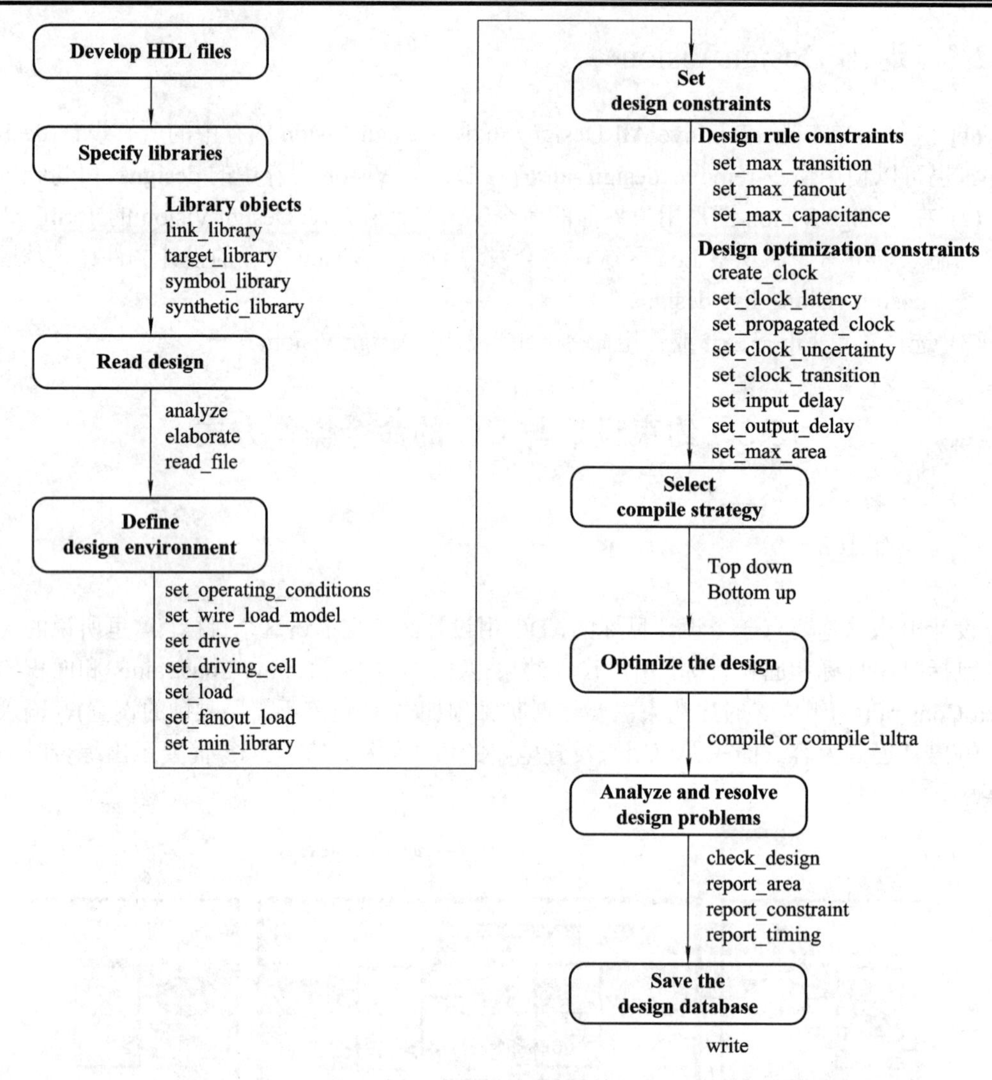

图 15-16　DC 约束命令

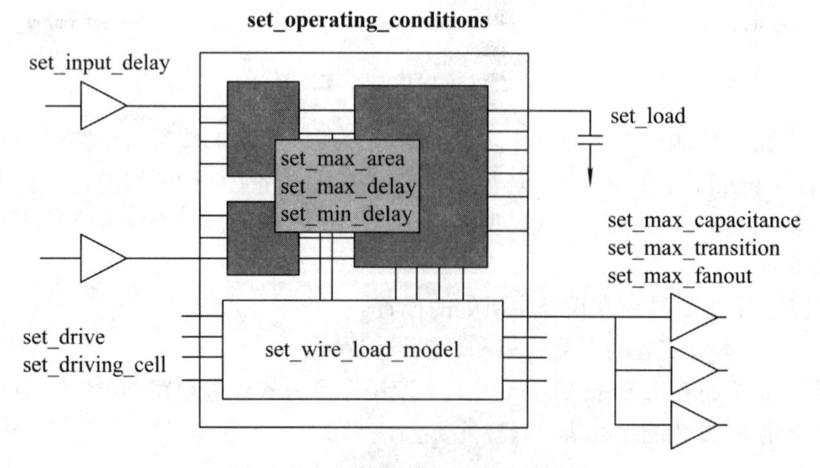

图 15-17　环境属性与常用命令设置

表 15-1　实验的主要约束和环境设置参数

时钟频率(Clock Frequency)	50 MHz(20 ns) 占空比 50%
时钟歪斜(Clock Skew)	1.2 ns
输入端口(最坏情况输入延迟)	T_{clk-q}=4.5 ns
输入端口(最好情况输入延迟)	T_{clk-q}=2.0 ns
面积目标(Area Goal)	0
电源和温度变化(Voltage and Temperture Variation)	1.8 V，25℃
输入端口的驱动寄存器(clk 端口除外)	Cell "DFFHQX2", pin "Q"
互连线负载模型(Wire load Model)	Tsmc18_wl20
互连线负载模式(Wire load Mode)	enclosed
每个输入端口允许的最大电容(Clk 端口除外)	50*("INVX4" cells, pin"A")
每个输出端口负载	20*("INVX4" cells, pin " A")
输入端口的最大转换时间(Clk 端口除外)	0.6 ns
输出端口(最坏情况输出延迟)	1.2 ns
输出端口(最好情况输出延迟)	寄存器最小保持时间 = 0.8 ns 外在逻辑最小延迟 T_T = 0.2 ns

15.3.2　启动 DC

(1) 在 rundir 目录下启动 DC，如果没有运行 syn.setup，请首先运行之。

```
~]$ cd ~/uart_lab/dc_lab/rundir
~]$ design_vision
```

(2) 检查库设置变量(library setup variable)。确认 target_library 是“typical.db”，link_library 是“* typical.db”。如果 library variables 没有设置正确，退出 DC，在正确的文件夹下重新启动。

注意：本实验的库变量已经在 rundir 目录下的.synopsys_dc.setup 文件中进行了设置。在 Design Vision 窗口的命令输入栏中输入以下命令查看库：

```
design_vision> printvar target_library
design_vision> printvar link_library
```

(3) 读入文件。实验过程中如果对某条命令用法不清楚，可以用 help –verbose command_name，command_name -help 或 man command_name 寻求帮助，例如(read 后的*表示通配符)：

```
design_vision> help read*
```

读入 VHDL 文件，使用如下命令：

```
design_vision> read_vhdl ../source/vhdl/src/uart_top.vhd
```

(4) 链接。在进行下一步工作之前，需要将设计中调用的子模块与链接库中定义的模块建立对应关系，这一过程叫做链接。这一过程可以利用 link 命令显式地完成，也可以在将来综合时利用 compile 命令隐式地进行。建议每次设计读入以后都用 link 命令执行一次链接。

注意：由于该命令以及以后提到的大部分命令均对当前设计(current_design)进行操作，所以在执行该命令前需正确设置 current_design 变量。

design_vision> current_design uart_top
design_vision> link

15.3.3　查看库及属性

工艺库(technology library)的名字有可能和文件名不同。使用以下命令列举出 DC 内存中的库名以及对应的文件名。

design_vision> report_lib typical

在报告的上端，可以得到库中各种量的单位，从中可以找出时间和电容负载的单位。

15.3.4　设置约束

(1) reset 设计。使用命令 reset_design 将清除设计的原有约束。

design_vision> reset_design

(2) 使用命令 all_inputs 和 all_outputs 查看所有的输入端口和输出端口。

design_vision> all_inputs
design_vision> all_outputs

(3) 生成一个频率为 50 MHz(周期为 20 ns)的时钟 my_clk，连接到时钟端口 clk。

design_vision> create_clock –period 20 –name my_clk [get_ports clk]

(4) 设置时钟歪斜为 0.16 ns。

design_vision> set_clock_uncertainty 1.2 [get_clocks my_clk]

(5) 约束输入端口的时序。因为本实验中所有输出都由寄存器输出，由图 15-18 可知，最大输入延迟为最坏情况下的 $T_{clk\text{-}q}$，最小输入延迟则为最好情况下的 $T_{clk\text{-}q}$。

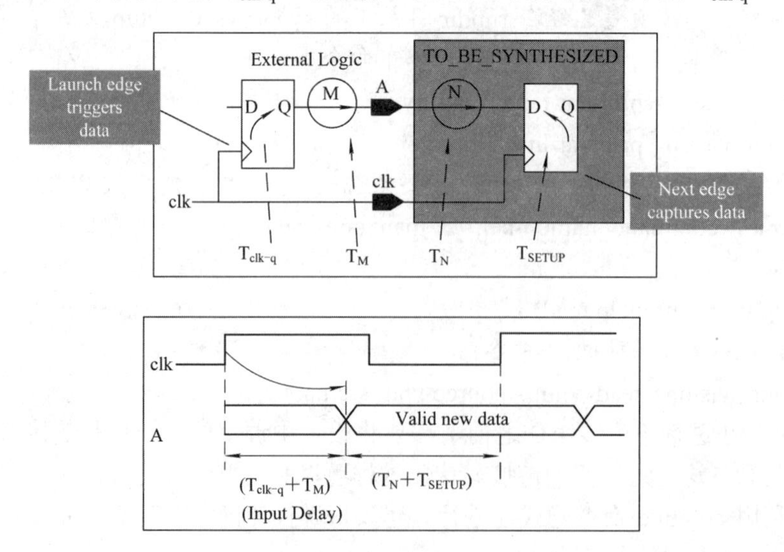

图 15-18　输入路径约束

```
design_vision> set_input_delay –max 4.5 –clock my_clk \
                [remove_from_collection [all_inputs] [get_ports clk]]
design_vision> set_input_delay –min 2.0 –clock my_clk \
                [remove_from_collection [all_inputs] [get_ports clk]]
```

命令 remove_from_collection 可将它的第二个参数(argument)从第一个参数中滤去。

注意：如果命令在一行写不下，可以换行，行与行间用"\"连接。这一规定同样适用于 Script 文件中。

(6) 设计规则约束(Design Rule Constraints)：用 set_max_transition 命令设定除 clk 端口外所有输入端口的最大转换时间(Transition times：信号从 0→1(上升)或从 1→0(下降)所需时间)。

```
design_vision> set_max_transition 0.6 [remove_from_collection \
                [all_inputs] [get_ports clk]]
```

(7) 约束输出端口时序。既然所有输出都由寄存器输出，那么由图 15-19 可知，最大输出延迟应该为($T_{period}-T_{clk\text{-}q,max}$)，最小输出延迟为($T_{T,min}-T_{hold}$)。

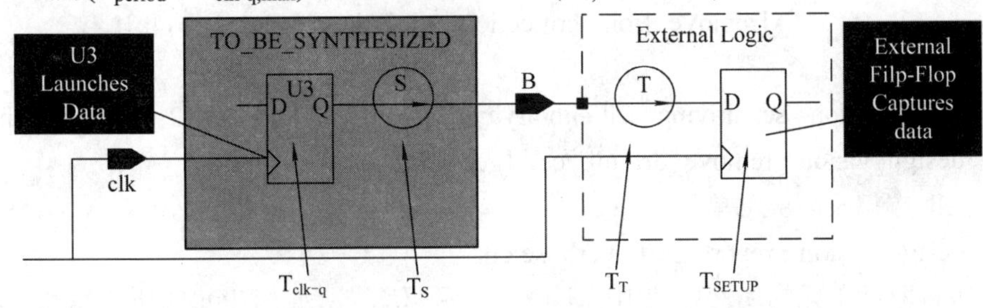

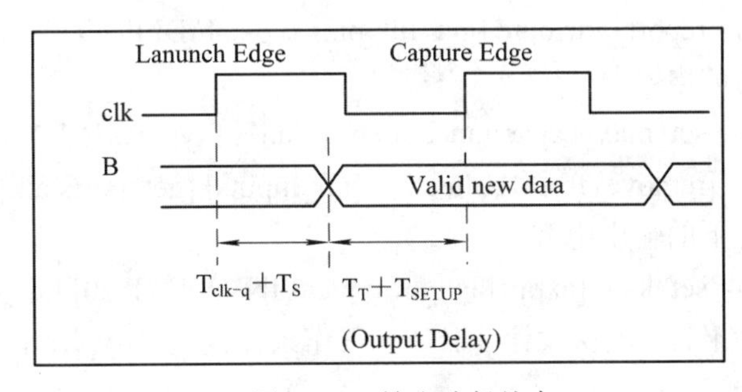

图 15-19　输出路径约束

```
design_vision> set_output_delay –max 1.2 –clock my_clk [all_outputs]
design_vision> set_output_delay –min –0.2 –clock my_clk [all_outputs]
```

(8) 生成一份时钟报告，确认时钟周期是 20 ns，时钟歪斜是 1.2 ns，时钟源是 clk。

```
design_vision> report_clock –skew -attributes
```

(9) 生成一份所有端口的报告。确认除 clk 端口外，所有端口的 Max Rise and Fall 和 Min Rise and Fall 都已经设置好，并且关联时钟为 my_clk，除 clk 端口外的其他所有输入端口最大转换时间是 0.6 ns。

```
design_vision> report_port –verbose
```

另外，还可以查看单独一个端口上的约束，如 clk 端口。

```
design_vision> report_port –verbose clk
```

15.3.5 设置环境属性

(1) 工作条件(Operation Conditions)：本实验将应用库文件 typical.db 中默认的工作条件，所以不需要执行任何命令。如果要更改工作条件，可以用命令 set_operation_conditions 来指向库中其他的工作条件模型。

另外，使用以下命令可以知道库中默认的工作条件。

```
design_vision> get_attribute typical default_operating_conditions
```

(2) 连线负载模型(Wire Load Model)：DC 将基于电路面积自动选择互连线负载模型，如果要指定互连线负载模型，可以用命令 set_wire_load_model。

(3) 设置端口环境：使用 set_driving_cell 命令来指定驱动非时钟输入端口的单元输出 pin。

```
design_vision> set_driving_cell –library typical –lib_cell DFFHQX2 –pin Q \
                    [remove_from_collection [all_inputs] [get_ports clk]]
```

或者

```
design_vision> set_driving_cell –library typical –lib_cell DFFHQX2 –pin Q [all_inputs]
design_vision> remove_driving_cell [get_ports clk]
```

确认 clk 端口没有驱动单元：

```
design_vision> report_port –verbose clk
```

(4) 报告驱动单元的属性：使用以下命令显示驱动单元管脚(Pin)的所有属性。

```
design_vision> report_attribute [get_lib_pins typical/ DFFHQX2/*]
```

(5) 限制输入端口的电容值。

```
design_vision> set_max_capacitance [expr [load_of typical/INVX4/A]*50] \
                    [remove_from_collection [all_inputs] [get_ports clk]]
```

(6) 指定最坏情况下的输出电容。

```
design_vision> set_load [expr [load_of typical/INVX4/A]*20] [all_outputs]
```

(7) 生成一份设计报告。确认设计 uart_top 工作条件模型是 typical，互连线负载模型是 ForQA。

```
design_vision> report_design
```

(8) 生成一份详细的端口报告。观察所有输出端口管脚负载(Pin Load)和其他参数。

```
design_vision> report_port –verbose
```

15.3.6 编译、保存设计

(1) 保存所有设计约束和环境属性。

```
design_vision> write_script -output ../scripts/dc_constraints_uart_lab2.tcl
```

浏览新生成的文件 dc_constraints_uart_lab2.tcl，它应该包含你给设计 uart_top 设置的所有约束和属性。在 scripts 目录应用下面的命令观察新生成的约束文件内容。

~]$ vi dc_constraints_uart_lab2.tcl

(2) 编译设计 uart_top。

design_vision> compile

(3) 生成一份约束报告。查看有没有时序违例(Timing Violation)或其他违例。

design_vision> report_constraint -all

(4) 层次化保存设计 uart_top。

design_vision> write –format ddc –hierarchy –output ../db/uart_top_mapped.ddc

(5) 退出 DC。

design_vision> exit

15.4　时序报告与调试

15.4.1　运行 Script

(1) 启动 DC 后，选择菜单 File→Execute Script，弹出文件选择对话框，选择目录 ~/uart_lab/dc_lab/scripts 下的文件 dc_script_uart_lab3.tcl，打开执行。脚本文件内容包括对设计 uart_top 的主要约束、编译及结果输出等。

(2) 检查 Log 信息区有无 error 信息，如果有，则对约束文件进行修改。warning 信息通常可忽略。

(3) 生成一份详细的端口报告。

design_vision> report_port -verbose

(4) 生成一份设计报告。

design_vision> report_design

15.4.2　理解时序报告

1. DC 的时序路径

DC 将电路分解成不同的信号时序路径(Timing Path)，每条路径都有一个起点和一个终点。时序路径的起点有两种，一种是触发器或寄存器的 clock 输入端口，另一种是设计的基本输入(Primary input)端口。时序路径的终点有两种，一种是触发器或寄存器的数据输入端口，另一种是设计的基本输出(Primary output)端口。时序路径又根据控制它们终点的时钟分成不同的路径组(Path Group)，默认的路径组(Default path group)包含所有不受时钟约束的路径。DC 中的时序路径根据起点和终点的不同可以组合成以下 4 种：

(1) 由设计的基本输入端口到触发器的数据输入端口(path1)。

(2) 由触发器的 clock 输入端口到下一时序单元的数据端口(path2)。

(3) 由触发器的 clock 输入端口到基本输出端口(path3)。

(4) 由基本输入端口到基本输出端口(path4)。

如图 15-20 所示是时序路径类型和路径分组的示意图。

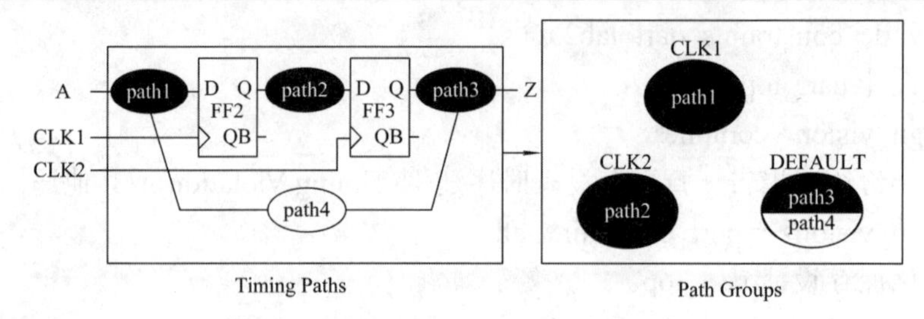

图 15-20　时序路径类型与分组示意图

2. 实验内容

(1) 检查有没有未约束的时序路径(Timing Path)。

design_vision> check_timing

(2) 查看有几个路径组(Path Group)。

design_vision> report_path_group

(3) 生成一个默认的时序报告，生成的报告如图 15-21 所示。时序报告由 4 个部分组成：路径信息部分(Path Information Section)，路径延迟部分(Path Delay Section)，路径要求部分(Path Required Section)和总结部分(Summary Section)。

design_vision> report_timing

回答以下问题：

① 报告是关于建立时间的还是关于保持时间的？

报告是关于建立时间的。从报告上部的“Path Type”可以看出来。“max”表示建立时间。“min”表示保持时间。

② 报告中路径的起点(Startpoint)和终点(Endpoint)分别是哪个端口或管脚？

起点：wr_uart(一个输入端口)。

终点：fifo_tx_unit/array_reg_reg[3][0](内部寄存器的一输入端)。

③ 报告是在哪种工作条件(Operation Conditions)下生成的？

typical

④ clk 端口的时钟周期是多少？

20 ns。

⑤ “input external delay”是多少？这个数据是从哪里来的？

“input external delay”是 14.8 ns，它由约束 Script 文件 dc_script_uart_lab3.tcl 中命令 set_input_delay 所设置。

⑥ 电路的分块(design’s partitioning)有没有分解一条组合路径(combinational path)?

没有。因为没有路径从一个输入端口开始，经过不同的子模块，终止在一个寄存器输入管脚。如果有路径从一个输入端口开始，经过不同的子模块，终止在一个寄存器输入管脚，则表示有组合路径。

⑦ 捕获寄存器(capture register)建立时间要求(setup time requirement)是什么？

0.12 ns。从“library setup”可以看出来。

⑧ “clock uncertainty”是多少？这个数据代表什么？

6.25 ns，它表示时钟歪斜，由命令 set_clock_uncertainty 设置。

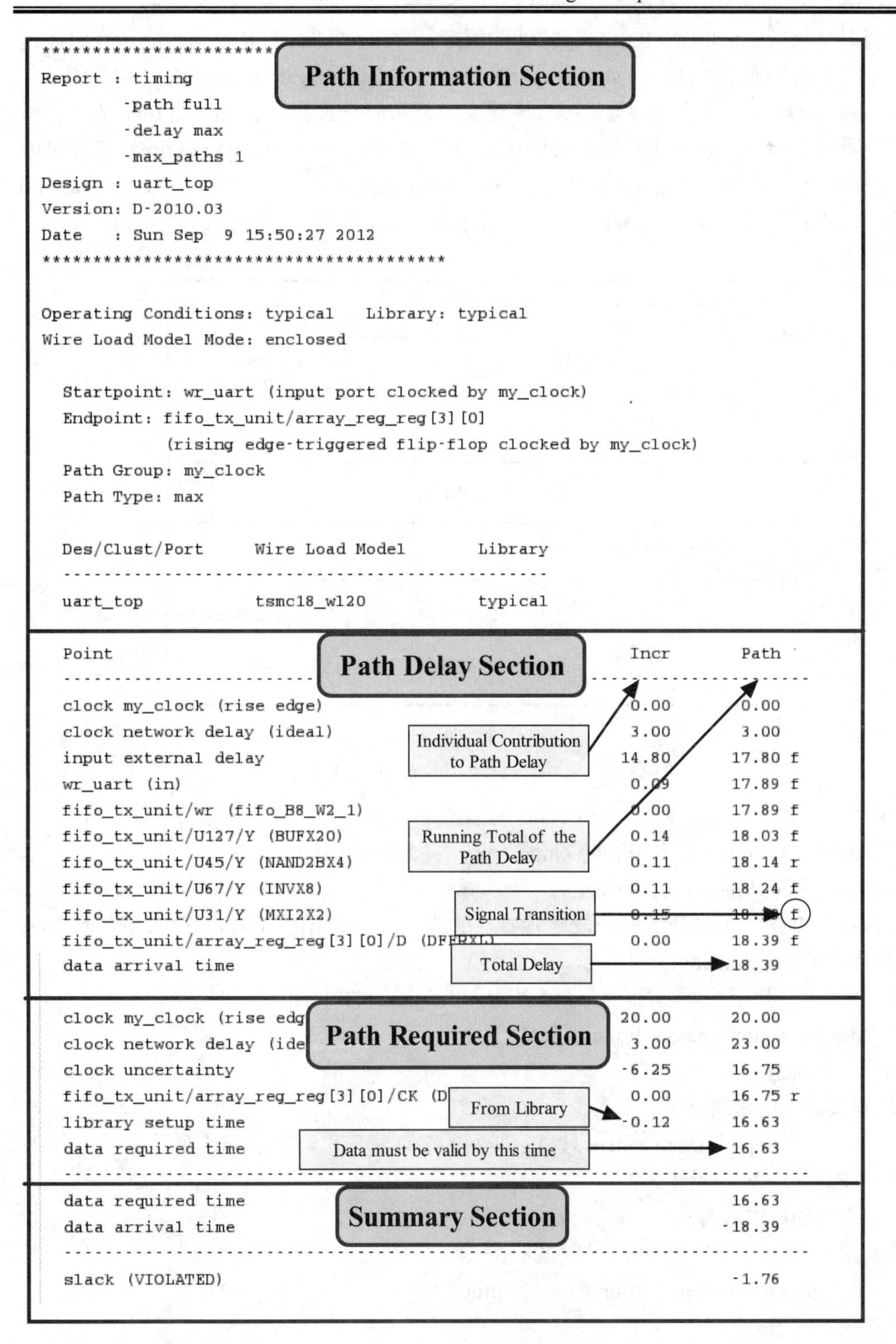

```
**********************
Report : timing
        -path full
        -delay max
        -max_paths 1
Design : uart_top
Version: D-2010.03
Date   : Sun Sep  9 15:50:27 2012
****************************************

Operating Conditions: typical   Library: typical
Wire Load Model Mode: enclosed

  Startpoint: wr_uart (input port clocked by my_clock)
  Endpoint: fifo_tx_unit/array_reg_reg[3][0]
            (rising edge-triggered flip-flop clocked by my_clock)
  Path Group: my_clock
  Path Type: max

  Des/Clust/Port     Wire Load Model       Library
  ------------------------------------------------
  uart_top           tsmc18_wl20           typical

  Point                                              Incr       Path
  -----------------------------------------------------------------
  clock my_clock (rise edge)                         0.00       0.00
  clock network delay (ideal)                        3.00       3.00
  input external delay                              14.80      17.80 f
  wr_uart (in)                                       0.09      17.89 f
  fifo_tx_unit/wr (fifo_B8_W2_1)                     0.00      17.89 f
  fifo_tx_unit/U127/Y (BUFX20)                       0.14      18.03 f
  fifo_tx_unit/U45/Y (NAND2BX4)                      0.11      18.14 r
  fifo_tx_unit/U67/Y (INVX8)                         0.11      18.24 f
  fifo_tx_unit/U31/Y (MXI2X2)                        0.15      18.[illegible] f
  fifo_tx_unit/array_reg_reg[3][0]/D (DFFRXL)        0.00      18.39 f
  data arrival time                                            18.39

  clock my_clock (rise edg                          20.00      20.00
  clock network delay (ide                           3.00      23.00
  clock uncertainty                                 -6.25      16.75
  fifo_tx_unit/array_reg_reg[3][0]/CK (D             0.00      16.75 r
  library setup time                                -0.12      16.63
  data required time                                           16.63
  -----------------------------------------------------------------
  data required time                                           16.63
  data arrival time                                           -18.39
  -----------------------------------------------------------------
  slack (VIOLATED)                                             -1.76
```


图 15-21　生成的时序报告

⑨ 报告是符合还是违背它的约束条件？

违背。从报告底部的“VIOLATED”可以看到，并且“slack”是负值也表示有时序违例。对于建立时间而言，slack = data required time － data arrival time，如图 15-22 所示。其中 data required time 等于时钟周期减去库建立时间和时钟歪斜，data arrival time 为路径所消耗最大延迟。对于保持时间而言，slack = data arrival time － data required time，其中 data required time 等于路径终点保持时间要求(hold time requirement)加上时钟歪斜，data arrival time 为路径消耗的最小延迟。slack 为正值，表示路径符合时序约束，slack 为负值，表示路径时序约束违例。

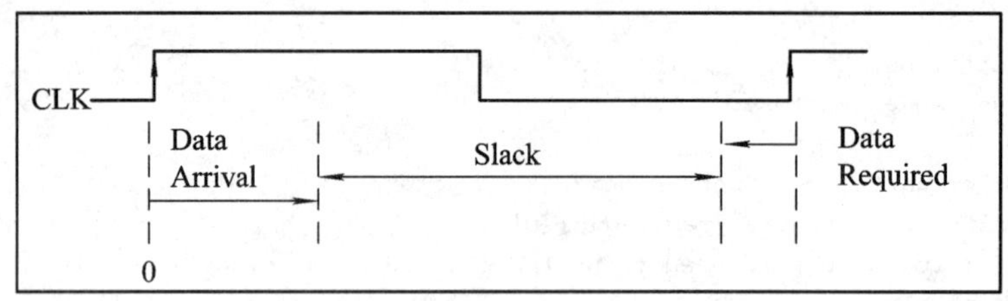

(a) 建立时间slack

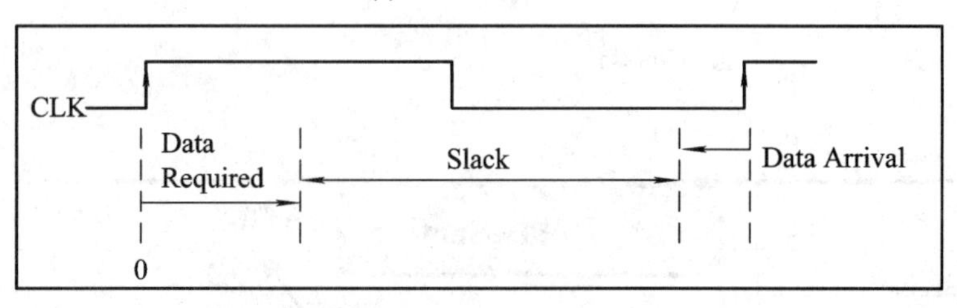

(b) 保持时间slack

图 15-22 建立时间与保持时间 slack 图示

(4) 生成一份带输入管脚的时序报告，有效数字 6 位。

design_vision> report_timing –input_pins –significant_digits 6

这份报告和默认的报告有什么区别？

这份报告将路经延时分解成一段段管脚对管脚(pin to pin)的延时，它将线网延时(net delay)和单元延时(cell delay)分开显示。

(5) 生成一份显示线网名称(net names)和扇出(fanout)的时序报告。

design_vision> report_timing –nets

回答以下问题：

① 每条线网的延时(delay)是多少？为什么？

0。命令 report_timing -nets 只显示线网的名称和扇出，所以 Incr 列总是显示为 0。

② “Fanout”列表示什么？

线网的扇出数。

(6) 生成一份关于保持时间的时序报告。

design_vision> report_timing –delay min

回答以下问题：

① 报告中路径的起点和终点分别是哪个端口或管脚？

起点：？

终点：?

② 报告是符合还是违背它的约束条件？

?

③ 报告是在哪种工作条件下生成的？用它来计算保持时间合适吗？

?

④ 路径终点保持时间要求(hold time requirement)是多少？(由命令 set_output_delay -min 设定)

?

⑤ 通过发射寄存器(launching register)的延时是多少？它满足保持时间约束吗？

?

(7) 生成显示 10 条最坏建立时间路径(worst setup timing paths)的时序报告。

```
design_vision> report_timing –max_paths 10
```

(8) 显示所有违例时序的路径(violating timing paths)。

```
design_vision> report_constraints –all_violators
```

15.4.3 Group 和 Ungroup

下面介绍将不同模块组合到一个新的层次的综合方法——Group。Group 以后的电路模块名字(design name)为 new_rx，实例名(cell name)为 i_new_rx，然后再在 i_new_rx 中取消组(ungroup)。group 和 ungroup 的概念分别如图 15-23(a)和(b)所示。

(1) 组合 uart_rx_unit 和 fifo_rx_unit。组合成新的设计名为 new_rx，实例名为 i_new_rx。可以在 Design Vision 命令输入栏中输入以下命令，或将以下命令加入 Script 文件。

```
design_vision> group {uart_rx_unit fifo_rx_unit} \
                    –design_name new_rx –cell_name i_new_rx
```

(2) 报告设计的层次。

```
design_vision> report_hierarchy –noleaf
```

(3) 在设计 new_rx 中 ungroup 2 级以下的层次。

```
design_vision> ungroup –start_level 2 i_new_rx
```

(4) 报告设计的层次，发现 uart_rx_unit 和 fifo_rx_unit 不见了。

```
design_vision> report_hierarchy -noleaf
```

(5) 编译设计 uart_top。

```
design_vision> current_design uart_top
design_vision> compile
```

(6) 生成关于建立时间的报告。

```
design_vision> report_timing –delay max
```

(7) 显示所有的约束违例。

```
design_vision> report_constraints –all_violators
```

通过应用 ungroup 综合，在某些情况下可以解决时序违例，例如解决建立时间违例。在实际的流程中，在生成版图之前我们只解决比较大的建立时间违例或减小它的违例程度，小的建立时间违例在生成版图的过程中会解决。

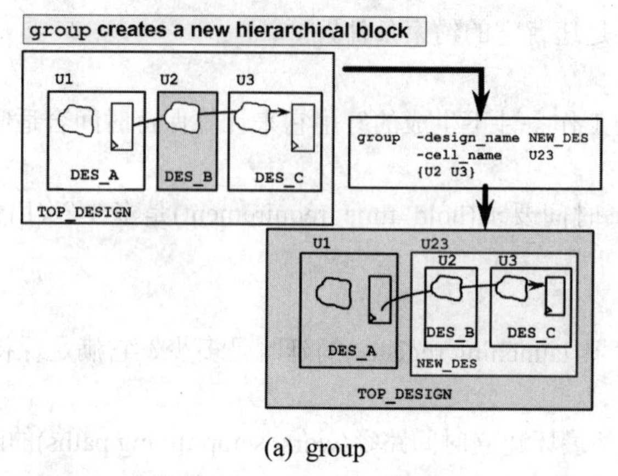

(a) group

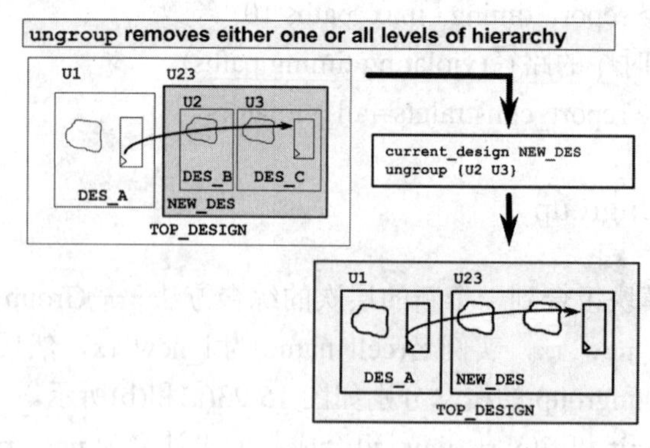

(b) ungroup

图 15-23　group 与 ungroup 图示

执行下列命令解决 hold time violations 问题。

design_vision> set_fix_hold [all_clocks]

design_vision> compile –incremental_mapping

用命令 report_constraint -all_violators 报告所有约束违例。

design_vision> report_constraint –all_violators

15.4.4　输出结果

(1) 层次化保存 uart_top 到目录~/uart_lab/dc_lab/db 下。

design_vision> write –format ddc –hierarchy –output ../db/uart_top_lab3_mapped.ddc

(2) 保存电路的 VHDL 网表。

design_vision> write –format vhdl –hierarchy –output ../db/uart_top_lab3_mapped.vhd

要保存为 Verilog 格式网表，输入以下命令：

design_vision> write –format verilog –hierarchy –output ../db/uart_top_lab3_mapped.v

(3) 保存用于反标注(back-annotation)的标准延时文件(SDF)。

design_vision> write_sdf –version 2.1 ../db/uart_top_lab3_mapped.sdf

(4) 退出 DC。

design_vision> exit

15.5 DFT 综合

15.5.1 DFT 简介

DFT Compiler，简称 DFTC，是 Synopsys 的高级测试综合工具。

1. DFTC 设计流程

DFTC 的简单流程如图 15-24 所示。本实验基于此基本流程，应用命令方式逐步讲解。

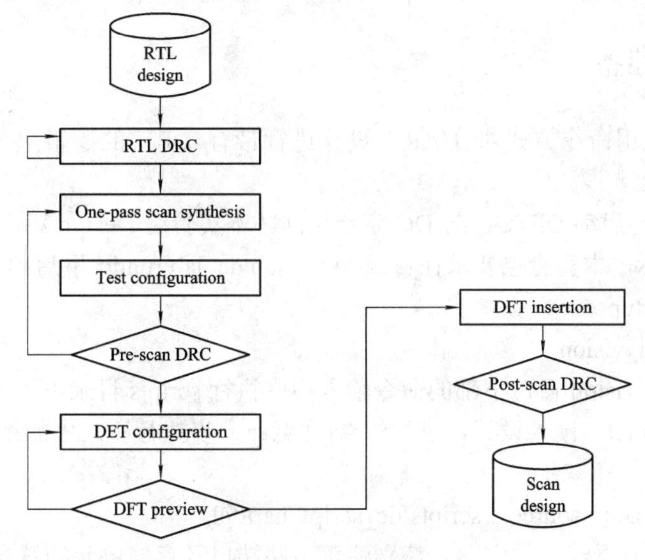

图 15-24　DFTC 流程

2. DFT 单元与 DFT 电路结构

DFT 的一种基本思路是应用具有扫描结构的存储单元代替设计中的存储单元，设计中的所有可测性存储单元构成一个串行移位寄存器链，从扫描输入端口将测试数据输入电路内部，对扫描输出结果进行检查以判断电路内部是否存在故障。图 15-25 示出从一个一般存储单元通过结构改变变为具有可测性功能的存储单元结构的示例。

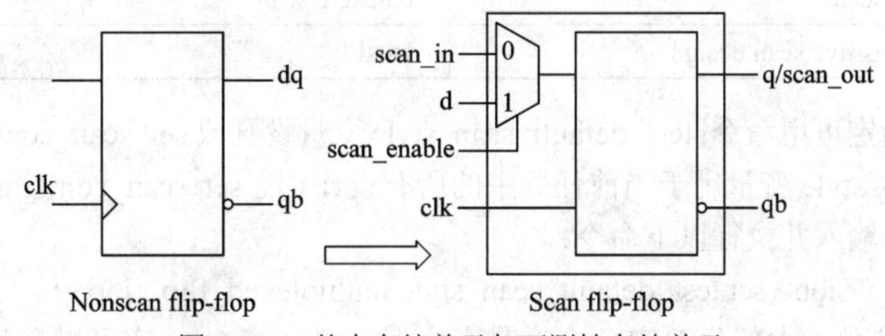

图 15-25　基本存储单元与可测性存储单元

图 15-26 示出无扫描结构和插入扫描结构后的电路结构。

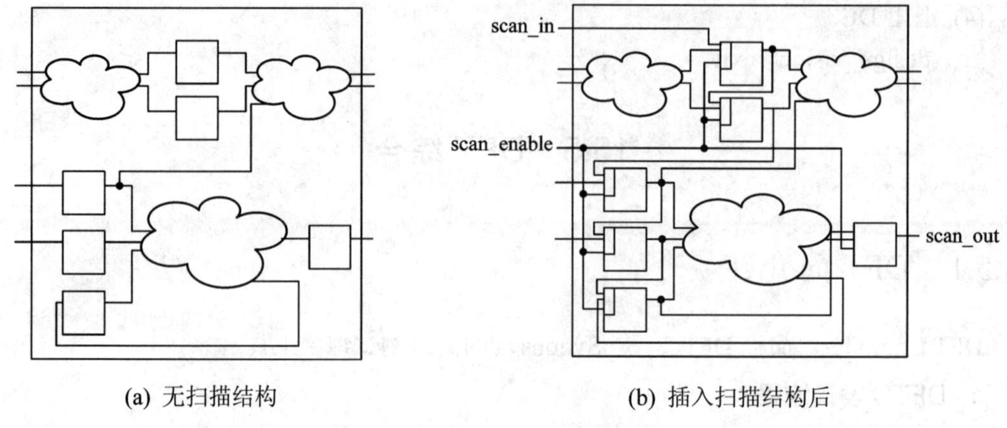

(a) 无扫描结构　　(b) 插入扫描结构后

图 15-26　插入扫描链

15.5.2　实验准备

本实验主要应用命令方式对 UART 设计进行带有 DFT 的逻辑综合，使设计者熟悉 DFTC 的基本流程。

(1) 环境设置与启动 DFTC，与 DC 完全相同。本实验用 Design Vision 方式。

如图 14-1 所示，本实验也要求在目录~/uart_lab/dc_lab/rundir 下启动 DC：

```
~]$ syn.setup
~]$ design_vision
```

(2) 在 Design Vision 窗口下部的命令输入栏中执行 scripts 目录下不带有 DFT 的 Script 文件 dc_script_uart.tcl。读入设计，进行综合(注意：此步执行所产生的结果用于第 16、17 章设计)。

```
design_vision> source ../scripts/dc_script_uart.tcl
```

在综合之后，查看综合的电路，特别注意电路端口及存储单元的符号。

(3) 设置扫描类型。进行扫描综合时要指定扫描类型，扫描类型的设置是为了在优化时插入合适的扫描单元。DFTC 扫描类型有三种，列于表 15-2 中。

表 15-2　DFTC 扫描类型

Scan Type	Command Syntax
multiplexed flip-flop	multiplexed_flip_flop
Clocked scan	clocked_scan
Level-sensitive scan design	Lssd

扫描类型指定可用命令：test_default_scan_style 变量设置或 set_scan_configuration 命令。test_default_scan_style 变量用于当前任务中的所有设计，而 set_scan_configuration 命令只应用于当前设计。输入并执行以下命令：

```
design_vision> set test_default_scan_style multiplexed_flip_flop
```

(4) View 选项。大部分 DFTC 命令具有 view 选项(-view)，它可以有两种模式，如表 15-3 所示。参数 Descriptive 所描述的指标，存在于 DFTC 的设计过程中，便于用户观察，但并不出现在最终的设计结果中。而带有参数 Prescriptive 所描述的指标会出现在设计的最终结果中。在下面将看到 View 的具体应用。

表 15-3　view 命令选项

View	Command Syntax
Prescriptive	-view spec
Descriptive	-view existing_dft

15.5.3　执行扫描综合

1. 创建测试端口

用于 Scan 的数据输入、输出、时钟、复位及控制端口，可以在设计 RTL 代码时就指定。在 DFT 设计时，也可以用命令对原设计加入新的测试端口。创建新端口的命令为 create_port。需要说明的是，这里用于测试所创建的端口可以是虚拟的，也可以是实际存在的，这就可以根据以上所介绍的 view 的不同选项决定。下面我们创建用于测试的数据输入和输出端口等：

```
design_vision> create_port -direction "in" {TEST_SI TEST_SE}
design_vision> create_port -direction "out" {TEST_SO}
```

以上命令给设计 UART 加入了两个输入端口：测试信号输入端口 TEST_SI、测试信号使能端口 TEST_SE。TEST_SO 是所加的测试数据输出端口。注意观察 Schematic 或 Symbol 视图的变化。

2. RTL 设计规则检查

(1) 使用命令 set_dft_signal 定义测试协议。注意，下面用到了-view 选项。

```
design_vision> set_dft_signal –view existing_dft –type ScanClock -port clk \-timing {10 15}
design_vision> set_dft_signal –view existing_dft –type Reset –port reset \–active_state 1
design_vision> set_dft_signal -view spec -type ScanEnable -port TEST_SE \–active_state 1
```

以上 clk 和 reset 是 uart_top 的已有端口，但应用-view existing_dft 表示在 DFTC 设计流程中只是虚拟存在(实际当然是存在的)。而测试使能信号 TEST_SE 用了-view spec，表示此端口将是 uart_top 的一个实际端口。

(2) 生成一个扫描测试配置协议。

```
design_vision> create_test_protocol
```

(3) 运行 DFT 规则检查。

```
design_vision> dft_drc
```

(4) 检查违例：如果有违例出现，改变 RTL 代码，并重复以上(2)、(3)步。如果无违例，进行扫描综合(此步操作后将弹出一个新视窗，可以将其关闭)。

3. 扫描综合

在解决了所有 RTL DRC 的违例后，可以首先进行综合约束设置，这一步与 DC 的综合约束设置完全相同。为了方便，可以将约束单独写入一个 Script 文件，则 DC 和 DFTC 可以共享调用。本实验前面已调用了 DC 综合的 Script 文件，所以约束已在 DC 的 Memory

之中，因而可以在此不考虑约束。接下来进行 test-ready 编译，执行以下命令：

```
design_vision> compile –scan
```

test-ready 编译的结果是一个包含没有布线的扫描单元的优化设计。这一步骤说明了扫描单元和由于扫描链布线所产生的额外负载对设计的影响，常称为无布线扫描设计。

4. 扫描插入

(1) 配置扫描插入。配置扫描插入时，你可以设置设计约束、定义测试模式、指定测试端口、标识任何不想进行扫描的单元。具体可以使用以下命令完成这类设置。

① 设置扫描链数：

```
design_vision> set_scan_configuration –chain_count 1
```

② 指定测试端口：

```
design_vision> set_dft_signal –view spec –type ScanDataIn –port TEST_SI
design_vision> set_dft_signal –view spec –type ScanDataIOut –port TEST_SO
design_vision> set_dft_signal –view spec –type ScanEnable –port TEST_SE
```

注意：以上 view 选项皆应用了 spec，则表明端口 TEST_SI、TEST_SE 和 TEST_SO 将成为 DFTC 后设计的实际端口。

(2) 预览扫描插入。预览扫描插入生成一个满足扫描指标的扫描链并显示之。如果在插入扫描链前不满足扫描要求时，可以及时进行修改。

```
design_vision> preview_dft
```

(3) 组合扫描链。在设计中插入 DFT 结构的命令如下：

```
design_vision> insert_dft
```

执行本条命令后，注意观察 schematic 中端口、寄存器 cell 及它们之间的连接，并与直接 DC 综合的电路进行对比。

5. 扫描插入后分析

扫描插入后需重新进行 DRC，以确保无违例出现。分析插入扫描链后的设计，执行以下几步：

(1) 存储设计和测试协议。

```
design_vision> write –format ddc –hier \
                    –output ../results/UNMAPPED/uart_scan _mapped.ddc
```

下面两条命令输出的结果用于 Synopsys 的自动测试向量生成工具 TetraMAX，参见第 18 章。

```
design_vision> write –f verilog –h –o ../results/TMAX/uart_scan_mapped.v
design_vision> write_test_protocol –output ../results/TMAX/uart_scan.spf
```

(2) 运行后扫描设计规则检查。

```
design_vision> dft_drc
```

(3) 扫描结构报告。

```
design_vision> report_scan_path –view existing_dft –chain all
design_vision> report_scan_path –view existing_dft –cell all
```

15.5.4　报告

(1) DFT 配置报告：

design_vision> report_dft_configuration

(2) Scan 配置报告：

design_vision> report_scan_configuration

(3) DFT 信号报告：

design_vision> report_dft_signal –view existing_dft

(4) 用户指定扫描路径报告：

design_vision> report_scan_path –view spec –chain all

文件~/uart_lab/dc_lab/scripts/dft_script_uart.tcl 是用于 UART 设计的 DFT 综合的完整 Script。完成 DFT 实验后，在 Design Vision 中执行以下命令：

design_vision> source ../scripts/dft_script _uart.tcl

生成带有 DFT 的 UART 门级网表、SDF 文件及用于 TetraMAX 的各种文件等。设计者可以通过参阅此文件 dft_script_uart.tcl，学习有关 DFT 综合的内容。

第 16 章　静态时序分析——PrimeTime

PrimeTime，简称 PT，它是 Synopsys 公司提供的数字 IC 设计静态时序分析(STA，Static Timing Analysis)EDA 工具。PT 是 ASIC 分析验证的必要工具之一。PT 不是采用通常的加入激励进行逻辑仿真的方法来验证电路(动态时序仿真)的时序性能，而是通过对电路中所有可能路径的时序违例检查来验证电路时序性能的有效性。PT 所需的验证时间通常要远远小于动态时序仿真。在 ASIC 设计流程中，PT 在逻辑综合、版图综合后都要用到。

本章简要介绍了进行 STA 时所需的一些背景知识，对 PT 在基本工作过程中重要的操作进行介绍，并使设计者掌握 STA 分析的结果及报告的含意，以便进行电路设计的修改。

PT 中诸多命令与 DC 相同或相似，方便使用。

16.1　初识 PT

16.1.1　环境设置文件 .synopsys_pt.setup 介绍

PT 使用名为.synopsys_pt.setup 的环境设置文件，用来指定工具所需要的一些初始化信息，启动时，PT 会以下述顺序搜索并启用相应目录下的环境设置文件：

(1) PT 的安装目录(具体为：<PT_Inst_Dir>/admin/setup)。

(2) 用户根目录。

(3) 当前启动 PT 的目录。

16.1.2　启动 PT

PT 有如下 3 种启动方式。下面的实验应用方式 3。

方式 1：pt_shell

方式 2：pt_shell –gui

方式 3：primetime

16.1.3　PT 流程

PT 的工作流程如图 16-1 所示。第 1 步主要是读入设计。输入 PT 的设计有 5 种：

(1) 设置文件：.synopsys_pt.setup。默认自动读入。

(2) 工艺单元综合库：与 DC 的目标库文件相同。库中元件模型具有时延信息。

(3) 门级网表(Gate_Level Netlist)：它是逻辑综合或版图综合后的电路网表。网表文件格式可以是 Verilog HDL 或 VHDL，也可以是 Synopsys 的 DB 格式。读入不同格式文件时分别应用命令 read_verilog、read_vhdl 和 read_db 等。

(4) 反标注延时信息(Back Annotation)：它是逻辑综合或版图综合时生成的电路标准时延格式(SDF)输出文件，读入命令为 read_sdf。

(5) 约束文件：设计的各种工作环境设置、约束或运行控制等的命令集构成的 Script 文件。

流程中的第(2)步是很重要的一步，主要进行时钟约束和时序约束设置。流程第(3)步进行电路工作环境设置。第(4)和第(5)步是查看时序分析的结果或输出报告。

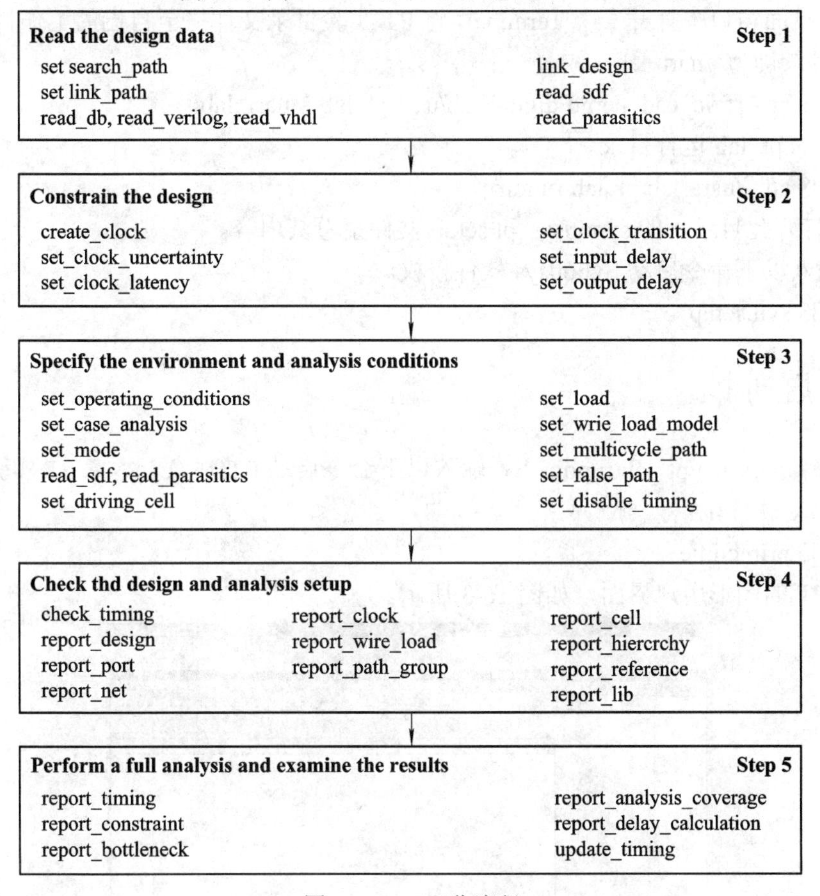

图 16-1　PT 工作流程

16.2　基本 PT 操作

图 16-2 给出本章 PT 实验目录结构。在本章实验中，要求在目录 rundir 下启动运行 PT；逻辑综合的门级网表和 SDF 文件存储在 mapped 目录下；libs 目录存放标准单元工艺库；scripts 目录下存放实验脚本文件；reports 目录存放实验中生成的各种分析报告；session 存储设计的状态。

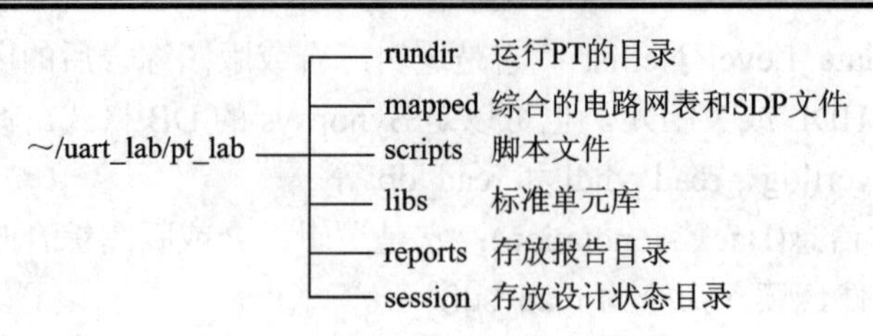

图 16-2　pt_lab 实验目录结构

16.2.1　实验准备

(1) 在桌面窗口中打开一个 Terminal，将 PT 实验目录文件拷至自己的工作目录(假定用户的工作目录仍为~/uart_lab)。

~]$ cp –rf /ic_cad_demo/digitalLab/uart/pt_lab ~/uart_lab

(2) 进入 pt_lab 运行目录。

~]$ cd ~/uart_lab/pt_lab/rundir

用 vi 打开此目录下的.synopsys_pt.setup 文件察看其内容。

(3) 输入以下命令启动 Synopsys 软件授权。

~]$ syn.setup

16.2.2　启动 PT

在目录~/uart_lab/pt_lab/rundir 下，输入以下命令启动 PT(注意，本章 PT 实验都要求在此目录下启动软件)：

~]$ primetime

弹出 PT 的图形用户界面，如图 16-3 所示。

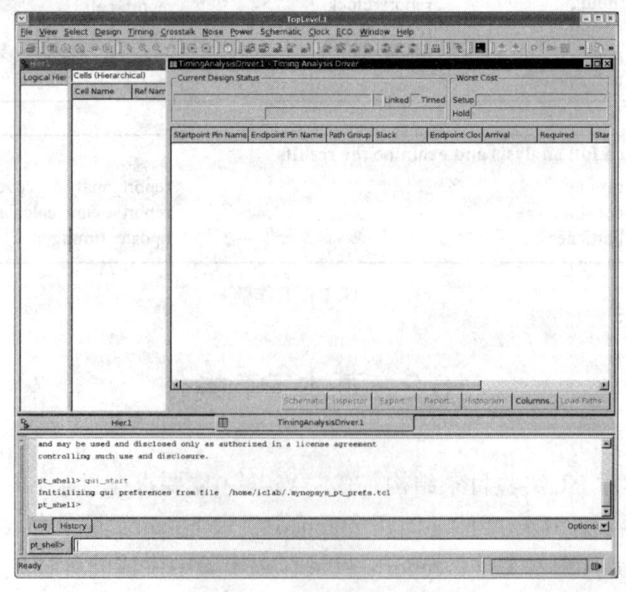

图 16-3　PT 的 GUI 界面

应用 PT 时，可以在 PT 的 GUI 界面下部的命令输入栏“pt_shell>”输入命令，所输入的命令执行结果将会在 Log 标签区域中显示。命令操作既可以在这个命令输入栏输入，也可以在打开 PrimeTime 软件的 Terminal 窗口中输入执行。

16.2.3　熟悉操作

启动 PT 后，输入如下命令：

```
pt_shell> printvar search_path
```

得到类似以下结果：

```
search_path    "../libs ../scripts ../mapped"
```

这是环境设置文件.synopsys_pt.setup 中已设置好的搜索路径。也可以应用下述命令设置其他搜索路径。

```
pt_shell> set search_path { ../reports ../session }
```

表示变量 search_path 被设置为上述命令行中{}内的值。

set search_ path 命令用于设置 PT 软件的搜索路径，搜索的路径应该覆盖到 PT 软件工作时所需要的各种库文件、脚本文件以及设计数据所在的文件目录等。

继续输入如下命令：

```
pt_shell> source –verbose ../scripts/pt_variables.tcl
```

按回车键确认，得到结果如下：

```
true
4
false
E
false
false
```

source 命令用于读入并执行 PT 软件的各种应用变量(Application Variable)设置的 Script 文件，以及包含各种约束条件(Constraints)的 Script 文件。上述 source 命令执行的正是 pt_variables.tcl 的应用变量设置文件。这个文件中的具体的变量设置语句以及它们各自的含义如下：

① 允许 source 命令使用搜索路径。

```
set sh_source_uses_search_path true
```

② 输出报告的默认有效数字位数被设置为 4 位。

```
set report_default_significant 4
```

③ 终止执行 Script 脚本的警告级别设置为 E(Error)。

```
set sh_continue_on_error false
set sh_script_stop_severity E
```

④ 禁止为没有找到的参考元件(Reference)生成黑盒。

```
set link_create_black_boxes false
```

更多的 PT 应用变量含意及设置请参考 PT 的使用手册。

16.2.4　简单 STA 流程

1. 加入工艺库文件

输入如下命令(tpz973gbc.db 为 I/O 库，在设计中并没有用到，在此仅作为演示)：

pt_shell> lappend link_path typical.db tpz973gbc.db

显示结果为

* typical.db tpz973gbc.db

代表了此时的 link_path 变量已经被设置为“* typical.db tpz973gbc.db”。link_path 变量的默认值为*，在使用了 lappend 命令以后，其值会相应增加指定的内容。当然我们可以通过 printvar link_path 来打印 link_path 此时的变量值。lappend link_path 命令用于附加库文件，这些库文件是 Prime Time 软件运行时所必需的。

2. 读入设计网表

输入如下命令：

pt_shell> read_vhdl ../mapped/netlist/uart_top_clk20ns_mapped.vhd

该命令读入当前设计的网表文件 uart_top_clk20ns_mapped.vhd。读入网表文件以后我们继续输入以下命令用以指定当前设计：

pt_shell> link_design uart_top

这条命令指定了我们当前的设计为 uart_top。这时 PT 的 GUI 界面如图 16-4 所示。

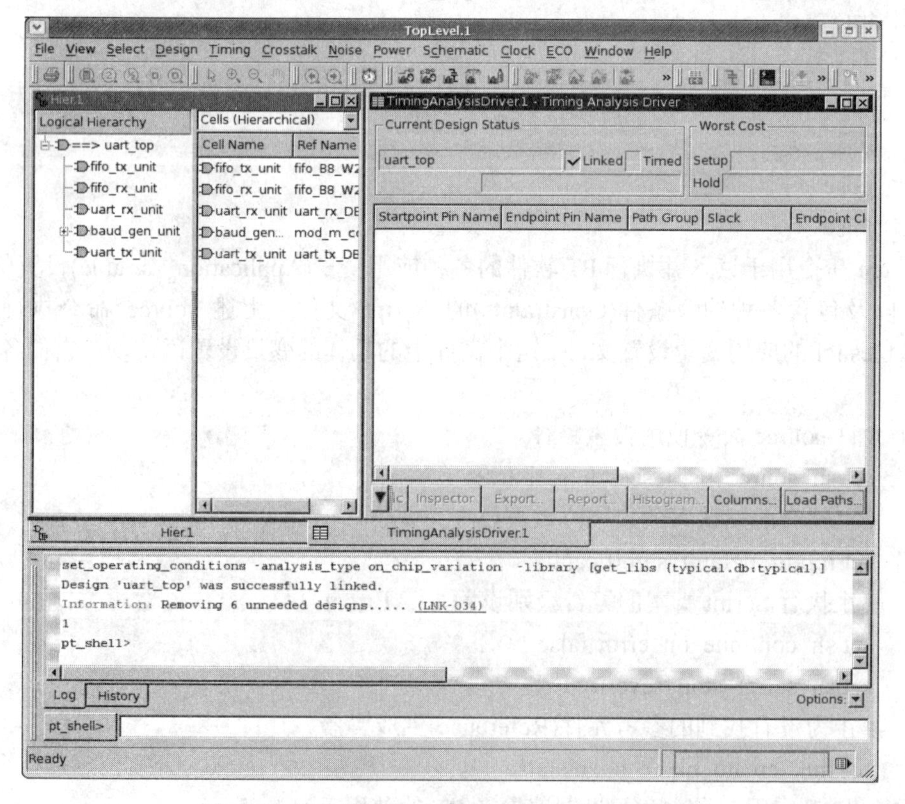

图 16-4　读入设计并设置顶层设计后的 GUI 界面

3. 指定约束和工作环境

为了简化输入命令的过程，电路的约束和工作环境命令已写入 scripts 目录下的约束文件 pt_constraints_uart_lab1.tcl。在此，我们只需执行 Script 文件，输入如下命令：

```
pt_shell> source –echo –verbose ../scripts/pt_constraints_uart_lab1.tcl
```

下面我们输入命令指定输出文件。输出文件有两种：一种是报告信息，就是运行过程中的各种警告与消息等；另一种是保存的运行结果。

4. 生成报告文件

输入如下命令：

```
pt_shell> redirect –tee –append ../reports/uart_top_sta.rpt {report_analysis_coverage}
```

这一条命令生成关于分析覆盖率的报告文件，不但在 GUI 中显示报告信息，如图 16-5(a)所示，而且在目录 reports 下还生成一个名为 uart_top_sta.rpt 的报告文件，这个文件内部记录了报告结果。报告内容如图 16-5(b)所示。

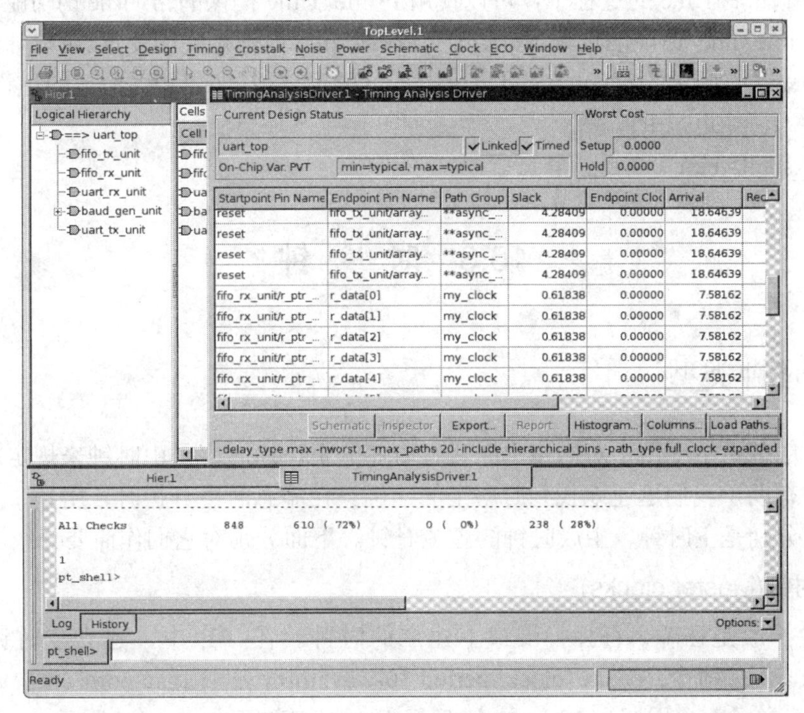

(a) 输出报告在 GUI 中的显示

Type of Check	Total	Met	Violated	Untested
setup	121	121 (100%)	0 (0%)	0 (0%)
hold	121	121 (100%)	0 (0%)	0 (0%)
recovery	119	119 (100%)	0 (0%)	0 (0%)
removal	119	0 (0%)	0 (0%)	119 (100%)
min_pulse_width	357	238 (67%)	0 (0%)	119 (33%)
out_setup	11	11 (100%)	0 (0%)	0 (0%)
All Checks	848	610 (72%)	0 (0%)	238 (28%)

(b) 输出报告文件部分内容

图 16-5　PT 的覆盖率报告

从运行结果总结报告中我们看到当前设计中关于建立时间(setup)、保持时间(hold)等各种时序参数的违例共有0条，说明设计的时序全部符合要求。

继续输入命令如下：

pt_shell> redirect –tee –append ../reports/uart_top_sta.rpt {report_constraint -all}

这一条命令用于显示出所有的约束违例，显示信息出现在屏幕上的同时也会被附加到uart_top_sta.rpt文件中，以便以后察看。

现在运行命令产生第二种输出，也就是将运行结果保存，便于与其他成员之间协调合作以及以后的查看和调用。输入如下命令：

pt_shell> save_session –replace ../session/uart_top_session_lab

这时，所有的运行状态都会被保存在目录session下新建的目录uart_top_session_lab中，以后可以通过restore_session命令重新载入以前存储的运行结果用于分析，这种方法是十分有效的。

在使用Prime Time的过程中，可以使用Prime Time提供的帮助(help)功能，帮助我们了解有关PrimeTime 命令的选项、参数以及PrimeTime内部定义的变量。可以通过输入help command_name的形式或者command_name -help的形式，打印出相关命令的更详细的信息。

最后输入命令退出PT。

pt_shell> exit

16.3　时　　钟

16.3.1　时钟类型

静态时序分析主要用于对同步电路进行时序分析，而时序是由时钟来规定的。对时钟的深刻理解有助于我们迅速地找到时序上的违例。在静态时序分析时，用到了三种类型的时钟，它们分别是主时钟、生成时钟的虚拟时钟。下面分别对它们作简要介绍。

1. 主时钟(Master clocks)

主时钟一般是在输入(时钟)端口上建立的时钟。在PT中，建立主时钟的命令是create_clock。例如命令：create_clock -period 10-waveform {2 4} [get_ports clk]，表示在输入端口clk上建立了一个周期为10 ns的主(理想)时钟，其波形如图16-6所示。

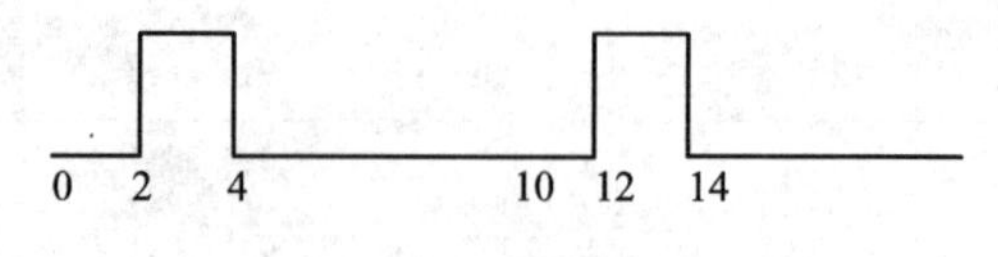

图16-6　主时钟

时钟在传输的过程中，经过组合逻辑电路会产生延时、周期偏差等现象。这些现象可以通过 set_clock_uncertainty(时钟歪斜，skew)、set_propagated_clock(传输时钟)、set_clock_transition(时钟转变)和set_clock_latency(时钟延时)等描述。16.3.2节介绍这几种命令的使用。

2. 生成时钟(Generated clocks)

生成时钟是电路内部产生的时钟，而不是在输入端口建立的。生成时钟一般是对主时钟的波形进行改动后派生出的(并不包括简单的反相)。由于 PrimeTime 并不对设计进行仿真，因此它并不能够自动地获得内部生成时钟的信息。这就需要用户指定生成时钟，同时施加约束。生成时钟的产生命令为 create_generated_clock，例如命令：create_generated_clock -name DIVIDE -source [get_ports SYSCLK] -divide_by 2 [get_pins FF1/Q]，表示在元件 FF1 的 Q 端口上建立了一个生成时钟，如图 16-7 所示。

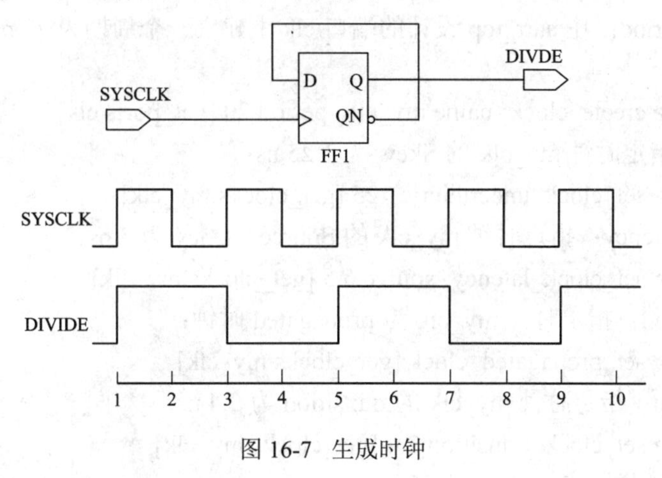

图 16-7　生成时钟

3. 虚拟时钟(Virtual clocks)

虚拟时钟用于与(芯片)外部时钟器件的连接。虚拟时钟在当前设计中并没有实际的源，但是你可以使用它进行输入或输出延时设置。以下命令：create_clock -period 8 -name vclk -waveform {2 5}，建立一个名字为 vclk 的虚拟时钟(见图 16-8)。注意，与建立主时钟比较，建立虚拟时钟并没有对应一个设计的输入端口参数。本教程没有涉及虚拟时钟。

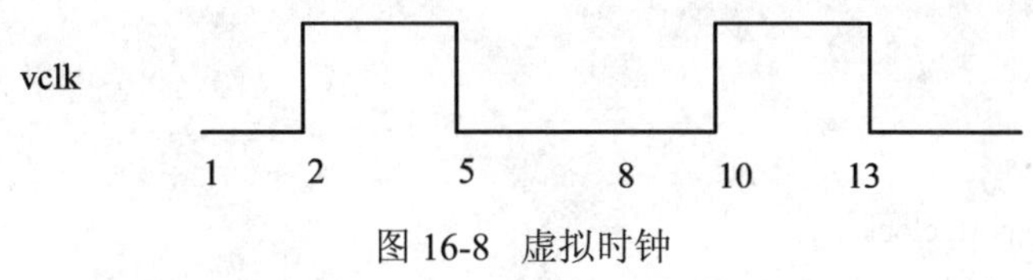

图 16-8　虚拟时钟

16.3.2　创建时钟与时钟约束

1. 恢复设计

(1) 进入 PT 的运行目录。

```
~]$ cd ~/uart_lab/pt_lab/rundir
```

(2) 启动 PT。

```
~]$ primetime
```

(3) 还原位于 session 目录下存储的运行结果 uart_top_session_lab。输入如下命令载入结果：

```
pt_shell> restore_session ../session/uart_top_session_lab
```

2. 创建时钟与时钟约束

要做静态时序分析，首先要有时序约束。时序约束主要包括对时钟的约束(Clock constraint)和对端口时序路径(Interface timing paths)的约束以及不约束的指定路径。本节首先介绍对时钟的创建与约束。

对时钟的约束主要包括 4 个方面，它们分别是：时钟周期(Clock period)、源延时(Source latency)、网络延时(Network latency)和时钟偏差(Skew)等。比较常见的对这 4 方面的约束命令如下(更详细的约束命令请使用 help 命令查看)：

(1) Clock period：在 uart_top 设计的端口 clk 上建立一个周期为 20 ns 的时钟，名字叫 my_clk：

```
pt_shell> create_clock -name my_clk -period 20 [get_ports clk]
```

(2) Skew：指定时钟 my_clk 的 Skew 为 1.25 ns：

```
pt_shell> set_clock_uncertainty 1.25 [get_clocks my_clk]
```

(3) Source latency：指定时钟 my_clk 的 Source latency 为 3 ns：

```
pt_shell> set_clock_latency -source 5.5 [get_clocks my_clk]
```

(4) Propagated：指定时钟 my_clk 为 propagated 时钟：

```
pt_shell> set_propagated_clock [get_clocks my_clk]
```

(5) Transition：指定时钟 my_clk 的 transition 为 2.4 ns：

```
pt_shell> set_clock_transition 2.4 [get_clocks my_clk]
```

(6) 建立生成时钟：

```
pt_shell> create_generated_clock-name my_clk_div2 –divide_by 2 \
          -source [get_ports clk] [get_pins baud_gen_unit/clk]
```

应用时钟约束命令，在顶层设计 uart_top 的子模块 baud_gen_unit 的引脚 clk 上建立了一个生成时钟 my_clk_div2，生成时钟 my_clk_div2 的时钟频率为设计 uart_top 的端口 clk 的时钟频率的 1/2。

3. 时钟报告

(1) 输入命令：

```
pt_shell> report_clock
```

显示时钟报告结果如图 16-9 所示。

```
Attributes:
    p - Propagated clock
    G - Generated  clock
    I - Inactive   clock

Clock          Period   Waveform            Attrs     Sources
----------------------------------------------------------------------
my_clock        20.00   {0 10}                        {clk}



Generated     Master         Generated         Master          Waveform
Clock         Source         Source            Clock           Modification
----------------------------------------------------------------------
_my_clk_div2  clk            baud_gen_unit/clk
                                                *               div(2)
```

图 16-9　时钟报告

报告中包含时钟的信息有：时钟是否为传输时钟(Propagated)；时钟是否为生成时钟(Generated)；时钟是否为不活跃时钟(Inactive)；时钟周期；各个时钟的源信息；波形修改。注意对波形的修改中 div(n)的含义是对它的主时钟的频率除以 n。从结果中看到了我们定义的这些时钟都是理想时钟，而不是传输时钟。

输入如下命令，PT 会计算生成时钟和主时钟的 source latency(延时)报告，如图 16-10 所示。

pt_shell> report_clock –skew

(2) 将运行结果保存，输入如下命令：

pt_shell> save_session –replace ../session/uart_top_session_lab

(3) 退出 PT，输入命令：

pt_shell> exit

Object	Min Rise Delay	Min Fall Delay	Max Rise Delay	Max Fall Delay	Hold Uncertainty	Setup Uncertainty	Related Clock
my_clk	-	-	-	-	6.25	6.25	--

	Min Condition Source Latency				Max Condition Source Latency				
Object	Early_r	Early_f	Late_r	Late_f	Early_r	Early_f	Late_r	Late_f	Rel_clk
my_clk	3.00	3.00	3.00	3.00	3.00	3.00	3.00	3.00	--

Object	Min Rise Transition	Min Fall Transition	Max Rise Transition	Max Fall Transition
my_clk	2.40	2.40	2.40	2.40

图 16-10　source latency 报告

16.4　时序约束与时序报告

16.4.1　Timing Arcs

STA 所需要的 Timing Model 都是放在标准单元库(Cell Library)中的，这些必要的时序信息都是以 Timing Arcs 的方式呈现在标准元件库中。Timing Arc 定义逻辑门任意两个端点之间的时序信息，其类型有：(1) Combinational Timing Arc;；(2) Setup Timing Arc；(3) Hold Timing Arc；(4) Edge Timing Arc；(5) Preset and Clear Timing Arc；(6) Recovery Timing Arc；(7) Removal Timing Arc；(8) Three State Enable & Disable Timing Arc；(9) Width Timing Arc。其中第(1)、(4)、(5)、(8)项定义时序延时，其他各项定义了时序检查。

(1) Combinational Timing Arc 是最基本的 Timing Arc。Timing Arc 如果不特别说明的话，就是属于此类。如图 16-11 所示，它定义了从特定输入到特定输出(A 到 Z)的延时时间。Combinational Timing Arc 的 Sense 有 3 种，分别是 Inverting(或 negative unate)、non-inverting(或 postive unate)以及 non-unate。当 Timing Arc 相关之特定输出(图 16-11 中的

Z)信号变化方向和特定输入(图 16-11(a))信号变化方向相反(如输入由 0 变 1，输出由 1 变 0)，则此 Timing Arc 为 inverting sense。反之，输出输入信号变化方向一致的话，则此 Timing Arc 为 non-inverting sense。当特定输出无法由特定输入单独决定时，此 Timing Arc 为 non-unate。

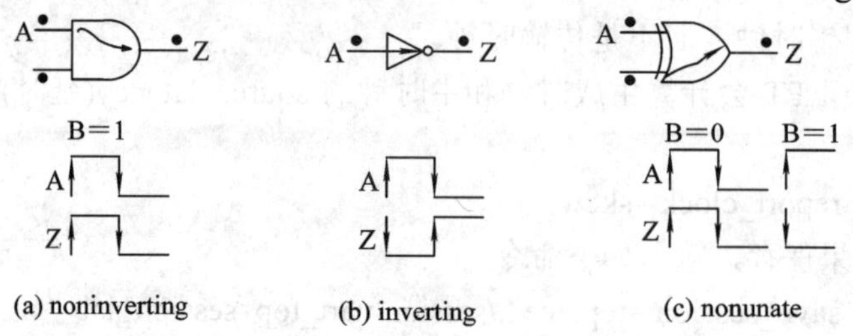

图 16-11　组合时序弧(Combinational Timing Arc)

(2) Setup Timing Arc 定义时序单元(sequential，如 filp-flop、latch 等)所需的建立时间，依据 clock 上升或下降分为 2 类，如图 16-12 所示。

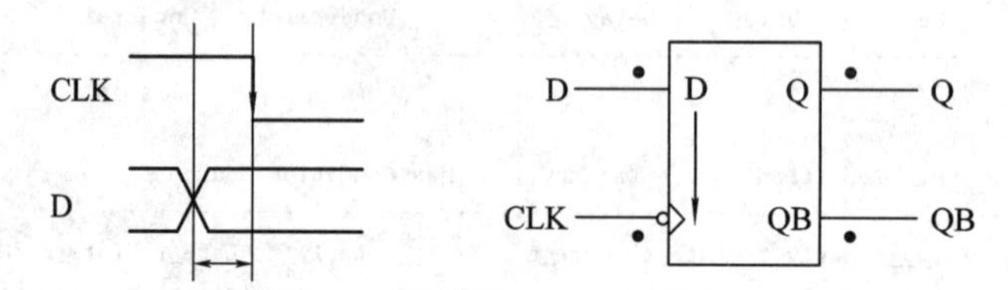

图 16-12　建立时间时序弧(Setup Timing Arc)

(3) Hold Timing Arc 定义时序单元所需的保持时间，依据 clock 上升或下降分为 2 类，如图 16-13 所示。

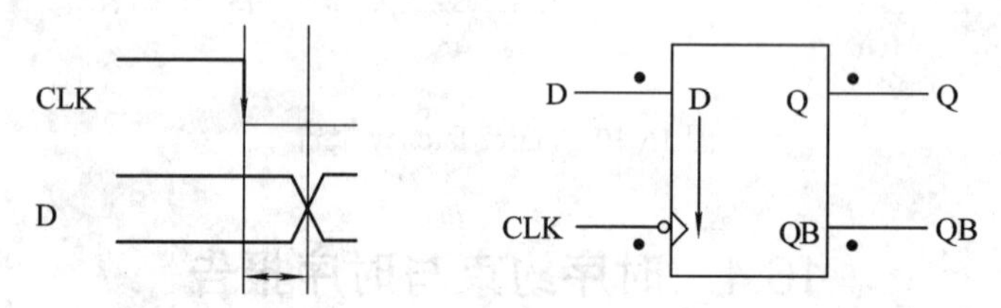

图 16-13　保持时间时序弧(Hold Timing Arc)

(4) Edge Timing Arc 定义时序单元时钟有效沿到数据输出的延迟时间，依据 clock 上升沿或下降沿分为 2 类，如图 16-14 所示。

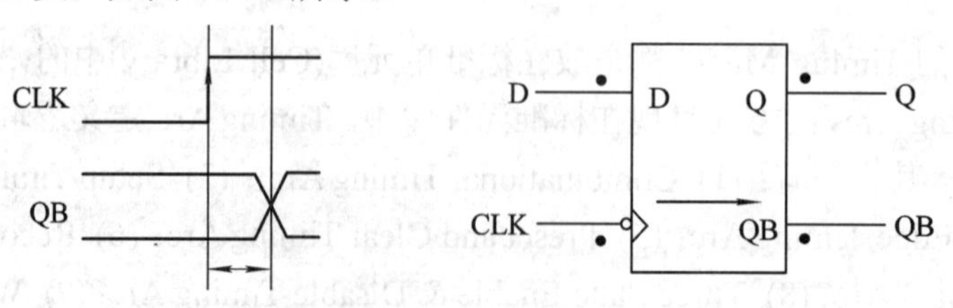

图 16-14　边缘时序弧(Edge Timing Arc)

(5) Preset and Clear Timing Arc 定义时序单元清除信号(Preset 或 Clear)发生后，数据被清除的速度。依据清除信号上升沿或下降沿以及是 Preset 或 Clear 分为 4 类，如图 16-15 所示。这个 Timing Arc 通常会被取消掉，因为它会造成信号路径产生回路，这对 STA 而言是不允许的。

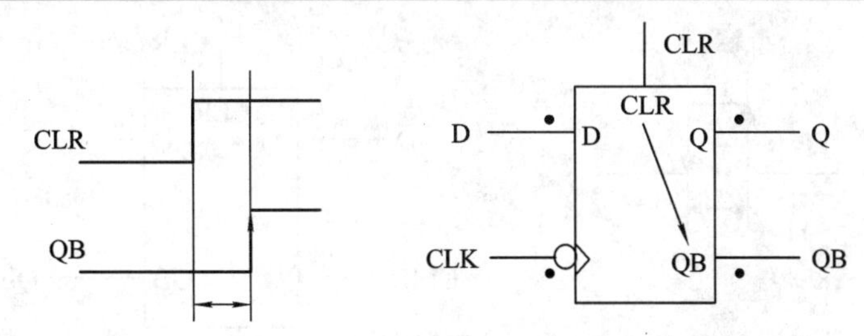

图 16-15　预置与清除时序弧(Preset and Clear Timing Arc)

(6) Recovery Timing Arc 定义时序单元时钟有效沿之前，清除信号不允许启动的时间，依据 clock 上升沿或下降沿分为 2 类，如图 16-16 所示。

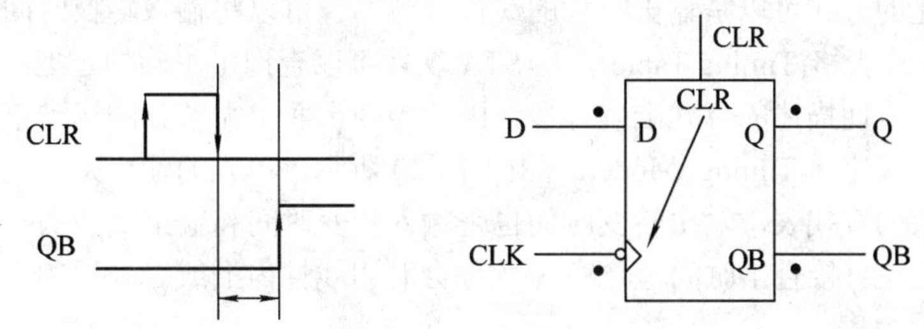

图 16-16　恢复时序弧(Recovery Timing Arc)

(7) Removal Timing Arc 定义时序单元时钟有效沿之后，清除信号不允许启动的时间，依据 clock 上升沿或下降沿分为 2 类，如图 16-17 所示。

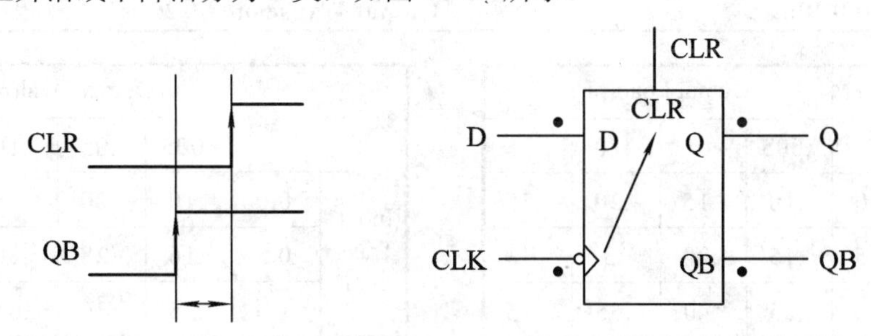

图 16-17　清除时序弧(Removal Timing Arc)

(8) Three State Enable & Disable Timing Arc 定义三态(Tri-state)电路单元使能信号(enable)到输出的延迟时间，依据 enable 或 disable 分为 2 类，如图 16-18 所示。

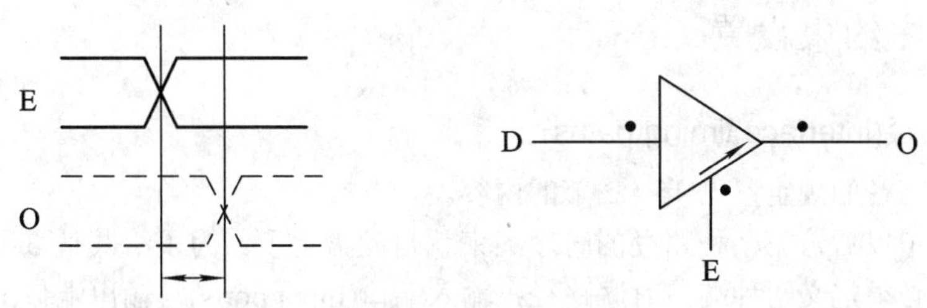

图 16-18　三态使能与禁止时序弧(Three State Enable & Disable Timing Arc)

(9) Width Timing Arc 定义信号需维持稳定的最短时间，依据信号维持在 0 或 1 状态分为 2 类，如图 16-19 所示。

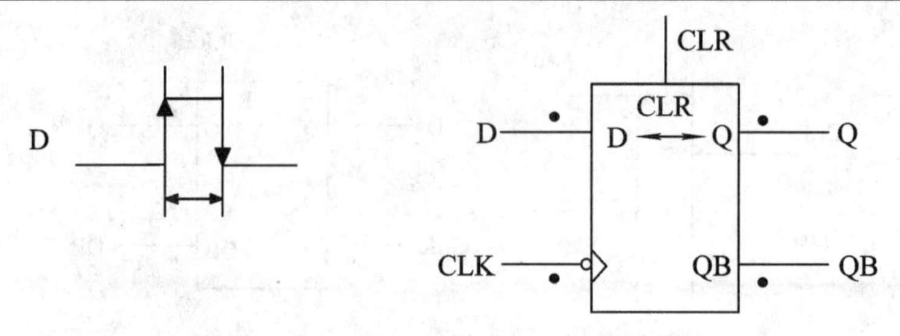

图 16-19　脉宽时序弧(Width Timing Arc)

逻辑门的延时时间，可以描述成以输入的转换时间(Transition Time)和输出的负载为变量的函数。描述的方式可以是输出负载的线性函数，也可以将输入转换时间和输出负载当成变量，建立时序表格(Timing Table)，让 STA 软件可以查询出正确的延迟时间。这种以表格描述的方式比线性描述的方式准确许多，因此现今市面上大部分的标准单元库都采用产生时序表格的方式建立 Timing Model。如图 16-20 所示，单元的输出延时是输入转换时间和输出负载函数的查找表，输出转变时间也是输入转变时间和输出负载的表。由于表的容量有限，如果无法直接查出时间值，STA 软件会利用线性内插或者外插的方式计算出延时时间。

Example:	
Output load = 0.06 fF	Input transition = 0.4 ns
Cell Delay = 0.20 ns	Output Transition = 0.26 ns

		Output Load(pF)			
		.005	.05	.10	.15
Inout Trans (ns)	0.0	.10	.15	.20	.25
	0.5	.15	.20	.3	.38
	1.0	.25	.40	.55	.75

Cell Delay(ns)

		Output Load(pF)			
		.005	.05	.10	.15
Inout Trans (ns)	0.0	.10	.20	.36	.62
	0.5	.16	.28	.50	.78
	1.0	.25	.40	.64	1.00

Output Transition(ns)

图 16-20　标准单元电路的输出延时和输出转变时间模型

16.4.2　时序约束设置

1. 时序路径(Interface timing paths)

关于时序路径的规定参见 15.4.2 节的内容。

当时钟确定以后，第一种路径的时序约束就自动给定了。为了给其他 3 种路径施加时序约束，我们必须定义两种端口时序路径：输入端口(Input ports)与输出端口(Output ports)。输入端口延时信息如图 16-21 所示，其中的 input external delay 即输入端口延时(输入相接的 External Logic 部分)。为输入端口指定延时(为计算建立时间使用的)的命令为 set_input_delay。

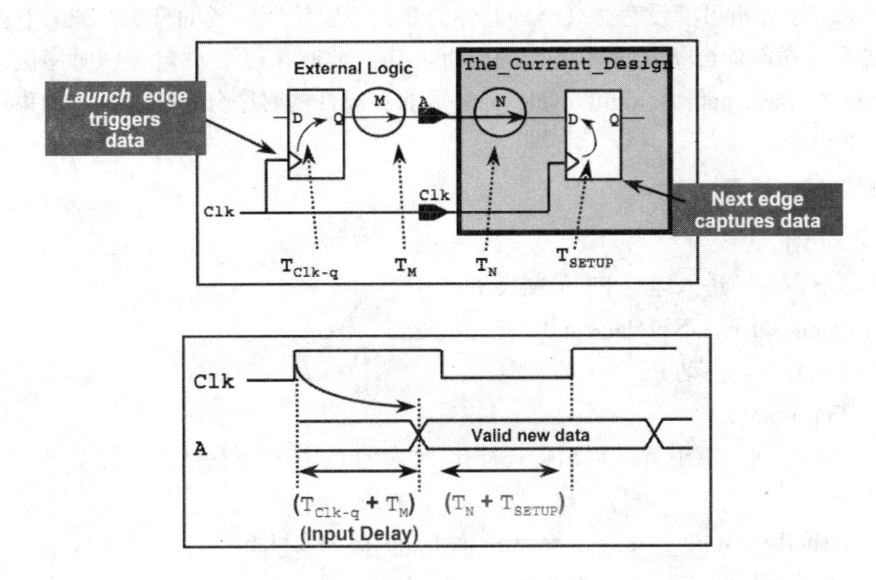

Meet: $T_{clk\text{-}q} + T_M + T_N + T_{SETUP} < \text{Clock Period}$

图 16-21 输入端口延时

输出端口延时信息如图 16-22 所示，其中的 output external delay 即为输出端口延时(输出相接的 External Logic 部分)。设置输出端口延时的命令 set_output_delay [-max -min]。其中选项-max 指定最大输出端口延时，用于建立时间检查；选项-min 指定最小输出端口延时，用于保持时间检查。

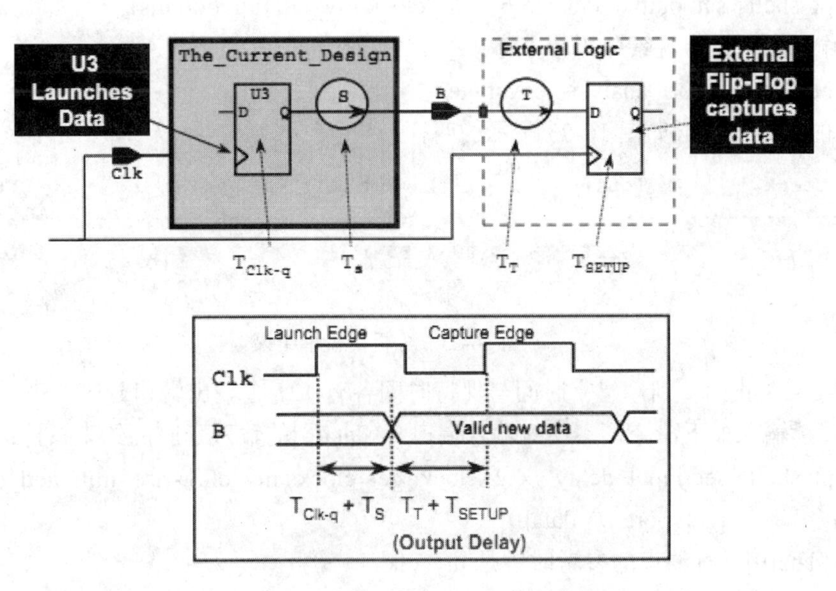

Meet: $T_{clk\text{-}q} + T_S + T_T + T_{SETUP} < \text{Clock Period}$

图 16-22 输出端口延时

2. 非约束路径(Timing Exception)

由于每个路径都有时序约束，所以所有的时序分析都能够进行。但是在有些情况下，有些路径的时序分析可能没有意义，因此你会想到忽略这些路径的分析；或者有些路径的分析方式不一样，你会指定这些路径的分析方式。此时，就要设定一些时序例外(timing exception)，如 false path 和 multi_cycle path 等非一般性的时序分析。关于非约束路径，我们不做详细讨论。

3. 时序约束设置

(1) 启动 PT。

输入如下命令，进入运行 PT 的文件夹：

```
~]$ cd ~/uart_lab/pt_lab/rundir
```

输入以下命令，启动 PT：

```
~]$ primetime
```

(2) 出现 PT 的 GUI 界面以后，还原位于 session 目录下存储的运行结果。输入如下命令：

```
pt_shell> restore_session ../session/uart_top_session_lab
```

(3) 输入以下时序约束命令：

```
pt_shell> set_input_delay 4.0 -max -clock my_clk \
          [remove_from_collection [all_inputs] [get_ports clk]]
pt_shell> set_input_delay 4.0 -min -clock my_clk \
          [remove_from_collection [all_inputs] [get_ports clk]]
pt_shell> set_output_delay 3.2 -max -clock my_clk [all_outputs]
pt_shell> set_output_delay 3.6 -min -clock my_clk [all_outputs]
```

(4) 输入如下命令观察分析覆盖率：

```
pt_shell> report_analysis_coverage
```

得到的结果中包含如图 16-23 所示的两行：

```
Type of Check        Total            Met         Violated         Untested
----------------------------------------------------------------------------
setup                  121       69 ( 57%)        52 ( 43%)         0 (  0%)
hold                   121        8 (  7%)       113 ( 93%)         0 (  0%)
```

图 16-23　分析覆盖率结果

从图 16-23 我们看到，建立时间与保持时间各有 121 个输出端口延时约束。

(5) 继续输入如下命令，实现对输入端口 w_data[0]的输入延时的约束条件：

```
pt_shell> set_input_delay   4.2 -clock [get_clocks my_clk] -rise -min -add_delay \
          [get_ports w_data[0]]
```

对 w_data[0]进行约束的参考时钟是 my_clk。

(6) 下面我们生成一份从 w_data[0]作为起点的关于建立时间检查的报告，输入如下命令：

```
pt_shell> report_timing -from w_data[0]
```

得到的结果如图 16-24 所示。

```
Startpoint: w_data[0] (input port clocked by my_clk)
Endpoint: fifo_tx_unit/array_reg_regx3xx7x
          (rising edge-triggered flip-flop clocked by my_clk)
Path Group: my_clk
Path Type: max

Point                                               Incr       Path
-----------------------------------------------------------------------
clock my_clk (rise edge)                            0.00       0.00
clock network delay (ideal)                         8.50       8.50
input external delay                                4.20      12.70 f
w_data[0] (in)                                      0.05      12.75 f
fifo_tx_unit/w_data[7] (fifo_B8_W2_1)               0.00      12.75 f
fifo_tx_unit/U77/Y (INVX1)                          0.49      13.23 r
fifo_tx_unit/U31/Y (OAI22X1)                        0.19      13.42 f
fifo_tx_unit/array_reg_regx3xx7x/D (DFFRHQXL)       0.00      13.42 f
data arrival time                                             13.42

clock my_clk (rise edge)                           20.00      20.00
clock network delay (ideal)                         6.50      26.50
clock uncertainty                                  -1.25      25.25
fifo_tx_unit/array_reg_regx3xx7x/CK (DFFRHQXL)                25.25 r
library setup time                                 -0.47      24.78
data required time                                            24.78
-----------------------------------------------------------------------
data required time                                            24.78
data arrival time                                            -13.42
-----------------------------------------------------------------------
slack (MET)                                                   11.36
```

图 16-24　关于建立时间检查的报告

Startpoint 指报告路径的起点，Endpoint 代表报告路径的终点。起点与终点后面的括号内容都会标明这个起点或者终点是由哪个时钟约束的。紧接着的 Path Group 表示指定的生成路径属于哪个时钟组。后面的 Path Type 如果是 max，表示这条指定路径是关于建立时间检查的；如果是 min，表示这条指定路径是关于保持时间检查的。再下来给出的是这条路径上的各个电路单元，报告分为 3 列：第一列 Point 列出了各个单元的输出端口信息；第二列 Incr 列出了信号经历这个单元以后增加的延时(其中后面带有*号的延时信息是由 sdf 文件反标注上的，本例中没有)；第三列 Path 代表信号到达指定的这一节点后总的延时。注意，总的延时信息后面标注的 r(上升沿转变)与 f(下降沿转变)，表示信号经历该路径时的转变。

我们从报告中 Startpoint: w_data[0]　(input port clocked by my_clk)这一行可以看出，这一份报告正是我们所要求的以 w_data[0]作为起点的路径。从 path type: max 这一行我们看到这份报告生成的是关于建立时间检查的报告。

从报告中我们可以找到所有的用户指定的约束条件。首先我们可以看到 my_clk 的周期是 20 ns，通过 clock network delay(ideal)可以看出我们指定了时钟的类型为传理想时钟。端口 w_data[0]指定的输入延时(input external delay)为 4.2 ns。我们可以看到这条路径的输出端口是 fifo_tx_unit/array_reg_regx3xx7x/D，它是一个由 my_clk 的上升沿触发的触发器。最后我们看到这一条指定路径的 slack 为 11.36，呈现正值，表示该路径的建立时间检查满足时序要求。

(7) 下面我们生成一份从 w_data[0]作为起点的关于保持时间的报告，输入如下指令：

```
pt_shell> report_timing –delay_type min -from w_data[0]
```

通过运行的结果观察保持时间的时序是否满足要求？

(8) 输入如下命令，实现对输出端口 r_data[0]的输出延时的约束条件：

```
pt_shell> set_output_delay   4.8 -clock [get_clocks my_clk] -rise -min -add_delay \
            [get_ports r_data[0]]
```

(9) 接着我们生成一份关于输出端口的时序约束报告，指定的输出口为 r_data[0]。首先输入如下命令观察 r_data[0]端口的输出延时约束：

```
pt_shell> report_port –output_delay r_data[0]
```

得到的结果如图 16-25 所示。

```
                    Output Delay
                  Min              Max         Related Related
 Output Port    Rise    Fall    Rise     Fall   Clock    Pin
-------------------------------------------------------------
r_data[0]       1.20    1.20    1.80     1.80   my_clk    --
```

图 16-25　输出端口的时序约束报告

我们可以看到，输出延时约束最小与最大值分别为 1.20 与 1.80，输出端口 r_data[0]也是由 my_clk 时钟参考约束的。

(10) 下面我们生成一份关于输出端口 r_data[0]的关于保持时间的报告，输入以下命令：

```
pt_shell> report_timing –delay_type min -to r_data[0]
```

运行的结果如图 16-26 所示。

```
Startpoint: fifo_rx_unit/array_reg_regx2xx7x
            (rising edge-triggered flip-flop clocked by my_clk)
Endpoint: r_data[0] (output port clocked by my_clk)
Path Group: my_clk
Path Type: min

Point                                                    Incr       Path
-----------------------------------------------------------------------------
clock my_clk (rise edge)                                 0.00       0.00
clock network delay (ideal)                              6.50       6.50
fifo_rx_unit/array_reg_regx2xx7x/CK (DFFRHQXL)           0.00       6.50 r
fifo_rx_unit/array_reg_regx2xx7x/Q (DFFRHQXL)            0.34       6.84 f
fifo_rx_unit/U50/Y (INVX1)                               0.29       7.13 r
fifo_rx_unit/U16/Y (OAI221X1)                            0.76       7.89 f
fifo_rx_unit/r_data[7] (fifo_B8_W2_0)                    0.00       7.89 f
r_data[0] (out)                                          0.00       7.89 f
data arrival time                                                   7.89

clock my_clk (rise edge)                                 0.00       0.00
clock network delay (ideal)                              8.50       8.50
clock uncertainty                                        1.25       9.75
output external delay                                   -3.20       6.55
data required time                                                  6.55
-----------------------------------------------------------------------------
data required time                                                  6.55
data arrival time                                                  -7.89
-----------------------------------------------------------------------------
slack (MET)                                                         1.34
```

图 16-26　保持时间报告

通过报告结果我们可以看到，这一条指定路径的起点是由 my_clk 时钟的上升沿触发的一个内部寄存器 fifo_rx_unit/array_reg_regx2xx7x。我们看到这条路径所在的 Path Group 为 my_clk，这正是我们所预料到的，因为 my_clk 是作为外部的俘获时钟的。通过发射沿与俘获沿都是 0.00，这样设定正是为计算保持时间的。最后我们看到这条路径的 slack 为 1.34，为正值，满足时序要求。

(11) 输入如下命令退出 PrimeTime。

pt_shell> exit

提示：在实验中，我们可以输入以下命令来生成关于库中某个元件的 timing arcs 信息：

pt_shell> report_lib –timing_arcs typical DFFRHQXL

得到的 typical.db 库中元件 DFFRHQXL 的各种 ARC 参数信息如图 16-27 所示。

```
                                Arc                         Arc Pins
Lib Cell    Attributes      #  Type/Sense          From          To              When
---------------------------------------------------------------------------------------
DFFRHQXL        s           0  setup_clk_rise      CK            D
                            1  hold_clk_rise       CK            D
                            2  clock_pulse_width_high
                                                   CK            CK
                            3  clock_pulse_width_low
                                                   CK            CK
                            4  hold_rise_clk_rise
                                                   CK            RN
                            5  setup_rise_clk_rise
                                                   CK            RN
                            6  rising_edge         CK            Q
                            7  clock_pulse_width_low
                                                   RN            RN
                            8  clear_low           RN            Q
```

图 16-27　各种 ARC 参数信息

16.4.3　输出与读入 SDF 文件

1. 输出 SDF 文件

应用以下命令，输出设计的 SDF 文件 uart_top_sta.sdf，并存储在目录 mapped/sdf 下，用于在时序仿真时的时延反标注。

pt_shell> write_sdf -version 2.1 ../mapped/sdf/uart_top_sta.sdf

2. 读入 SDF 文件

在启动 PT 后，就可读入先前已生成的延时信息 SDF 文件，用于时序分析。读入 SDF 用以下命令：

pt_shell> read_sdf –analysis_type on_chip_variation ../mapped/sdf/uart_top_sta.sdf

该命令读了名为 uart_top_sta.sdf 的 sdf 格式的延时信息，并且指定了分析类型为 on_chip_variation。

第 17 章　版图综合——SOC Encounter

版图综合，又称物理综合，是将逻辑综合的门级网表“翻译”为物理版图的过程。其中最主要的步骤有自动布局和自动布线，此外，还包括宏模块(包括 ROM、RAM 等)、IP 核等的插入，时钟树综合及优化等。版图综合属数字 IC 的后端设计，要求设计者具有一定的 IC 工艺知识。虽然版图综合时的设计主要是由计算机自动完成，但仍需较多的人工参与，才能保证设计的质量。

进行版图综合的 EDA 软件主要有 Synopsys 的 Astro(较早版本)、ICC(IC Compiler)、Cadence 的 SE(Silicon Ensemble)(较早版本)和 SOC Encounter 等。本章简称 SOC Encounter 为 SOCE，它的使用比较直观。下面通过实验，学习 SOCE 的使用，主要是掌握版图综合的基本流程。

17.1　SOCE 工作流程

SOCE 的主要功能是将前端设计所产生的门级网表转化为电路版图。图 17-1 示出了 SOCE 的基本工作流程，本章的实验就按这一基本流程进行。虽然也可以应用脚本文件的方式在 SOCE 中完成版图综合，但通常为了直观，版图综合时主要还是以 GUI 方式为主，本章实验亦如此。

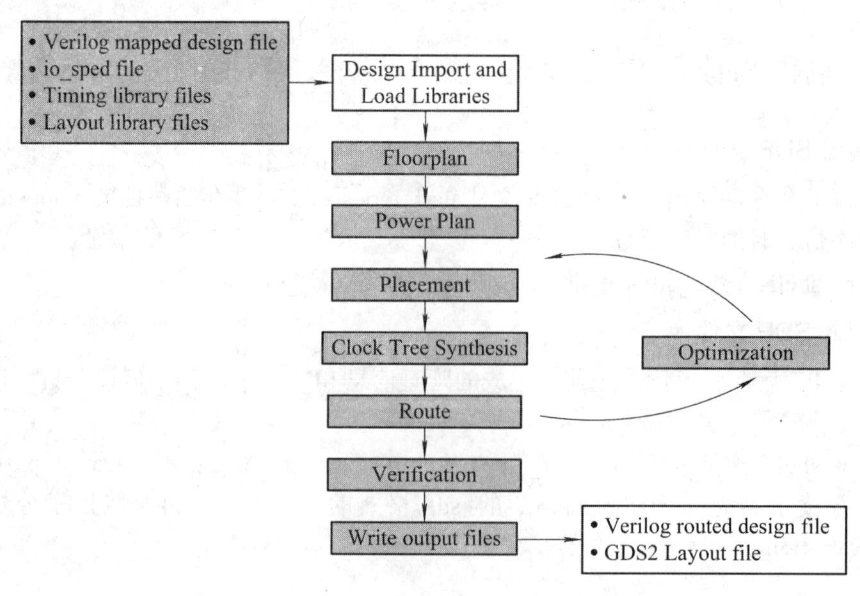

图 17-1　SOCE 的工作流程

下面我们对流程中的主要步骤作简要介绍。

(1) Design Import and Load Libraries：完成版图综合所需的输入文件准备，包括逻辑综合生成的设计的门级网表文件(Verilog mapped design file)、芯片的 I/O 分配与布局配置文件(io_spec file)、标准单元的时序库文件(Timing library files)、单元的版图库文件(Layout library files)和版图综合的时序驱动文件(Timing drive files)SDC 等。对不同输入文件的详细解释参看 17.3 节内容。

(2) Flooplan：完成版图的规划，即版图的物理外形，版图中的宏单元、核心单元、I/O 单元等的布局及不同模块之间的布线间隔等的设置。

(3) Power Plan：完成芯片中电源线的布局与布线等。

(4) Placement：完成版图中标准单元的自动布局。

(5) Clock Tree Synthesis(CTS)：依据规则完成电路中的时钟优化布线。

(6) Route：完成单元间(包括宏单元、I/O、电源等)的自动布线。

(7) Verification：验证版图综合的结果是否达到设计要求及是否违反设计规则等。

(8) Write Output Files：输出版图的 GDSⅡ文件、门级网表文件及其他设计结果与报告等。

图 17-1 中的 Optimization 表示设计优化，具体可以在自动布局之后到完成自动布线之前的不同阶段反复应用，其主要是通过 SOCE 中的 Timing Analysis 来实现的。在设计的不同阶段可以随时验证版图综合的结果是否有违反时序要求的情况，例如路径的建立时间违例、保持时间违例等，以确保综合的结果能达到设计要求。

17.2　启动 SOCE 的图形环境

17.2.1　启动 SOCE

(1) 首先打开一个 Terminal。然后，拷贝 SOCE 实验文档到自己的工作目录 uart_lab/soce_lab：

```
~]$ cp –rf /ic_cad_demo/digitalLab/uart/soce_lab ~/uart_lab
```

(2) 进入工作目录：

```
~]$ cd ~/uart_lab/soce_lab/rundir
```

(3) 启动环境设置：

```
~]$ cds.setup
```

(4) 执行 SOCE 的启动命令：

```
~]$ encounter
```

打开图 17-2 所示 SOCE 主窗口。注意，不要在 encounter 之后加 UNIX/Linux 的后端命令运行符&。

本章 UART 的版图综合实验目录结构如图 17-3 所示。

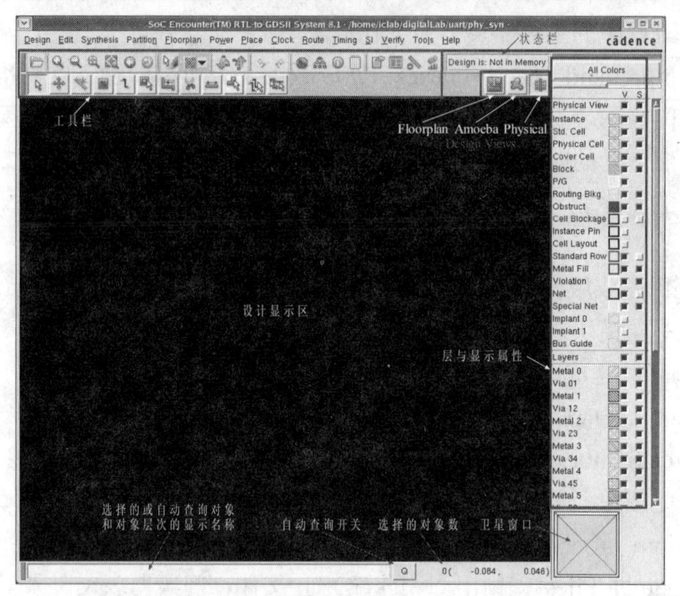

图 17-2　SOC Encounter 主窗口

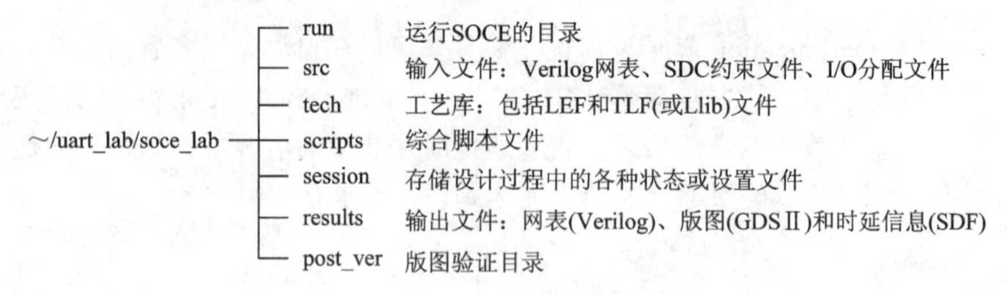

图 17-3　UART 版图综合实验目录结构

17.2.2　SOCE 操作简介

SOCE 的主窗口具有三种不同的设计视图：Floorplan view，Amoeba view 和 Physical view。点击图 17-3 中 Design Views 区的不同按钮可以在三种不同视图间进行切换。Floorplan view 显示层次化的模块(Modlue)和块(Block)，连接飞线和布图规划(Floorplan)对象，包括块布局(Placement)和电源/地线网络放置等。Amoeba view 显示布局后的模块和子模块的轮廓，显示模块的物理位置等。Physical view 显示模块中的块、标准单元、线网和互连等的详细布局。

SOCE 的卫星窗口标识了设计显示区内的当前视图与整个设计的位置关系。黄色框表示芯片区域，粉红色交叉线标识卫星视图。当在设计显示区域显示整个芯片时，卫星交叉线框包含整个芯片区黄色框。当在设计显示区缩放或移动版图时，卫星交叉线框标示当前设计显示区的视图相对整个芯片的位置。

(1) 设计显示区要移动到某一区域，可以在卫星交叉框上点击并拖动。

(2) 设计显示区要显示一个新区域，可以在卫星交叉框上点击并拖动。

(3) 在卫星窗口要调整某一区域的大小，按住 Shift 键后点击并拖动鼠标画出一个交叉框。

(4) 要定义一个芯片显示区域，可以在卫星窗口右键点击并拖画出一个区域。

17.3 设 计 输 入

使用 SoCE 进行布局布线前首先要准备以下几类文件。

(1) 门级网表：逻辑综合产生的门级网表文件，通常要求为 Verilog HDL 格式。

(2) 物理库：关于单元库或宏模块的工艺信息，通常为 LEF(Layout Exchange Format)格式。LEF 文件不仅提供了诸如金属层、过孔层和进行布线时的过孔的生成规则等信息，还提供了为布局和布线所需的关于单元层的必要信息。

(3) 时序库：时序库(TLF)定义标准单元工艺中物理级的不同延时模型及延时计算方法等，通常有最佳(Max，主要为时序布线的 Setup)、典型(Common)与最坏(Min，主要为时序布线的 Hold)等几种类型(与逻辑综合时的库类型对应)。

(4) 时序约束文件(SDC)：描述了输入和输出的时序要求及负载等，是在逻辑综合时所生成的。布局布线工具用来优化时序和生成时钟树。并且，还定义了时钟信号及对时钟信号所要求的时序等。这是一个文本文件，可人工编辑生成。

(5) I/O 分配文件：此文件定义 I/O PAD 单元和管脚的布局规则。文件基于详细规则控制 PAD 间的精确位置、全局间隔、独立间隔及顶角 PAD(Corners)的放置等，或者还可以指定最小限制甚至无设计的规则来允许 Encounter 自动决定 PAD 位置。本章 17.9 节附有 UART 的 I/O 分配文件。

准备好 5 类文件之后，需要把它们读入到软件中。其可能通过主窗口菜单 esign→Design Import，弹出 Design Import 对话框来完成，如图 17-4 所示。

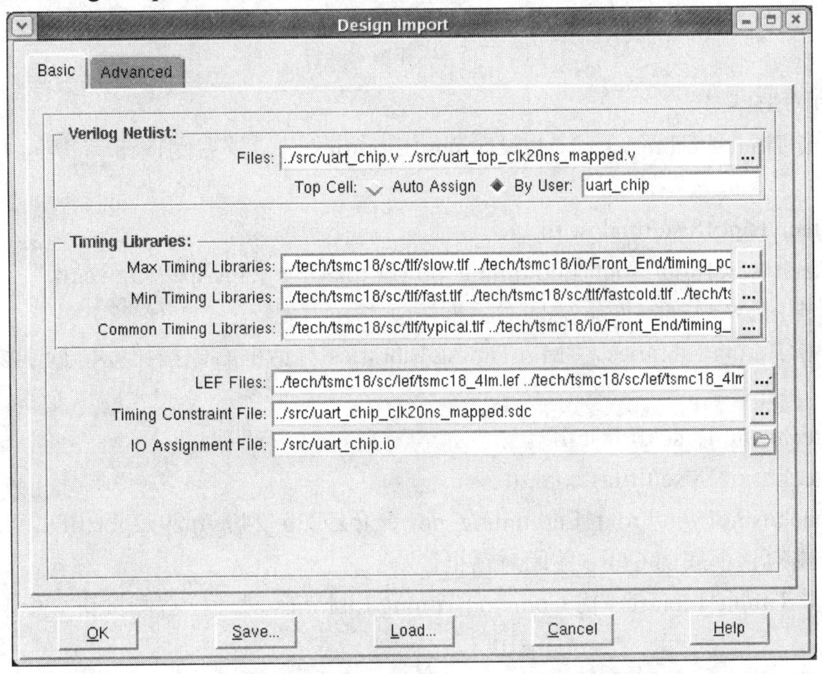

图 17-4 设计输入设置

下面介绍 Design Import 对话框中两个标签页内容进行设置的方法。

1. Basic 标签页设置

1) 网表设置

点击 Verilog Netlist 栏 Files 对话框右侧的按钮 ...，打开 Netlist Files 对话框。然后点击图标，展开成如图 17-5 所示的 Netlist Files 对话框。在 Netlist Selection 的 Directories 栏进入目录~/uart_lab/soce_lab/src/，选择带有 I/O 的 UART 顶层网表文件 uart_chip.v 和逻辑综合时生成的 Verilog 门级网表文件 uart_top_clk20ns_mapped.v。所选文件出现在图中左上角的 Netlist File 对话框后，点击该对话框右侧 Add 按钮，将所选网表文件加入 Netlist Files 列表框中，之后点击 Close。此时网表文件 uart_chip.v 和 uart_top_clk20ns_mapped.v 出现在 Design Import 对话框的 Verilog Netlist 编辑栏中。

点击 Verilog Netlist 栏 By User 选项，然后在其后的对话框中输入设计的顶层模块名 uart_chip。如果设计中只有一个(顶层)模块，也可以点选 Top Cell 选项的 Auto Assign，让软件自动识别顶层设计模块。

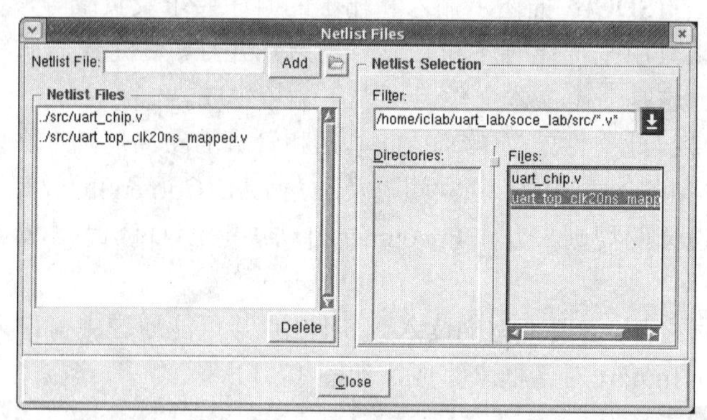

图 17-5 填加网表文件

2) 时序库设置

(1) 点击 Timing Libraries 栏 Max Timing Libraries 对话框右侧按钮 ...，同 1)操作，加入文件：

../tech/tsmc18/sc/tlf/slow.tlf

../tech/tsmc18/io/Front_End/timing_power/tpz973g_240c/tpz973gwc.tlf

之后点击对话框底部 Close 关闭对话框。

(2) 点击 Timing Libraries 栏 Min Timing Libraries 对话框右侧按钮 ...，同 1)操作，加入文件：

../tech/tsmc18/sc/tlf/fast.tlf

../tech/tsmc18/sc/tlf/fastcold.tlf

../tech/tsmc18/io/Front_End/timing_power/tpz973g_240c/tpz973gbc.tlf

之后点击对话框底部 Close 关闭对话框。

(3) 点击 Timing Libraries 栏 Common Timing Libraries 对话框右侧按钮 ...，同 1)操作，加入文件：

../tech/tsmc18/sc/tlf/typical.tlf。

../tech/tsmc18/io/Front_End/timing_power/tpz973g_240c/tpz973gtc.tlf

之后点击对话框底部 Close 关闭对话框。

3) 物理库设置

点击 LEF Files 对话框右侧按钮 ... ，同 1)操作，加入文件：

../tech/tsmc18/sc/lef/tsmc18_4lm.lef

../tech/tsmc18/sc/lef/tsmc18_4lm_antenna.lef

../tech/tsmc18/io/Back_End/lef/tpz973g_240a/4lm/lef/tpz973g_4lm.lef

../tech/tsmc18/io/Back_End/lef/tpz973g_240a/4lm/lef/antenna_4.lef

4) 时序约束文件设置

点击 Timing Constraint File 对话框右侧按钮 ... ，同 1)操作，加入文件：../src/uart_chip_clk20ns_mapped.sdc。

5) I/O 设置

点击 I/O Assignment File 对话框右侧按钮，加入文件../src/uart_chip.io。

2. Advanced 标签页设置

点击 Design Import 对话框的 Advanced 标签页，如图 17-6 所示，然后点选左侧选项栏的 GDS，点击按钮 ... ，加入文件：

../tech/tsmc18/sc/gds2/tsmc18.gds2

../tech/tsmc18/io/Back_End/gds/tpz973g_240a/4lm/tpz973g.gds

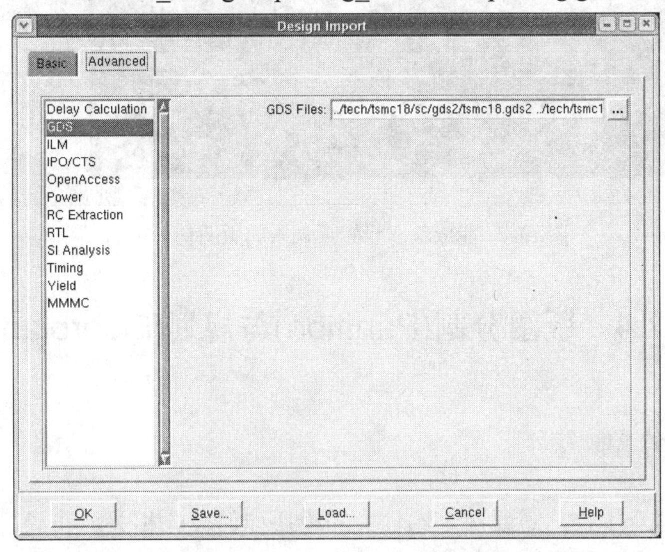

图 17-6　设置全局电源网络

完成以上设置后，点击 Design Import 对话框底部的 OK 键，将出现如图 17-7 所示结果。现在点击 Floorplan 视图，图 17-7 将显示为一个带有 PAD 的空的布图，网表中的所有顶层单元显示为一个粉紫色方块，位于左侧。注意，所有的标准单元位于此方块内部。(如果有宏单元的话，将显示在右侧。)

3. 设计输入设置状态的存储与载入

在 Design Import 窗口中进行了诸多设计之后，可以点击 Design Import 对话框下部的

Save 按钮，将上述输入设置状态存储在 session 目录下的一个文件中，如 uart_chip_import.conf。

在重启设计或进行设置变动时，可以点击 Design Import 下部的 Load 按钮，从 session 目录下将先前存储的设置状态文件 uart_chip_import.conf 调入。这一操作是必要的。在设置改变时，可以减少不必要的操作时间。

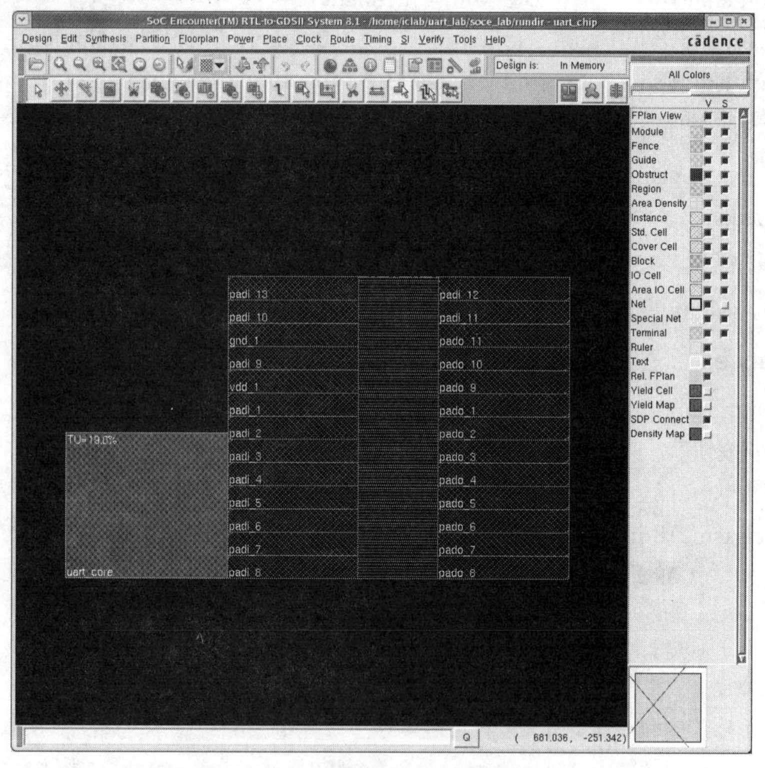

图 17-7　完成输入设置后调入的版图初始视图

17.4　版图分割(Partition)与规划(Floorplan)

17.4.1　版图分割

在版图分割这一步中，需要决定比较大的模块如何彼此相关地布局。当设计只有一个顶层模块时，它将自动假设为覆盖整个标准单元区域，并且默认使整个顶层设计填满标准单元区而不做结构调整。而这种布局会把整个设计散布在芯片的各个区域，降低布置的密度，对于由较多模块构成的大规模系统，则会造成性能的降低。对于一个较大规模的系统，主要模块的布局情况对系统性能有极大的影响。

SOCE 的 Partition 提供了层次化实现设计或分块实现设计的途径。主菜单 Partition 下提供版图分割的功能，可以实现对用户定义模块、IP 核、MEMORY 或其他宏模块在版图上的插入与布局。本章实验仅为小规模布局布线，所以只注重单元密度和与设计相关的其他面积参数，不应用此菜单选项。

17.4.2　版图规划

版图规划定义实际版图的形状或外形、全局和详细的布线栅格、放置核心单元的行和 I/O 单元(如果有要求)及顶角(Corners)单元的位置(如果有要求)等。

点击主菜单 Floorplan→Specify Floorplan，打开图 17-8(a)所示界面。首先设置 Basic 标签页中的基本选项。

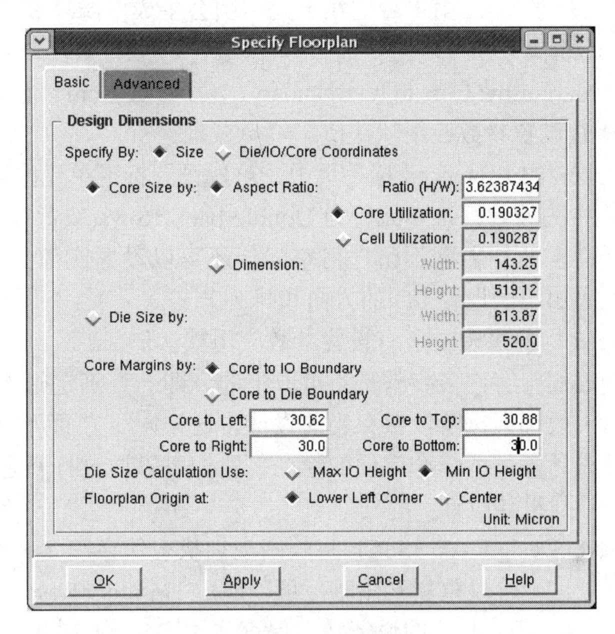

(a) 版图规划 basic 视图

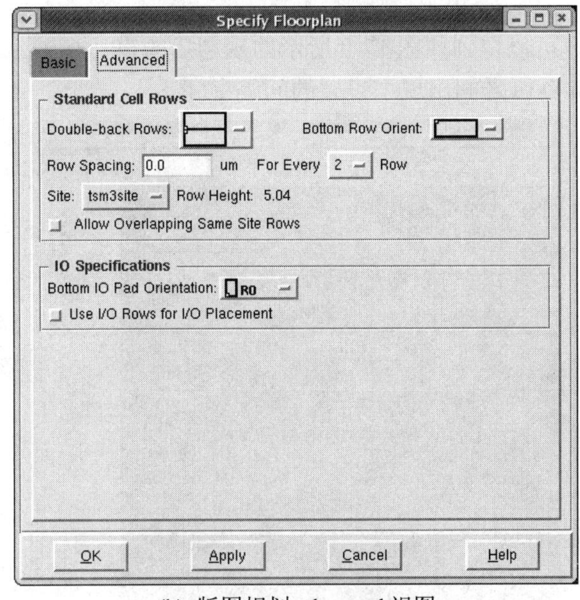

(b) 版图规划 advanced 视图

图 17-8　版图规划

Aspect Ratio(纵横比)：Ratio (H/W)用来确定单元的形状。较小版图一般使用 0.5 纵向规划图，而较大版图一般使用 1.5 纵向规划图。

Core Utilization(核心区占用率)：定义核心区所占版图的总面积的比例。默认值为 0.7 左右，这将为 In place optimization(原位优化)和 Clock tree synthesis(时钟树综合)过程中增加的额外单元留下余地，也可能用于缓冲的插入或单元的替换。在较大的设计中此值应更小一些。

Cell Utilization：指标准单元占版图总面积的比例。

Core Margins(核心区边距)：由于后期在单元周围会生成电源环和接地环，因此需要设定核心区与 I/O 边界的距离。

实验时点选 Core Marginsby: Core to IO Boundary，4 个参数 Core to Left/Right/Top/Bottom 皆设计为 30。其余所有设置参数应用默认值。

在 Specify Floorplan 的 Advanced 标签页中，可以设置标准单元排列的方式和间距等，如图 17-8(b)所示。图中为设置标准单元行为 Double-back Rows(双背行)，并且可以使 Row Spacing(行间距)为零而在两行之间不留任何空间；还可以设置底部的行单元方向(Bottom Row Orient)，对话框底部用于设置 I/O 的方向和排列方式。

实验时，Advanced 标签页中的所有设置参数应用默认值。

由于在版图规划过程中有许多步骤是不可取消的，即一旦确定则无法改回。所以，在完成一些重要步骤后一般都会按阶段保存当前设计。这样，一方面可以即时保存设计；另一方面也为尝试多种设计提供了一个方便的途径。我们可以通过打开之前的阶段文件来尝试不同的设计方法，寻找最佳设计。

选择 Design→Save Design As→SoCE 将版图规划状态保存在../session/uart_chip.enc 文件中。当要从版图规划这一阶段重新开始时，可以通过 Design→Restore Design→SoCE 来恢复之前保存的设计。(注意：此处的设计状态保存与 17.3 节中 3. 所介绍的输入设置状态保存是不同的。)

在版图规划之后，可以得到如图 17-9 所示的规划后的设计视图。注意观察，与图 17-7 相比，这时核心区与 I/O 区之间出现了设置的间隔空间。

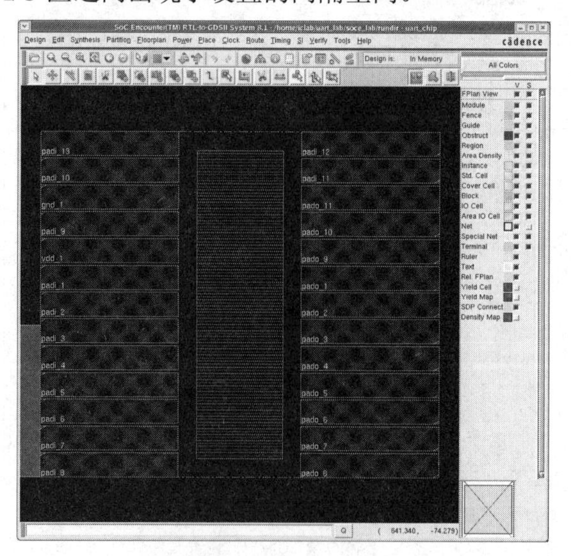

图 17-9　Floorplan 后的视图

17.5　电源网格(Power)

电源网格是在单元行和版图核心区完成电源布线的。

17.5.1　电源环(Rings)

打开主菜单 Power→Power Planning→Add Rings 选项得到如图 17-10 所示对话框。在此对话框中，需要设置如下几项：

Net(s)(网络节点)：在输入设计时就默认为 VSS VDD。

Ring Type(环类型)：一般使用默认值即可。Core ring(s) contouring(核心区周边环线)设置为 Around core boundary(核心区边界周围)。

Ring Configuration(环配置)：这里设定用于环的金属层及环的宽度、间距。我们用水平的 METAL1 作为环的上下部分，用垂直的 METAL2 作为环的左右部分，以符合布线协议。把环每边的 Width(宽度)设定为 10.0，Spacing(间距)设定为 1.8。Offset 可以忽视，或修改为 Center in channel(在通道中央)。

ADD Rings 的 Advanced 和 Via Generation 应用默认值。这些默认值是根据输入的 LEF 工艺文件设定的，一般不用更改。

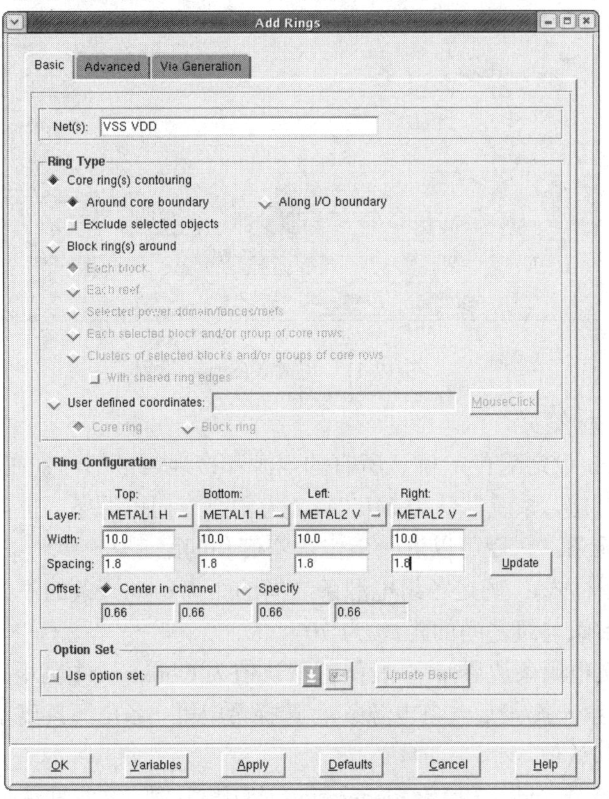

图 17-10　电源环(Rings)设置

17.5.2　电源条(Stripes)

在较大的设计中，除了电源环还会用到 Power Stripes(电源条)。它是额外的垂直方向的电源和接地连线，是电源布线形成一个网络。这里简单介绍一下增加电源条的方法。选择 Power→Power Planning→Add Stripes 得到图 17-11 所示对话框。

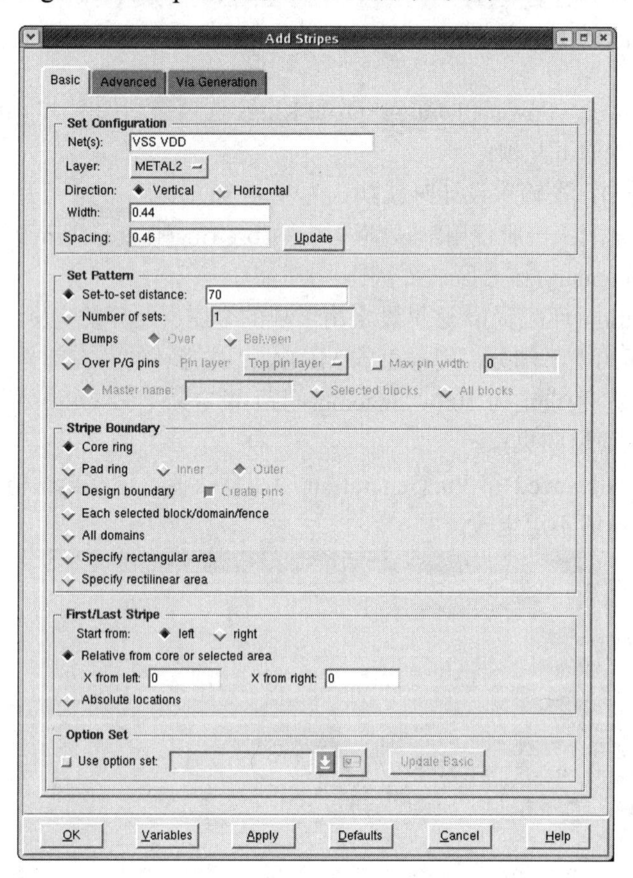

图 17-11　电源条(Strips)设置

首先设置 Basic 标签页。

Set Configuration(设定配置)：确认所有的电源和接地信号都已列在 Net(s)栏中。选择希望用作电源条的工艺层。系统默认为 METAL2 为垂直方向电源条，也可以选择 Horizontal，布局为水平方向电源条。之后可以进一步修改宽度和间距。

Set Pattern(设置样式)：确定各组电源条之间的距离，电源条的不同组数等。实验中设置 Set-to-set distance(组与组之间的距离)为 70。

Stripe Boundary(电源条边界)：一般保留默认值为 Core ring(核心区环)生成电源条。

First/Last Stripe(第一条/最后一条电源条)：选择希望第一条电源条离左边(或右边)的距离。

其余设置应用默认值。

ADD Stripes 的 Advanced 和 Via Generation 应用默认值。这些默认值是根据输入的 LEF 工艺文件设定的，一般不用更改。

放置好电源网格的版图如图 17-12 所示。

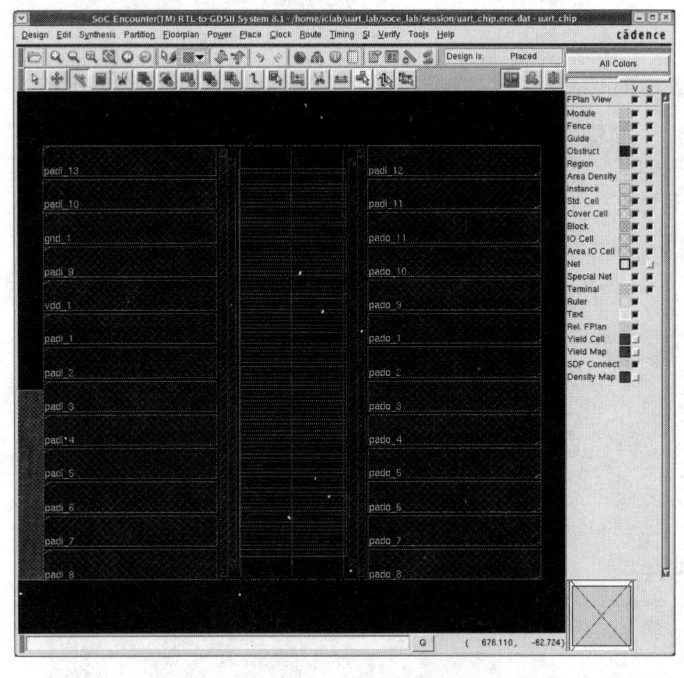

图 17-12　电源网格

在放置好电源条之后，就将其连至各行。点击主菜单 Route→Special Route，打开如图 17-13 所示对话框来布置电源线。需要确认所有的电源都已列在 Net(s)栏中，单级 OK 之后即可看到各行的电源线已连到了电源环/电源条的网格上，如图 17-14 所示。放大任何连接处时，可以看到已经生成了通孔阵列填满在连接区域上。

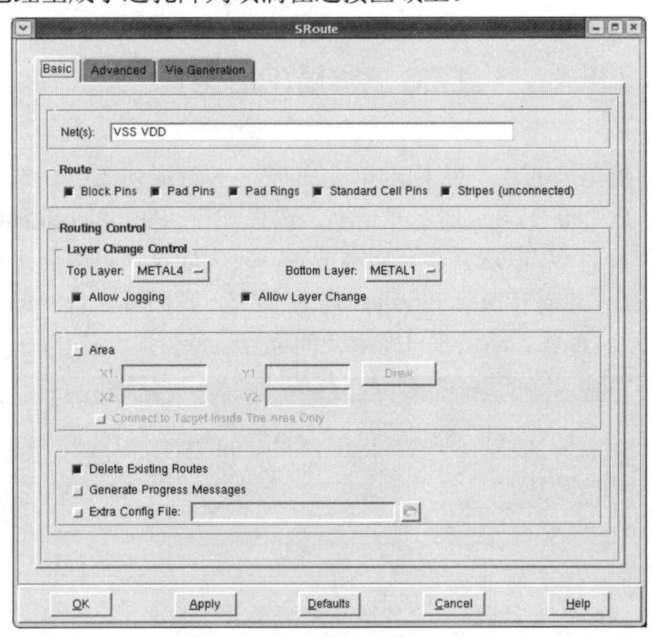

图 17-13　全局电源布线设置

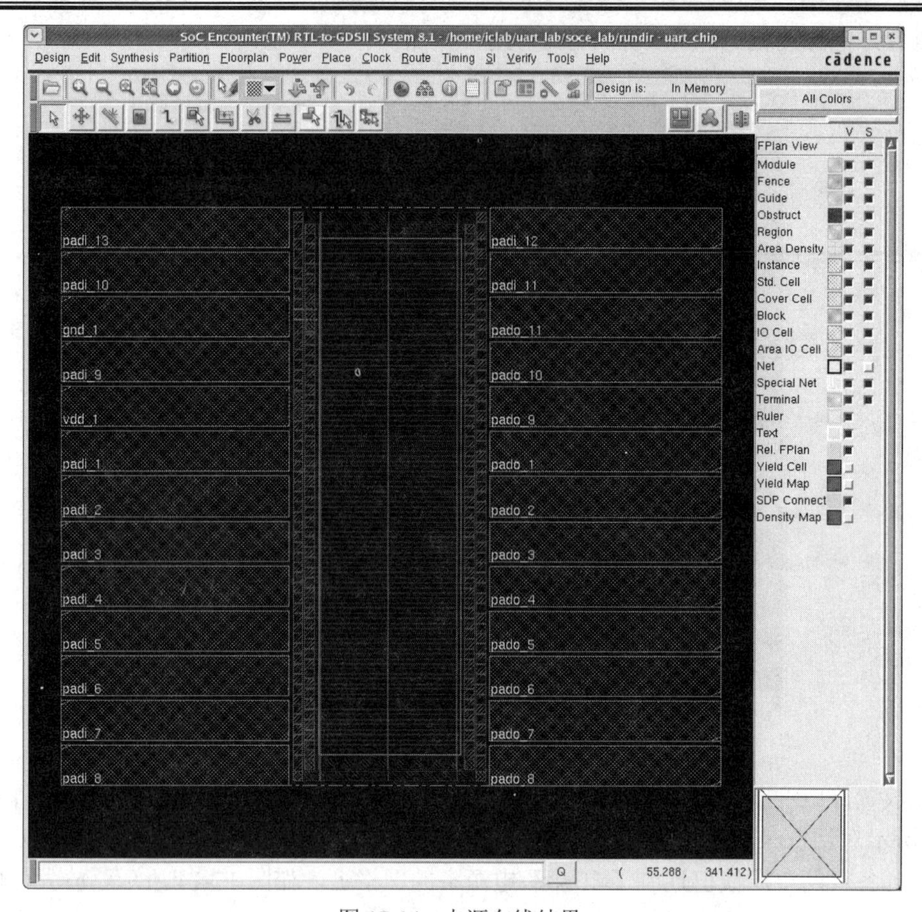

图 17-14　电源布线结果

17.6　布局(Place)

接下来进行标准单元布局，将标准单元布局在平面规划图中。选择主菜单 Place→Standard Cells，打开如图 17-15 所示对话框，选择 Run Full Placement，并勾上 Include Pre-Place Optimization。点击 OK，单元将被放置，较大的设计可能会比较费时间。完成后屏幕看上去并无差别，此时转换到 Physical view 视图，我们可以看到每一个单元都已布置好，如图 17-16 所示。可以手动调整每个单元的位置。

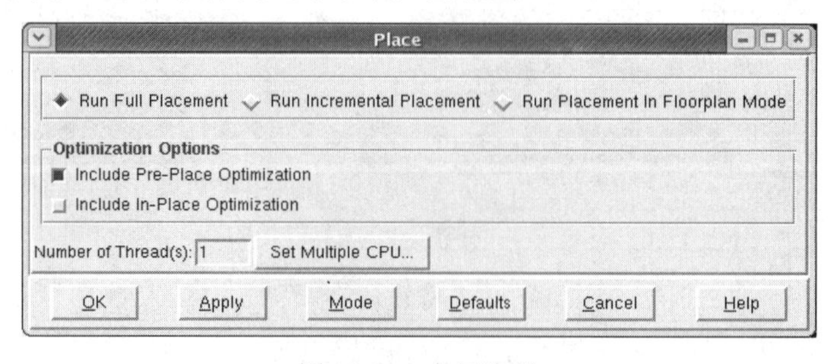

图 17-15　布局选项

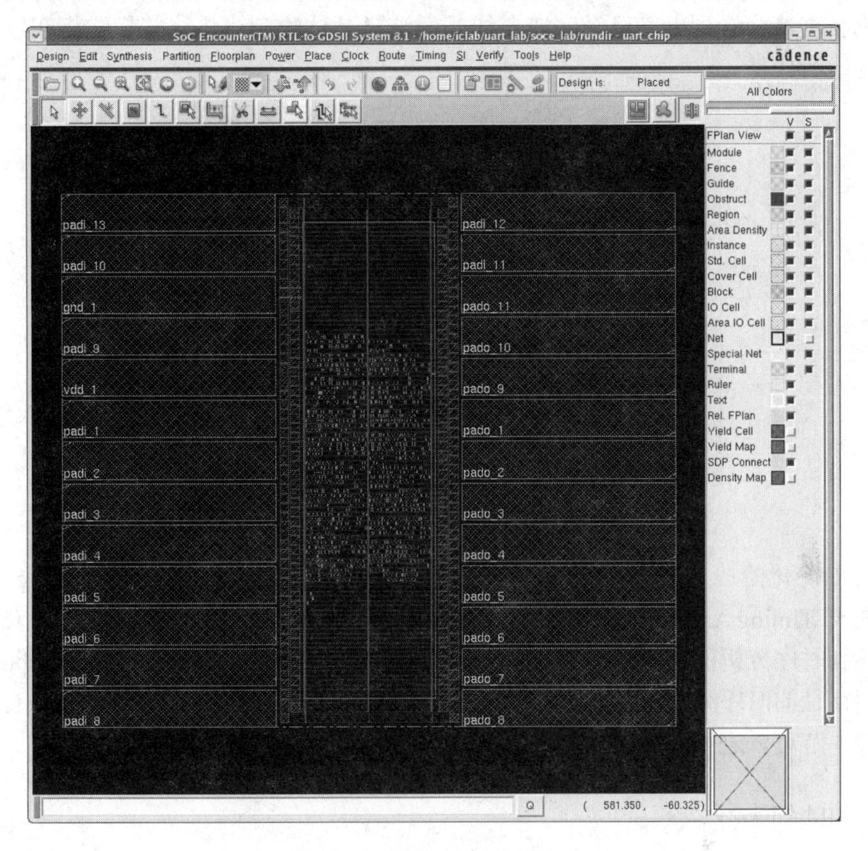

图 17-16　标准单元布局结果

17.7　布线(Route)

17.7.1　初步时序分析与优化

SOCE 有非常强大的时序分析功能。在 17.1 节已提到，时序分析的主要目的是为了优化版图综合。用户使用时序分析的过程中需要指定设计状态(Design Stage)和分析类型(Setup 或 Hold)。SOCE 的设计状态包括以下 5 种。

Pre-Place：设计没有布局。

Pre-CTS：设计已布局，但时钟树还未插入。

Post-CTS：设计已布局，时钟树也已插入。

Post-Route：设计已经完成了布局与布线。

Sign-Off：使用外部工具进行更精确度的分析。

完成以上实验步骤后，可以进入初步时序分析及优化阶段。由于这一阶段还没有任何布线，所以时序分析将做一个实验布线(Trial Route)来估计连线。这是对电路的一个非常简单、但非常快速的布线，该布线只是用来进行时序估计的。点击主菜单 Timing→Optimize 弹出如图 17-17 所示对话框。选择设计状态为 Pre-CTS，单击 OK，在 Shell 窗口得到优化结果。刷新屏幕会看到电路已经完成布线，但这只是试验布线，这些导线将在以后被确切的布线导线所代替。

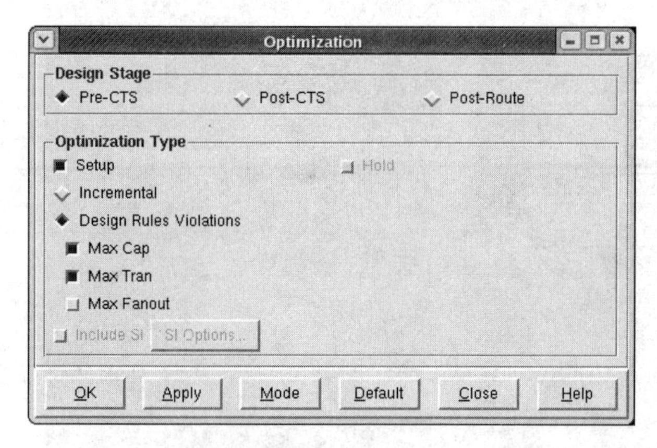

图 17-17　初步优化

在初步优化阶段，我们可以不断尝试不同的方案。通常通过点击 Timing→Analyze Timing 打开 Timing Analysis 对话框进行时序分析设置及运行，在运行 SOCE 的 Terminal 中可以观察到时序分析的结果(如 Timing slack 等)，还可以点击菜单 Timing→Debug Timing 查看不同路径的时序分析结果。当优化达到要求时，注意保存此时电路，以备后用。在 17.7.3 节和 17.7.5 节可以进行同样的操作进行时序分析。

17.7.2　时钟树综合

时钟树的综合，将很有助于我们的时序状况，在较大的设计中对时序有极大的影响。选择主菜单 Clock→Design Clock，弹出如图 17-18 所示背景对话框(Synthesize Clock Tree)。由于还没有一个 Clock Specification Files(时钟说明文件)，所以可以点击 Gen Spec 键建立，弹出如图 17-18 所示前景对话框。然后从 Cells List 栏选择时钟驱动单元，按中间的 Add 键，加入右边的 Selected Cells 栏，用于综合时钟树的单元插入。

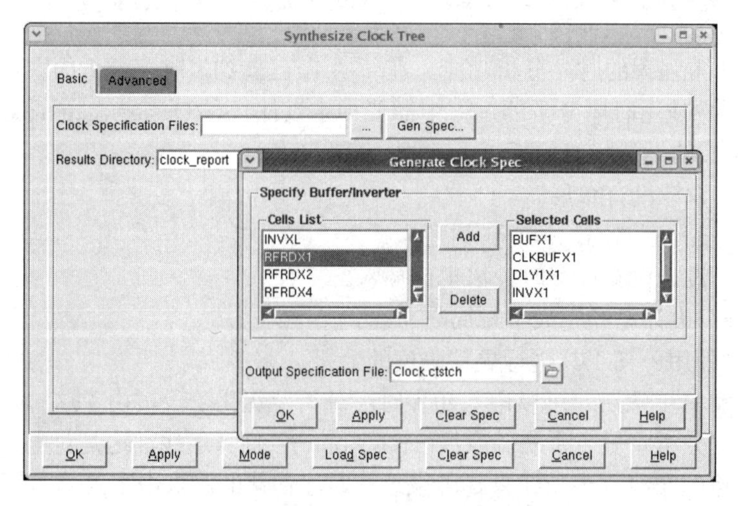

图 17-18　时钟树综合设置

现在在 Synthesize Clock Tree 对话框中单击 OK 按钮来综合时钟树。这一过程将会增加一些单元，并且在周围移动了其他一些单元，插入时钟树后的版图如图 17-19 所示。如果想查看所生成的时钟树，可以选择 Clock→Display→Display Clock Tree，时钟树将会被突出显示。在 Clock 菜单中还有一些观察时钟树的选项，综合时可方便观察。

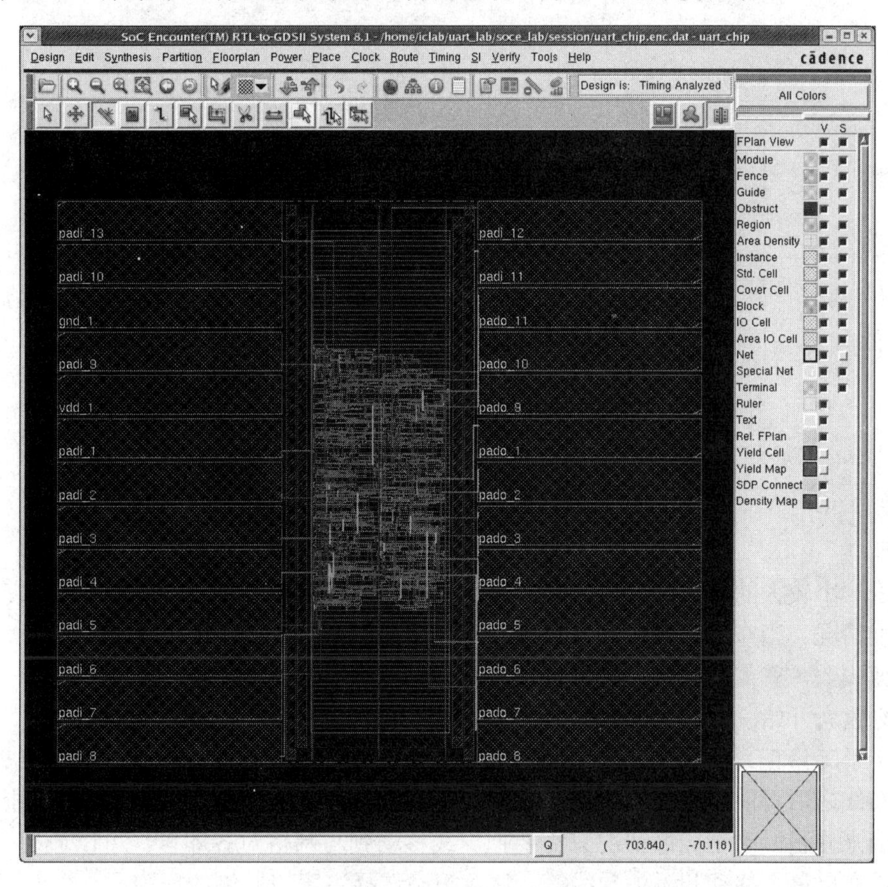

图 17-19　时钟树插入

17.7.3　时钟树综合后优化

生成时钟树后，可以进入另一阶段的时序优化。点击 Timing→Optimize，选择 Post-CTS(时钟树综合后)阶段。可以看出，增加时钟树后对设计的优化有明显的帮助，尤其在较大设计中更是如此。

17.7.4　布线

此时我们已经可以进行最终布线了。点击主菜单 Route→NanoRoute→Route 来启动布线工具，如图 17-20 所示。这里多数控制都可以保持默认值，只有 Timing Driven(时序驱动)可能需要改变。在选择 Timing Driven 之后，可以通过拉动 Effort 滑杆，告诉工具费多少努力来满足时序要求，及费多少努力减少布线拥塞。在一个较大的要求较高的设计中，也许需要在各种不同的设置下尝试各种方案以得到最佳结果。但由于这不是一个可以取消的过程，所以应当保存在布线之前状态下的电路。

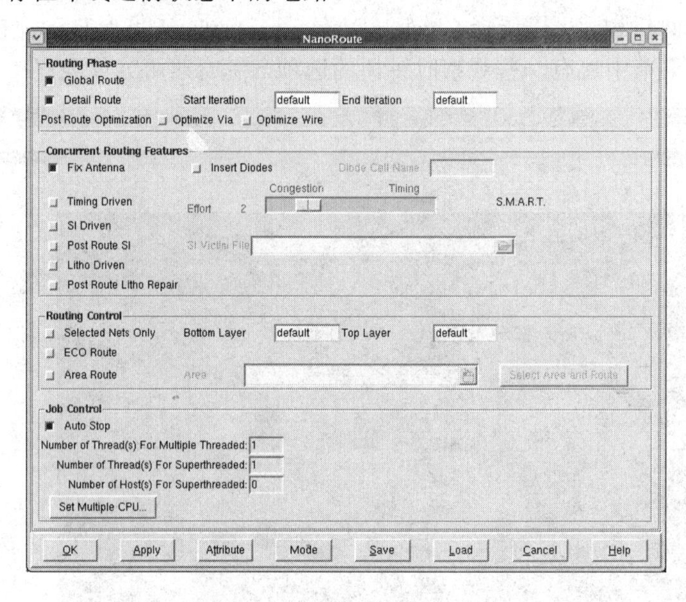

图 17-20　布线设置

对于一个较大的设计，布线过程会需要较长时间，可以通过检查 shell 窗口来查看其最新的进展情况。当布线完成时，若看到有 0 个违反和 0 个失败，则此次布线成功！但若出现违反或失败，就需要我们手工去修改局部出错区域，甚至放弃此次布线，从一个全新的平面规划重新开始。

对于手工修正，一般来调整单元密度或两个相邻行之间的间距以使布线有较宽敞的空间。在布线之后可能会有与端口有关的错误，我们可以放大仔细查看错误并在周围移动一下各部分来修正。对于一般情况只需要把导线移动到与网格对齐即可。可以通过工具栏的编辑工具在屏幕上移动和添加导线等，注意正确选择主窗口右侧的掩膜层。

17.7.5　布线后时序优化与分析

为了分析时序违例，在此仍可以应用与 17.7.1 相似的操作完成时序分析与布线优化。本实验不作介绍。

17.8　完 成 设 计

在布线完成后，进行以下几步，完成版图综合的全过程。

17.8.1　插入填充单元

布线完成之后，不再需要给标准单元间留有间隙，而必须在标准单元间插入填充单元

(Filler)，这是一般工艺所要求的。这时单元行的利用率将达到 100%，同时意味着不再能进一步进行优化。

插入填充单元操作为：点击主菜单 Place→Physical Cells→Adder Filler，弹出图 17-21(a)所示对话框；点击 Cell Name(s)栏右侧 Select 按钮，弹出图 17-21(b)对话框。从 Select Filler Cells 右侧 Cells List 栏选择单元 FILL1、FILL2 等库中的填充单元，并通过中间的 Add 按键将其加入左侧 Selectable Cells List 栏，选好后点击 Close。然后在 Add Filler 对话框底部点选 OK 或 Apply 按钮，SOCE 将根据单元间隙选择 Selectable Cells List 栏的合适的 Filler 填入版图空隙。

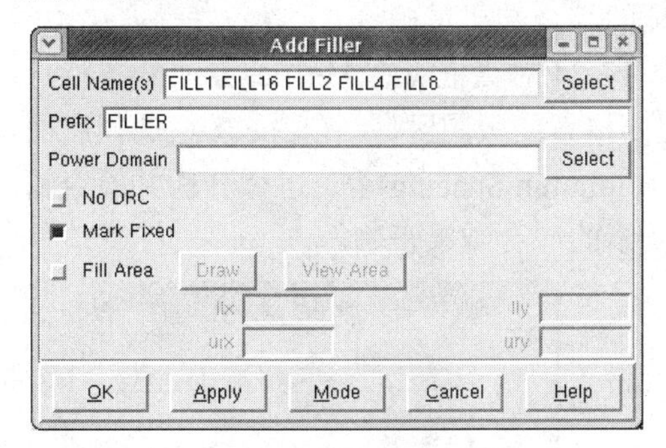

(a) 添加 Filler 单元

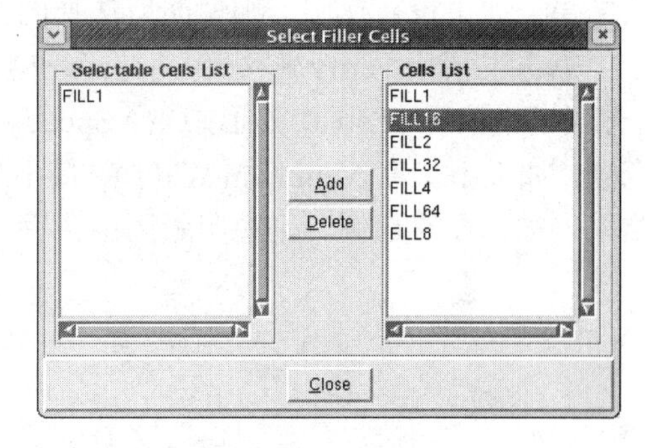

(b) 选择 Filler 单元

图 17-21　设置 Filler 单元

按 Adder Filler 对话框的 OK 键后，可以观察到版图的核心区的标准单元布局后的空白空间皆被 Filler 单元填充，如图 17-22 所示。

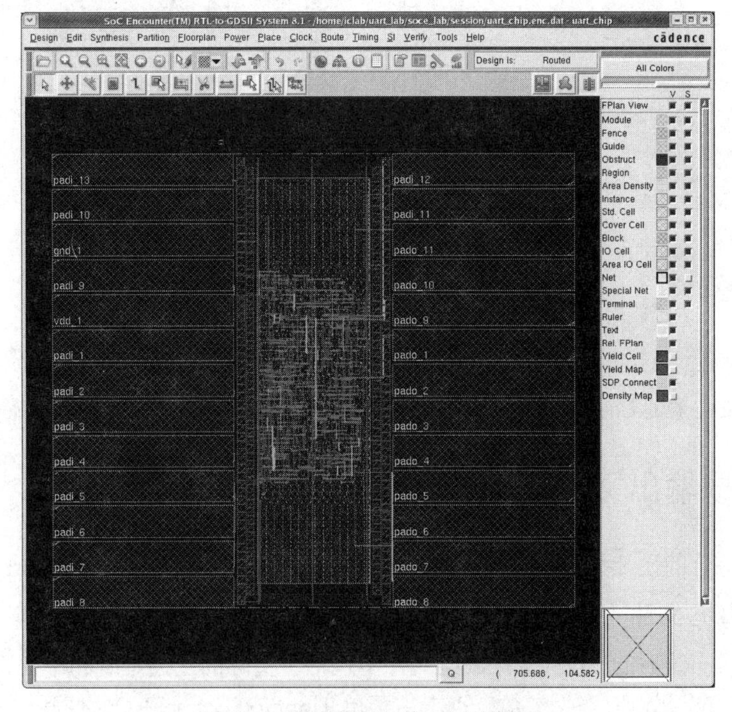

图 17-22　填充 Fill 单元后的版图

填充的 Filler 是可以清除的，只需点击主菜单 Place→Physical Cells→Delete Filler。

17.8.2　设计检查

主菜单 Verify 下提供了诸多检验综合结果的选项，下面介绍其中两种。

点击主菜单 Verify→Verify Connectivity 弹出如图 17-23 所示对话框，在 Net Type 选择需检测的网络类型。在 Nets 栏选择检查的网络。在 Check 栏选择所需检查项，如开路(Open)、没有连接的引脚(UnConnected Pin)和没有布线的网络(Unrouted Net)等。运行分析并检查输出结果，如果没有违例，则说明所选择的检查项的综合结果正确。

点击主菜单 Verify→Verify Geometry 弹出图 17-24 对话框，在 Verification Area 栏选检查整个版图(Entire area)或通过选择 Specify 设置要检查的版图区域。在 Check 栏选择所需检查项，如最小宽度(Minimum Width)、最小间隔(Minimum Spacing)等。运行分析并检查输出结果，如果没有违例，则说明版图中各种几何要素的综合结果正确。

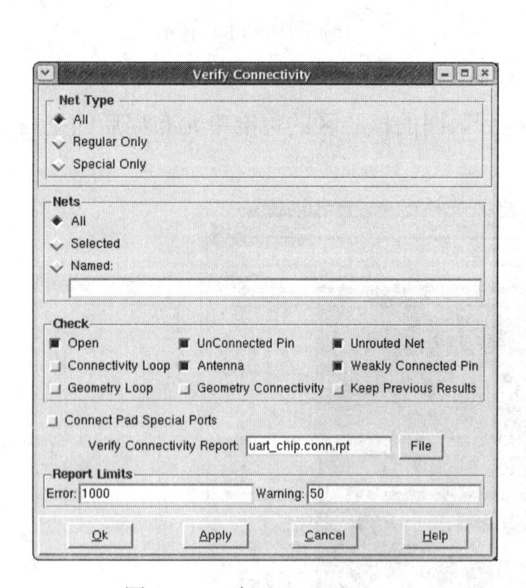

图 17-23　验证 Connectivity

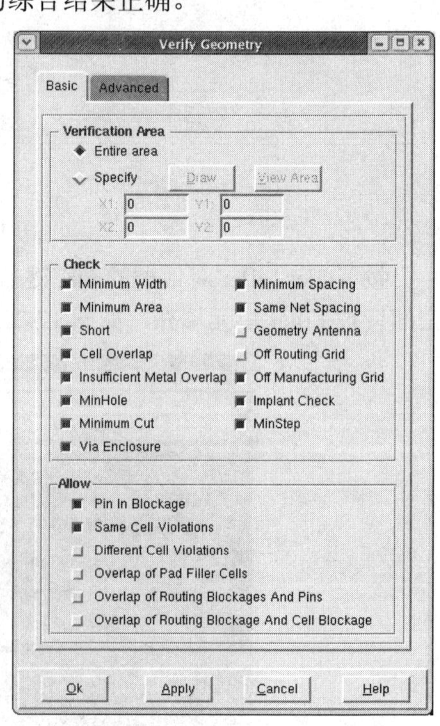

图 17-24　验证 Geometry

17.8.3　生成输出文件

首先保存综合的设计结果：Design→Save Design As→SoCE，文件名为 uart_chip_final.enc。

1. 生成 SDF 文件

这一步生成布线后的 SDF 文件，此文件中包括了实际的互连延时和单元延时信息。在生成 SDF 文件前首先要提取寄生参数。点击主菜单 Timing→Extract RC，打开如图 17-25 所示对话框，设置电容输出文件../results/uart_chip.cap，SPEF 输出文件../results/uart_chip_spef。

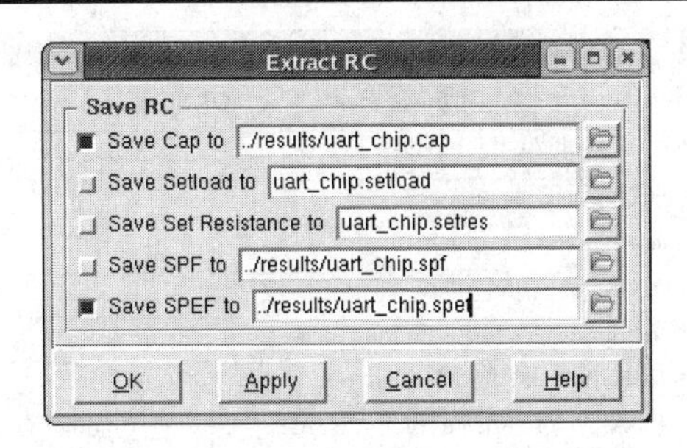

图 17-25　RC 提取输出文件设置

生成的 Cap 文件包括线电容、引脚电容、总电容、线长、单位长度上的线电容的每一个网络的扇出数。生成的 SPEF(Standard Parasitics Exchange Format)包括一个类似 SPICE 格式的 RC 值。

然后，点击主菜单 Timing→Calculate Delay，弹出如图 17-26 所示对话框，选择 SDF 文件输出目录及文件名为../results/uart_chip.sdf。最后，点击 OK 按钮。

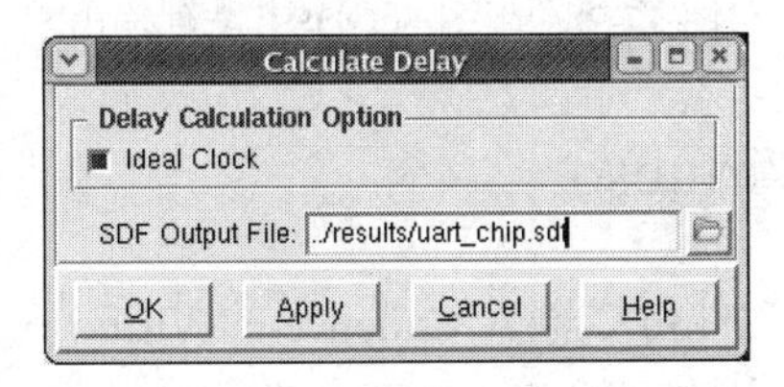

图 17-26　SDF 输出文件设置

2. 生成网表文件

此步所生成的网表文件不同于设计输入的网表(DC 综合的网表)，这是由于在版图综合过程中进行了时钟树插入和时序驱动优化(Timing-driven Optimizations)而增加或替代了原来的单元。

点击主菜单 Design→Save→Netlist，打开如图 17-27 所示对话框，在 Netlist File 栏设置生成的网表文件存储在 results 目录下，文件名为 uart_chip_routed.v。最后点击 OK 按钮。

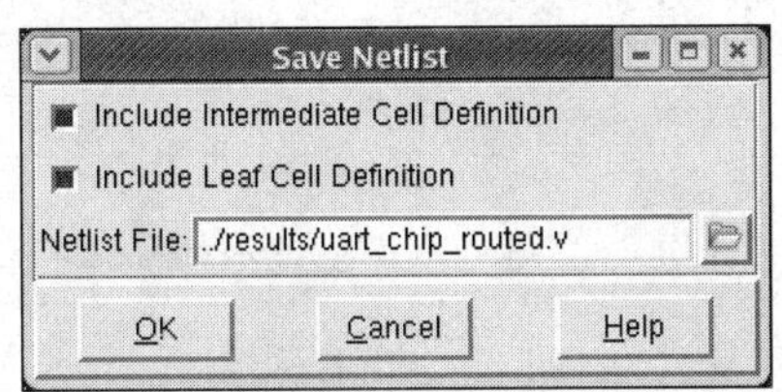

图 17-27　版图综合的门级网表输出文件设置

3. GDSⅡ文件输出

点击主菜单 Design→Save→GDS/OASIS，打开如图 17-28 所示对话框。选择 Output Format 为 GDSⅡ/Stream。在 Output File 栏设置输出的版图 GDSⅡ文件存储在 results 目录下，文件名为 uart_chip.gds。在 Merge Files 栏填入标准单元库的 GDSⅡ文件所在的目录与文件名(如果在 Design Import 对话框的 Advanced 标签页中已设置了 GDSⅡ选项，则此对话框将会自动填写)。其他选择默认，最后点击 OK 按钮。

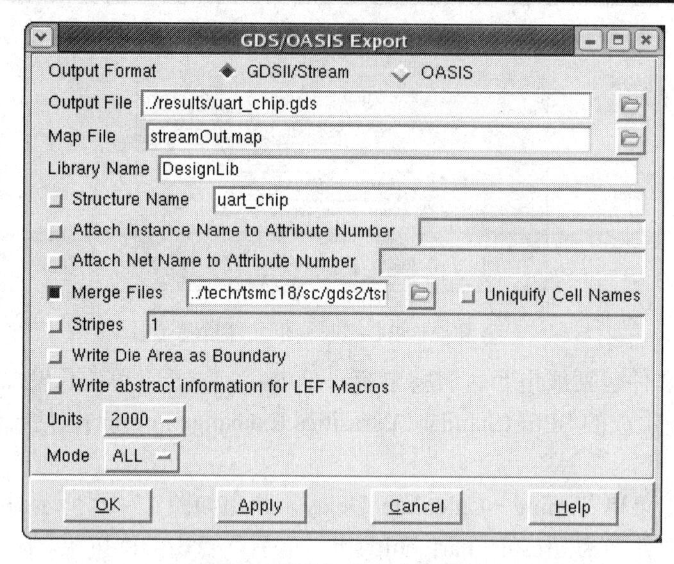

图 17-28　版图的 GDS II 文件输出

17.8.4　将设计输入 Virtuoso

SOCE 所生成的 GDS II 文件可以输入 Cadence 的 Virtuoso 进一步进行 DRC、LVS 等验证。打开 Virtuoso，然后点击 ADE 窗口的主菜单 File→Import→Stream，打开如图 17-29 所示对话框，在 Input File 栏输入生成的 GDS II 文件的存储目录及文件名；在 Top Cell Name 栏填入设计的项层单元名称 uart_chip；选择项 Output 点选 Opus DB；Library Name 栏填写库名 uart_lib；Units 栏选择 micron 选项。最后点击 OK 按钮，弹出提示输入正确的信息窗口后，就可以在新建的 uart_lib 库中打开 uart_chip 的版图进行编辑验证等处理，如图 17-30 所示。(此步操作可参看本教程上册有关内容。)

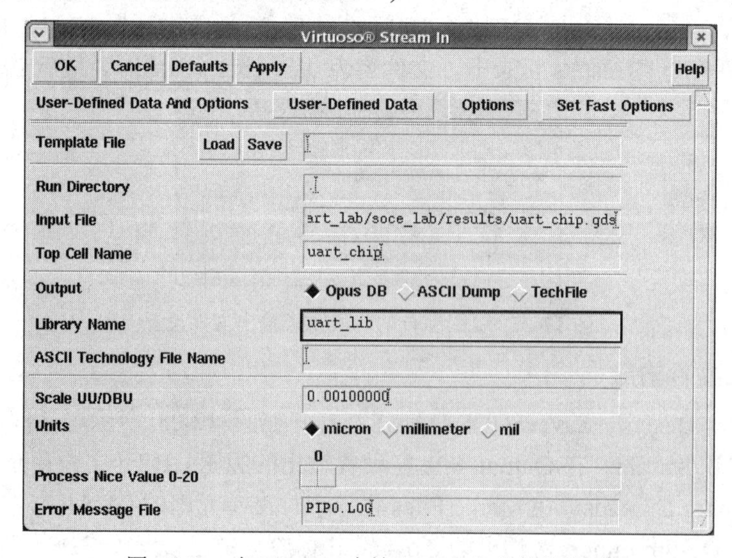

图 17-29　在 Virtuoso 中输入 GDS II 文件的设置

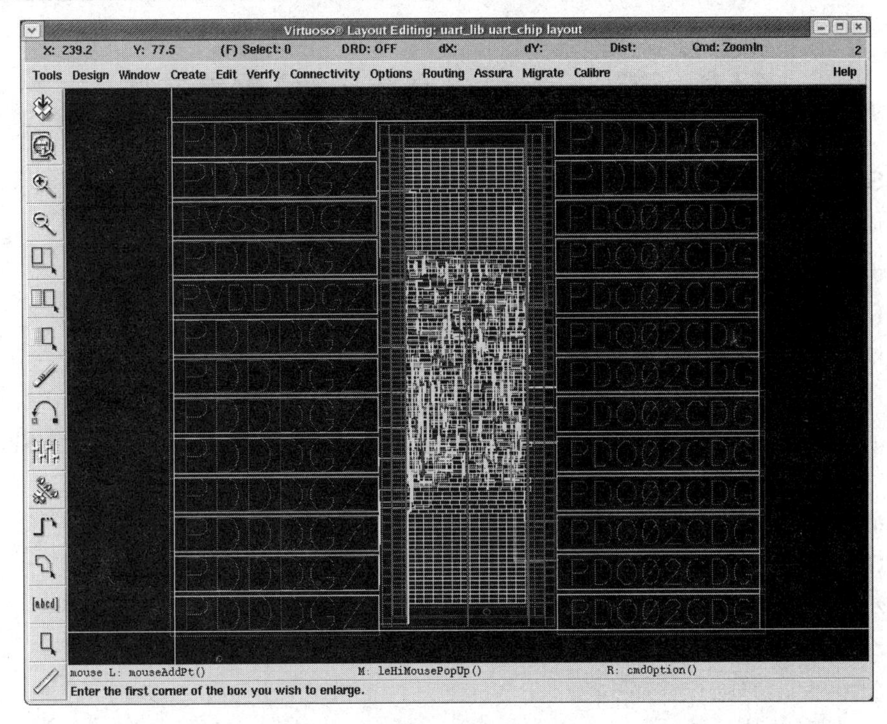

(a) 版图顶层

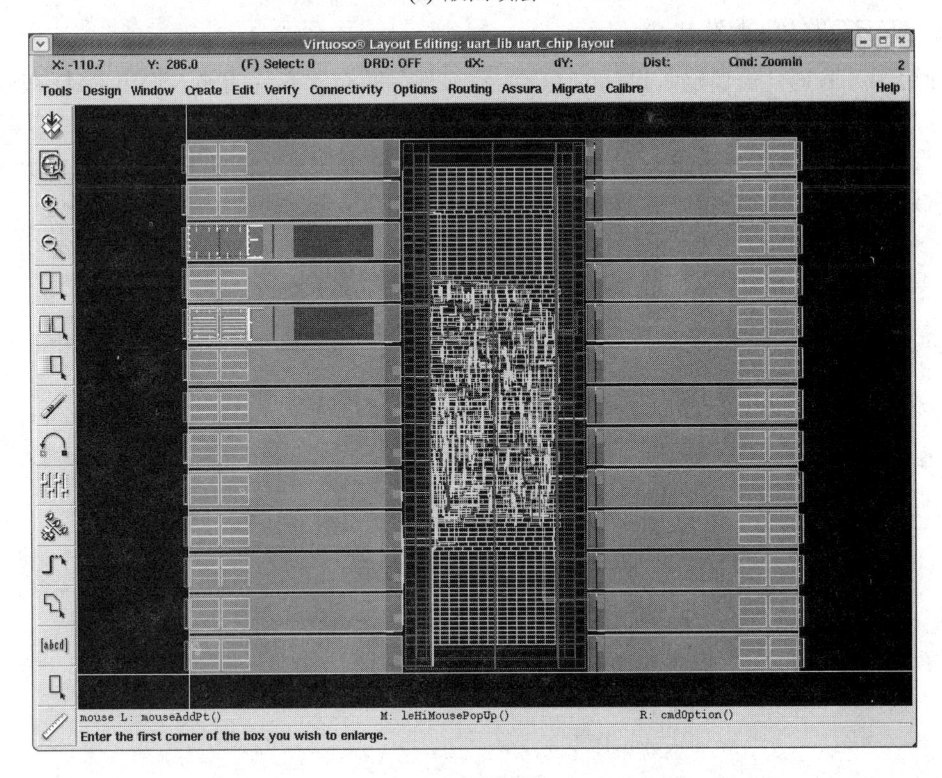

(b) 展平版图

图 17-30　输入 Virtuoso 的版图

17.9　SOCE 常用快捷键与 I/O 配置文件

1. SOC Encounter 的常用快捷键

b　　显示快捷键列表

d　　选择/取消选择或删除一个对象

f　　缩放显示到一个合适的中心区

k　　创建一个标尺

K　　删除最后的标尺显示

q　　显示所选择对象的属性编辑器格式；点击鼠标左键选择一个对象，Shift+鼠标左键选择或取消选择一个对象

u　　取消最后一次命令的操作

U　　重复最后一次命令的操作

z　　放大 2 倍

Z　　缩小 2 倍

Arrows　　移动设计显示(箭头)

Ctr + R　　刷新显示

2. UART 的 I/O 配置文件

应用 SOCE 时，需要输入设计的 I/O 配置文件，即布置芯片的输入输出 PAD 在版图中的位置。本教程应用以下较简单的 SOCE 的 I/O 配置文件格式进行了 UART 的 I/O 配置，完全可以满足设计要求。SOCE 的 I/O 配置文件还支持更加复杂的配置参数，例如 I/O 的间距、I/O 的精确位置设置等，有兴趣的设计者可以参看参考文献[2]中的有关内容。

```
#uart_chip.io
# Syntax:
#  Pin:<pin-name><orientation>
# where <orientation> may be either one of:
#  n    North --> Top
#  e    East  --> Right
#  s    South --> Bottom
#  w    West  --> Left
#
Pin:        w_data_pad[7]       w
Pin:        w_data_pad[6]       w
Pin:        w_data_pad[5]       w
Pin:        w_data_pad[4]       w
Pin:        w_data_pad[3]       w
Pin:        w_data_pad[2]       w
```

```
Pin:        w_data_pad[1]      w
Pin:        w_data_pad[0]      w
#
Pin:        vdd_1              w
Pin:        clk_pad            w
Pin:        gnd_1              w
Pin:        reset_pad          w
Pin:        rx_pad             w
#
Pin:        r_data_pad[7]      e
Pin:        r_data_pad[6]      e
Pin:        r_data_pad[5]      e
Pin:        r_data_pad[4]      e
Pin:        r_data_pad[3]      e
Pin:        r_data_pad[2]      e
Pin:        r_data_pad[1]      e
Pin:        r_data_pad[0]      e
#
Pin:        tx_full_pad        e
Pin:        rx_empty_pad       e
Pin:        tx_pad             e
#
Pin:        rd_uart_pad        e
Pin:        wr_uart_pad        e
```

第 18 章　自动测试向量生成——TetraMAX

TetraMAX，简称 TMAX，是 Synopsys 开发的自动测试向量生成工具。针对不同的设计，TMAX 可以在最短的时间内，生成具有最高故障覆盖率的最小的测试向量集。TMAX 支持全扫描或不完全扫描设计，同时提供故障仿真和分析能力。TMAX 为 DFT 的实现提供了一系列强大的功能。包括完全的芯片测试规则检查，自动测试向量生成、分析，故障仿真和失效诊断等。

本章应用 TMAX，生成 UART 设计的测试向量，使设计者掌握 TMAX 的基本使用。

18.1　TMAX 流程

TMAX 将所有功能整合到一个单一的图形用户界面(GUI)中，方便使用。同时，它也提供了命令行运行方式。下面的实验将 GUI 和命令行方式结合起来介绍。

TMAX 运行时，需要三种类型文件，它们是：

(1) 模型库文件：模型库文件是进行 DC 或 DFT Compile 综合时所用的标准单元库的 VHDL 或 Verilog 库单元描述文件。

(2) 设计的门级网表文件：这里的门级网表必须是经过 DFT Compile 综合的文件，可以是 Verilog、VHDL 或 EDIF 格式。

(3) 标准协议格式文件(SPF)：是进行 DFT Compile 综合时所生成的文件，格式为 STIL(Standard Test Interface Language)。

如图 18-1 所示为应用 TMAX 进行自动测试图形生成(ATPG)时的流程。本章下面的实验就按此流程进行。

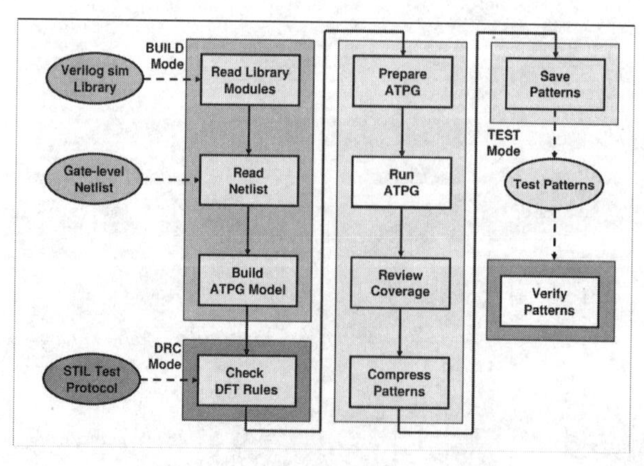

图 18-1　TMAX 的 ATPG 流程

18.2　故障模型与 ATPG

在进行实验前简单介绍一些 ATPG 的相关概念，详细内容请参阅《VLSI 理论》课程中第 5 章(数字 IC 的测试与可测性设计)的内容。

18.2.1　故障模型

故障模型是指可以由算法确定并能被仿真软件理解的描述制造缺陷的数学模型。TMAX 中提供了 5 种可选的故障模型，下面分别介绍。

(1) Stuck 故障：即固定型故障，这个故障可以通过对电路的信号线分配固定的逻辑值(逻辑 0 或逻辑 1)来模拟。信号线可以是一个逻辑门的输入或输出。最常见的是单固定型故障，即每条线上只有固定的 0 故障或固定的 1 故障。

(2) Transition 故障：即使在没有故障的电路中，所有的门也都存在延迟。门的延迟通常比理论值大。当门的延迟大到足够阻止传播转换(在时钟周期内到达任何输出点)时，即使这个转换是通过最短路径传播的，也会构成转换故障。一个门可能发生的转换故障包括上升慢和下降慢两种情况，因此转换故障的数目总是对应门数目的两倍。

(3) IDQQ 故障：即静态电流故障，在稳定状态下(逻辑门没有动作)，CMOS 电路的逻辑门在电流和地之间不提供传导通路，因此 CMOS 门的稳态电流 I_{DQQ}(或称为泄漏电流)通常在微安级。在各种故障条件下，该电流将有几个数量级的上升，这就允许通过测量电流来检测故障。

(4) Path delay 故障：这种故障将导致组合电路逻辑的积累传播延时超过某些规定的时间区间。这个组合逻辑起始于输入或寄存器的时钟，包含一个逻辑门链，终止于输出或寄存器时钟。规定的时间区间可以是时钟周期或矢量周期。传播延时定义为信号转换通过路径的传播时间。

(5) Bridge 故障：通常为门或晶体管级的故障模型。一个桥接故障表示一组信号的短路。桥接点的逻辑值可以是逻辑 0(AND 桥接)、逻辑 1(OR 桥接)或不稳定状态。

18.2.2　ATPG

ATPG 需要支持基于组合 Stuck-at、转变延时、路径延时等故障模型的 AC 和 DC 电压测试。更高级一些的 ATPG 还要支持基于电流的测试，包括支持 Toggle 或 Pseudo-Stuck-at 故障模型，或用以进行功耗和漏电流测试的静态向量选择。ATPG 是进行实际向量的生成过程，这个过程通常需要重复多次以达到预定的目标(如向量的数目、故障覆盖率等)，或者实现对不同模式提供完整测试的集合。ATPG 的最终目标是生成测试向量。

18.3　TMAX 使用

下面的实验仍以 UART 设计为例。注意，本实验所需输入的 Verilog 网表文件和 SPF

文件是在 UART 的 DC DFT 综合时生成的。

18.3.1　实验准备

(1) 将服务器的 TMAX 实验文档拷贝到用户工作目录~/uart_lab 中：

~]$ cp –rf /ic_cad_demo/digitalLab/uart/tmax_lab ~/uart_lab

(2) 进入 TMAX 的工作目录：

~]$ cd ~/uart_lab/tmax_lab/rundir

18.3.2　启动 TMAX

(1) 在 Terminal 中运行 syn.setup，启动环境设置：

~]$ syn.setup

(2) 在 rundir 目录下启动 TMAX：

~]$ tmax

打开如图 18-2 所示的 TMAX GUI 界面。

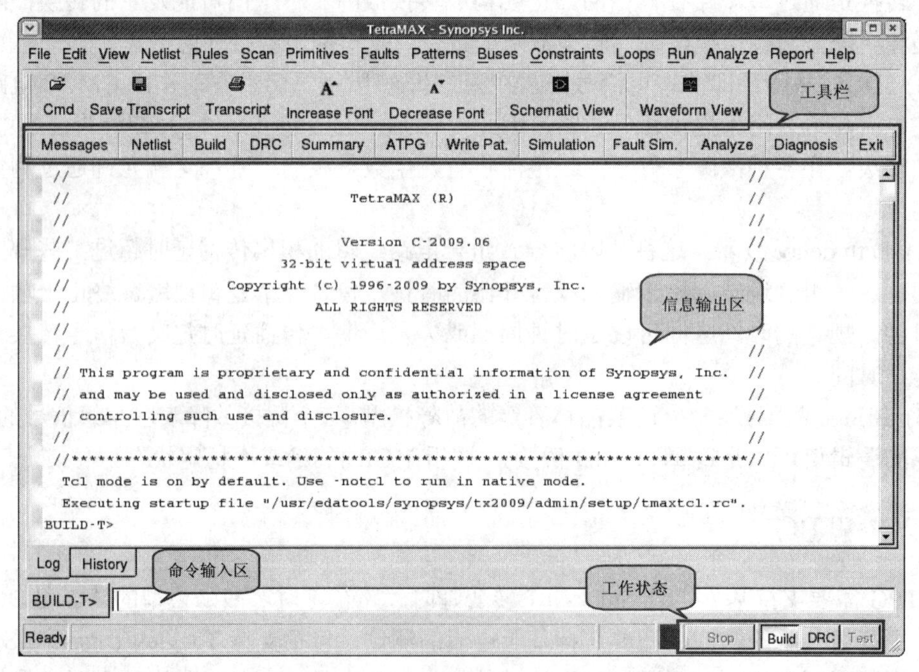

图 18-2　TMAX 的 GUI

在打开 TMAX 的 Terminal 或图 18-2 中的“命令输入区”中可以输入 TMAX 命令，并执行；也可以应用命令：tmax –shell，直接进入命令行工作方式。

18.3.3　读取文件

单击工具栏中的 Netlist 选项卡，在弹出的 TetraMAX-Read Netlist 窗口中点击 Browse

按钮，弹出 Select Netlist File(s)窗口，如图 18-3 所示。

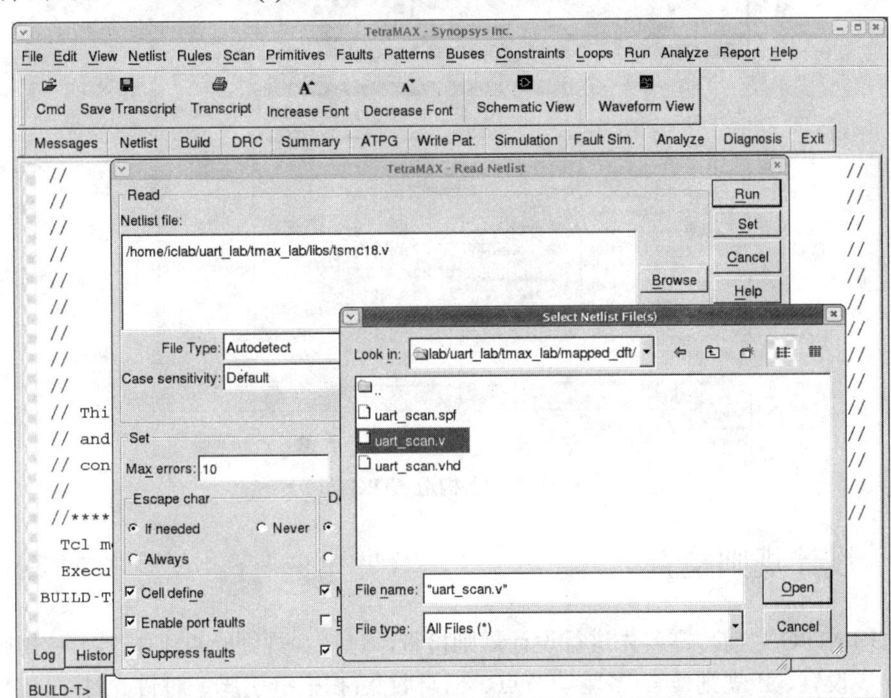

图 18-3　读入模型库和网表文件

选取文件~/uart_lab/tmax_lab/libs/tsmc18.v(库模型文件)加入到 Netlist file 列表栏中；然后再点击 TetraMAX-Read Netlist 窗口的 Browse，在弹出的 Select Netlist File(s)窗口中选择文件~/uart_lab/tmax_lab/mapped_dft/uart_scan.v(网表文件)，并将其加入 TetraMAX-Read Netlist 窗口的 Netlist file 列表栏。完成以上操作后，点击 TetraMAX-Read Netlist 窗口右上角的 Run 按钮。

在命令行模式下，以上操作对应的命令为：

```
BUILD-T> read_netlist ../libs/tsmc18.v
BUILD-T> read_netlist ../mapped_dft/uart_scan.v
```

18.3.4　构造 ATPG 模型

添加完库模型文件和网表文件后，需要构造 ATPG 模型，即 BUILD。其作用是删除层次，将设计文件读入 TMAX 所调用的内存映象中。单击工具栏里的 Build 选项卡，弹出如图 18-4 所示对话框。

在弹出的 TetraMAX-RUN Build Model 对话框的 Top module name 下拉列表中选择 uart_top，然后点击对话框右上角的 Run 按钮。

对应的命令为：

```
BUILD-T> run_build_model uart_top
```

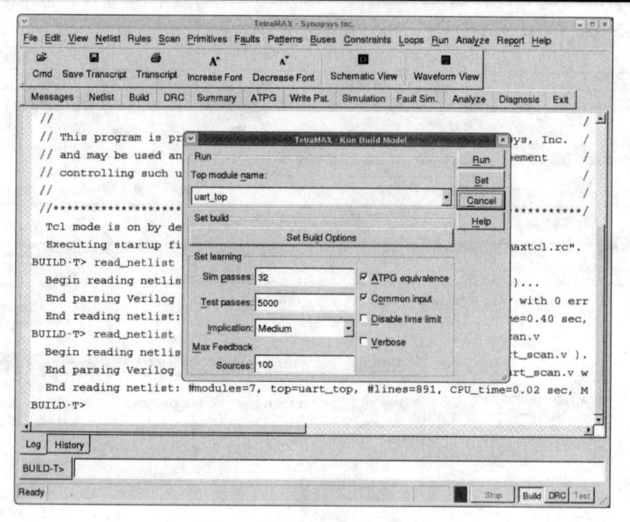

图 18-4　构造 ATPG

18.3.5　设计规则检查

在执行 ATPG 之前，需要先进行设计规则检查，包括 S 规则检查/扫描链、C 规则检查/时钟和异步设置、Z 规则检查/多驱动节点、信息收集(扫描链引脚、时钟、时序)和 STIL 文件处理。

单击工具栏的 DRC 选项卡，弹出 TetraMAX-DRC 对话框，在此对话框中点击 Test protocol file name 栏右侧的 Browse 按钮，弹出打开文件对话框，如图 18-5 所示。我们在此选择文件~/uart_lab/tmax_lab/mapped_dft/uart_scan.spf(标准协议格式文件)。完成后点击 TetraMAX-DRC 对话框右上角的 Run 按钮。

对应的命令为：

```
DRC-T> set drc ../mapped_dft/uart_scan.spf
DRC-T> run_drc
```

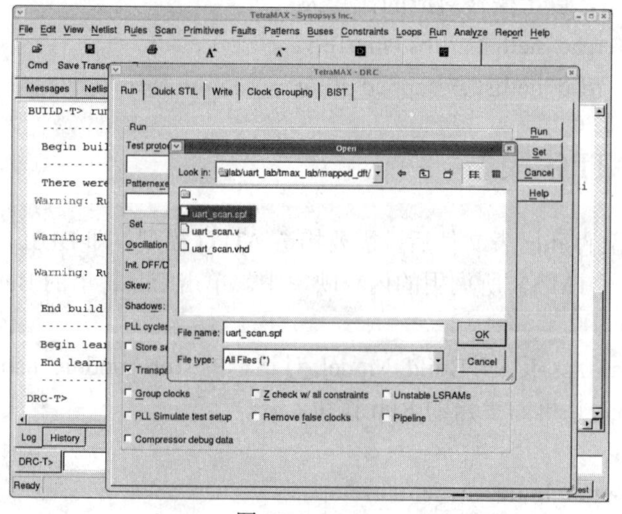

图 18-5　DRC

18.3.6　添加故障及设置 ATPG 参数

点击工具栏的 ATPG 选项卡，弹出如图 18-6 所示界面。在 General ATPG Settings 标签页的 Pattern source 栏选项中选择 Internal，表示测试图形由 TMAX 软件自动生成；相应地，External 表示读入外部文件中的测试图形。在 Fault source 栏选择 Add all faults。在 Fault model 栏选择 Stuck，测试电路的 SFC(Stuck Fault Coverage)。设置完成后，点击界面右上角 Run 开始运行 ATPG。另外，标签页 General ATPG Settings 中的 Max patterns 用于指定测试序列的长度，Coverage %用于设定目标故障覆盖率。注意，只有在 Pattern source 选项为 Internal 时，这两个选项才有效。

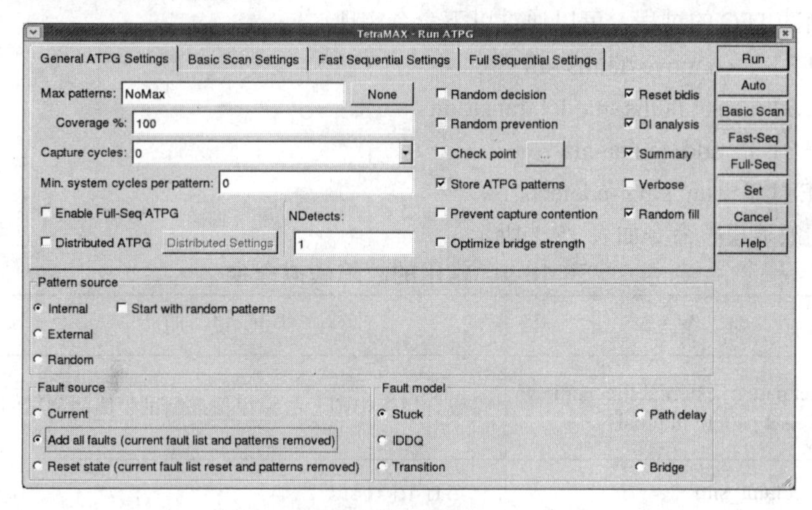

图 18-6　设置 ATPG 参数

运行的结果显示在主界面信息显示区，如图 18-7 所示。

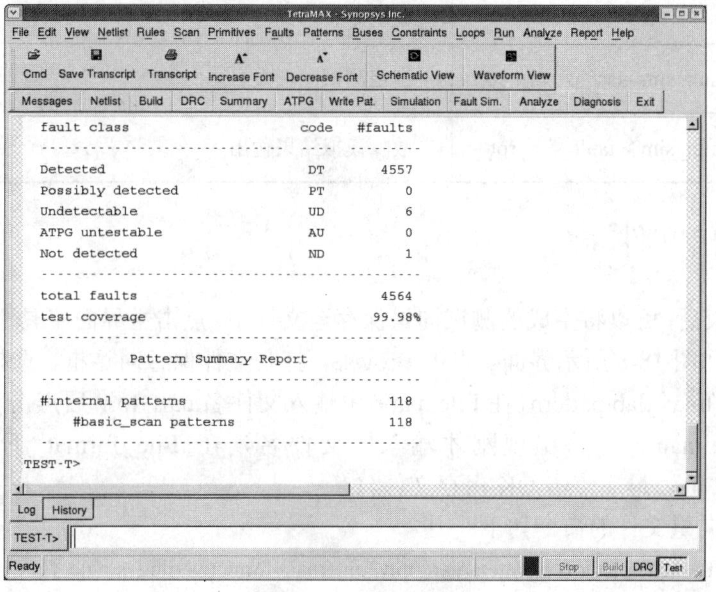

图 18-7　ATPG 结果

图 18-7 显示了 SFC 的实验结果。可以看到 ATPG 生成的测试图形个数为 118 个，对应的 SFC(test coverage)是 99.98%。共有故障 4557 个，检测出的故障数目为 4564 个，不可检测(Undetectable)的故障为 6 个，未检测出(Not detected)的故障为 1 个。

以上过程，可以通过以下命令实现：

```
TEST-T> remove_faults -all
TEST-T> add_faults -all
TEST-T> run_atpg -ndetects 1
```

单击 ATPG 重复上述步骤，在 Fault model 选项卡中选择 Transition，测试电路的 TFC(Transition Fault Coverage)，设置完成后点击对话框右上角的 Run 开始 ATPG。

以上测试 TFC 的过程，可以通过以下命令实现：

```
TEST-T> remove_faults -all
TEST-T> set faults -model transition
TEST-T> add_faults -all
TEST-T> run_atpg -ndetects 1
```

常用的故障模拟命令如表 18-1 所示。

表 18-1　常用的故障模拟命令

命　令	说　明
TEST> set pattern external file_name.v 或 TEST> set pattern internal	设置用于模拟、故障模拟或测试生成的测试图形源
TEST> run fault_sim	运行故障模拟
TEST> reset state	重新开始故障模拟，所采用的故障表仍是当前的故障表，但会删除内部测试激励，除 AU 和 UD 故障外的故障会重置到初始状态
TEST> run fault_sim –last_pattern 50	指定测试图形数目
TEST> run fault_sim > fault_sim_rpt	故障模拟结果输出

18.3.7　输出文件

ATPG 结束后，可以将生成的测试向量保存至文件中。点击主界面工具栏中的 Write Pat. 选项卡，弹出如图 18-8 所示界面。点击 Browse，打开文件保存对话框，选择文件的保存路径为~/uart_lab/tmax_lab/pattern，在 File name 中输入文件名 uart_tp.v 后点击 Save。在 TMAX 的 Pattern file name 栏将出现刚才输入的文件名，在 File format 下拉列表中选择 Verilog-Single File。最后点击 OK 保存文件。

保存测试向量文件的命令如下：

```
TEST-T> write patterns ../pattern/uart_tp.v –internal –format verilog_single_file –parallel 0
```

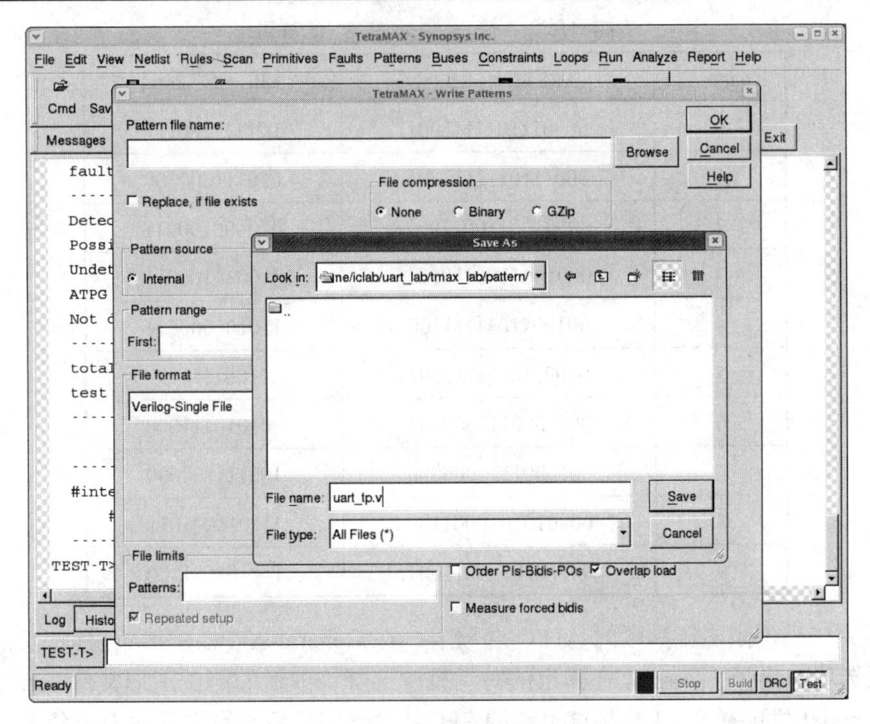

图 18-8　输出文件

18.3.8　外部输入测试图形的故障覆盖率

如图 18-9 所示为输出的测试向量文件的测试向量部分内容。patten 表示生成的测试向量编号，ALLPIS 表示输入的测试向量，XPCT 表示输出向量。

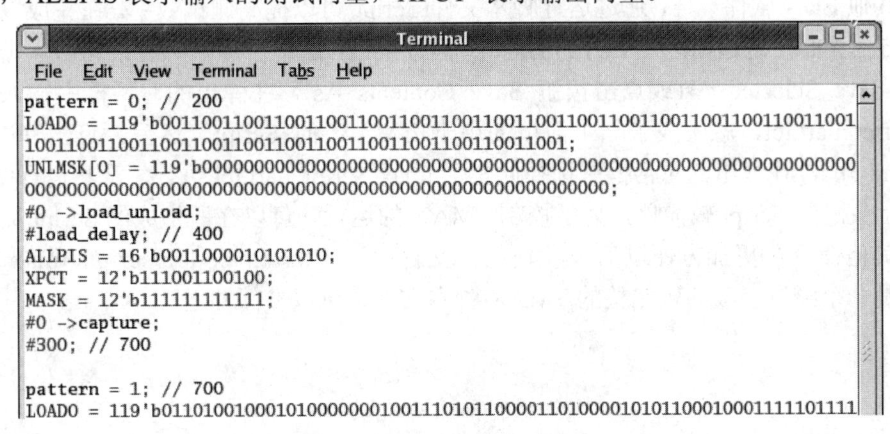

图 18-9　测试向量文件内容

我们可以对文件 uart_tp.v 进行修改，试验 ATPG 的外部输入。首先打开另外一个 Terminal，并进入 pattern 目录，执行命令：

```
~pattern]$ cp uart_tp.v uart_tp_adj.v
```

生成一个复制文件 uart_tp_adj.v。然后将 uart_tp_adj.v 中 pattern=0 到 pattern=9 的 10 个测试向量列项中的 ALLPIS 和 XPCT 的测试向量分别改为如表 18-2 所示的内容。

表 18-2　修改的外部测试向量

pattern	ALLPIS (16 bits)	XPCT (12 bits)
0	0000111011111001	001111100111
1	0001110111110001	010111000100
2	0000100110011001	010100100011
3	0001001100110001	110010100011
4	0010011011111100	110100000011
5	0000110111111001	111001111111
6	0011000111000001	001010111000
7	0010001110000000	100111100000
8	0000101010001100	111011001011
9	0001010100011001	110101011100

更改完毕后，点击工具栏的 ATPG 选项卡，在 General ATPG Settings 标签页的 Pattern source 栏选项中选择 External，在弹出的对话框中选择修改后的测试图形文件 uart_tp_adj.v，在 Fault model 栏选择 Stuck，测试电路的 SFC。设置完成后，点击界面右上角 Run 开始运行 ATPG，观察运行结果与图 18-7 所示结果有何不同？

18.4　Script 文件生成、修改与运行

同其他 EDA 软件一样，通过运行脚本文件(Script)可以提高测试效率。在完成以上实验后，点击主界面信息输出区左下方的 History 标签按钮，选中信息区所有语句后点击鼠标右键选择 Save Selected As(或点击按钮 Save Contents As)，在弹出的对话框中输入文件名 tmax_script_uart.tcl，就生成了一个简单的用于 TMAX 的 Script。然后，点击 File→Run Command File，在弹出的对话框中选择此文件 tmax_script_uart.tcl 执行，观察运行结果。

以上生成的 Script 较简单，为了控制 TMAX 的运行，可以在所生成的 Script 文件基础上加入其他命令，更加方便以后设计使用。文件~/uart_lab/tmax_lab/scripts/tmax_script_uart.tcl 是一个经过修改的较完整的 TMAX 脚本文件，可以参阅并运行。

第 19 章　*形式验证——Formality

形式验证是不同于逻辑仿真的另外一种用于验证逻辑电路设计正确性的方法。形式验证时并不需要输入测试向量，而是通过对设计的不同描述形式通过形式验证引擎证明它们逻辑等价，达到验证设计一致性的目的。通过形式验证可以找出设计结果间的差异，以便于后续的详细分析。

Formality，简称 FM，是 Synopsys 提供的形式验证工具。通过本章简介，使设计者初步了解、掌握 Formality 的基本功能与使用。

19.1　Formality 的基本概念及工作流程

19.1.1　形式验证概念

下面通过示例来说明形式验证的基本概念。

假定图 19-1 左侧的参考设计(Reference Design)是设计的 RTL 描述，右侧的实现设计(Implementation Design)是设计的版图综合结果网表描述，那么这两个设计描述是否正确且等价呢？一种方法当然是应用相同的测试激励，然后通过逻辑仿真来验证它们之间功能是否相同。而另一种方法则是假如 Reference Design 已经被验证是正确的，而如果通过某种方法可以证明 Implementation Design 与 Reference Design 的逻辑等价，那么也就证明了 Implementation Design 是正确的。形式验证正是证明它们等价的一种方法，这种方法的内核即是形式验证算法。

这种数学等价性的证明所花费的时间要远小于常规的逻辑仿真时间，因此，形式验证可以作为逻辑仿真验证的一种有益补充方法。

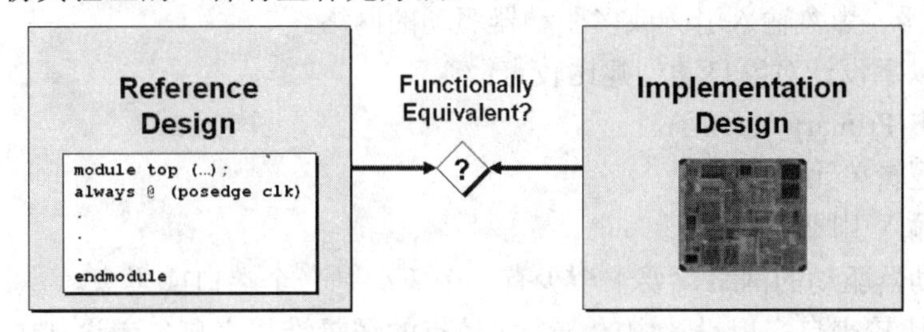

图 19-1　形式验证概念

形式验证工具 FM 除过具有基本的逻辑一致性检查功能外，它还具有模型检查功能，即证明一个设计支持于一个指定的逻辑特征集。

19.1.2　术语介绍

1. 逻辑锥

逻辑锥(Logic Cones)由源自特定设计对象的组合逻辑组成，FM 将一个设计划分为若干个逻辑锥。只要验证两种设计的所有对应逻辑锥逻辑功能等价，则两个设计等价。验证逻辑锥功能等价则是通过比较比较点(Compare Ponits)的逻辑等价实现的。

FM 使用特定设计对象创建比较点。比较点可以是主输出(Primary outputs)、内部寄存器、黑盒(Blackboxes，功能未知或未综合的模块)的输入引脚或是多驱动器驱动的网络——至少有一个驱动器是一个端口或黑盒的引脚。在逻辑锥中断处(即锥顶)的设计对象是主输出或比较点。图 19-2 示出逻辑锥概念。

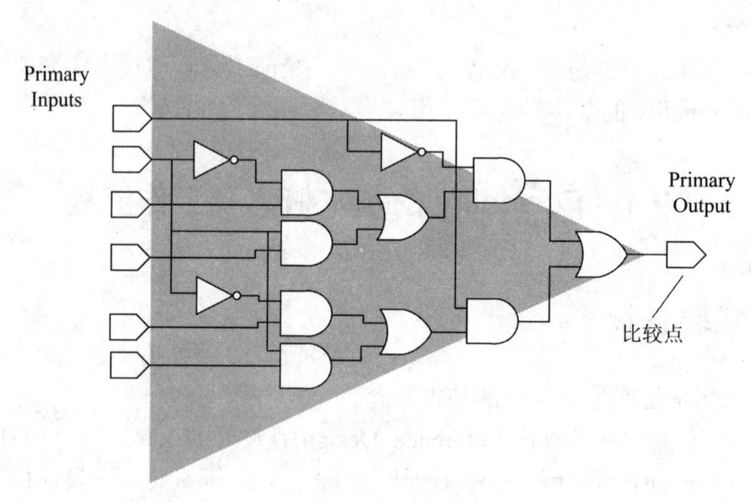

图 19-2　逻辑锥

图 19-2 中，比较点是一个 Primary output。验证时，Formality 比较这个 Primary output 的逻辑功能与另一个设计中匹配的 Primary output 的逻辑功能。图中阴影区表示 Primary output 的逻辑锥。

2. 比较点

比较点是一个设计对象，验证时设置为一个组合逻辑的端点。比较点可以是输出端口、寄存器、锁存器、黑盒输入引脚或多驱动器驱动的网络。

FM 使用以下设计对象自动创建比较点：

(1) 主输出(Primary outputs)。

(2) 时序逻辑单元。

(3) 黑盒输入引脚。

(4) 多驱动器驱动的网络，要求至少有一个驱动是一个端口或黑盒。

FM 通过比较来自实现设计中的一个比较点的逻辑锥与来自参考设计中用于匹配比较点的一个逻辑锥，来验证一个比较点，如图 19-3 所示。

图 19-3 示出在一个完整的验证中如何将自动比较点与用户定义比较点结果进行组合。

自动创建的比较点结果是，当通过使用规范的匹配技术或名称分析时，FM 匹配两种设计名称和类型时产生自动比较点结果。当设计中采用在两种设计间进行名称映射操作时，产生用户定义比较点结果。

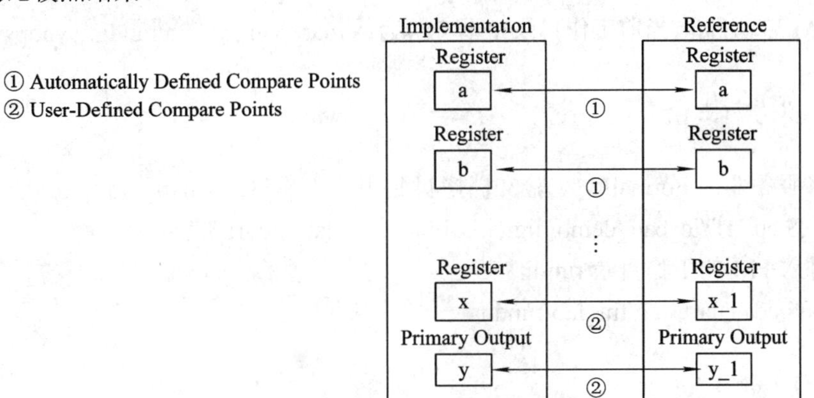

图 19-3 构造匹配点

19.1.3 FM 工作流程

FM 的工作流程基本分为 7 步，如图 19-4 所示。

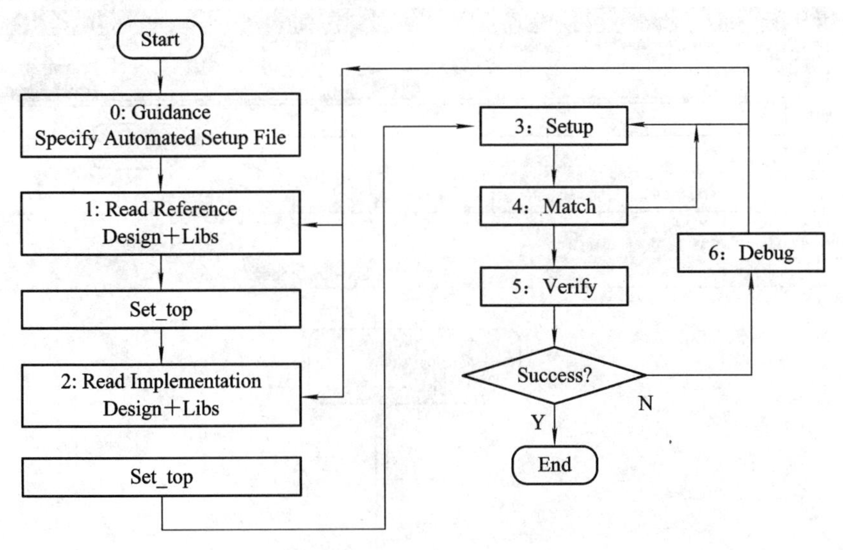

图 19-4 FM 工作流程

19.2 FM 的基本使用

19.2.1 环境设置文件 .synopsys_fm.setup

每次执行 FM 时，都要首先调用 FM 的环境设置文件.synopsys_fm.setup。与 DC 和 PT

的环境设置文件调用相同，.synopsys_fm.setup 依次从以下目录读入：

(1) FM 安装目录：<Formality_inst_dir>/admin/setup/.synopsys_fm.setup。

(2) 用户目录：</home/user>/.synopsys_fm.setup。

(3) FM 启动目录(当前工作目录)，本实验为：~/uart_lab/fm_lab/rundir/.synopsys_fm.setup。

19.2.2　实验准备

(1) 将服务器的 Formality 实验文档拷贝到用户工作目录~/uart_lab 中：

~]$ cp –rf /ic_cad_demo/digitalLab/uart/fm_lab ~/uart_lab

(2) 进入 FM 的工作目录 rundir：

~]$ cd ~/uart_lab/fm_lab/rundir

19.2.3　启动 FM

(1) 在 Terminal 中运行 syn.setup，启动环境设置：

~]$ syn.setup

(2) 启动 FM：

在目录 rundir 下输入以下命令，打开软件，软件初始界面如图 19-5 所示。

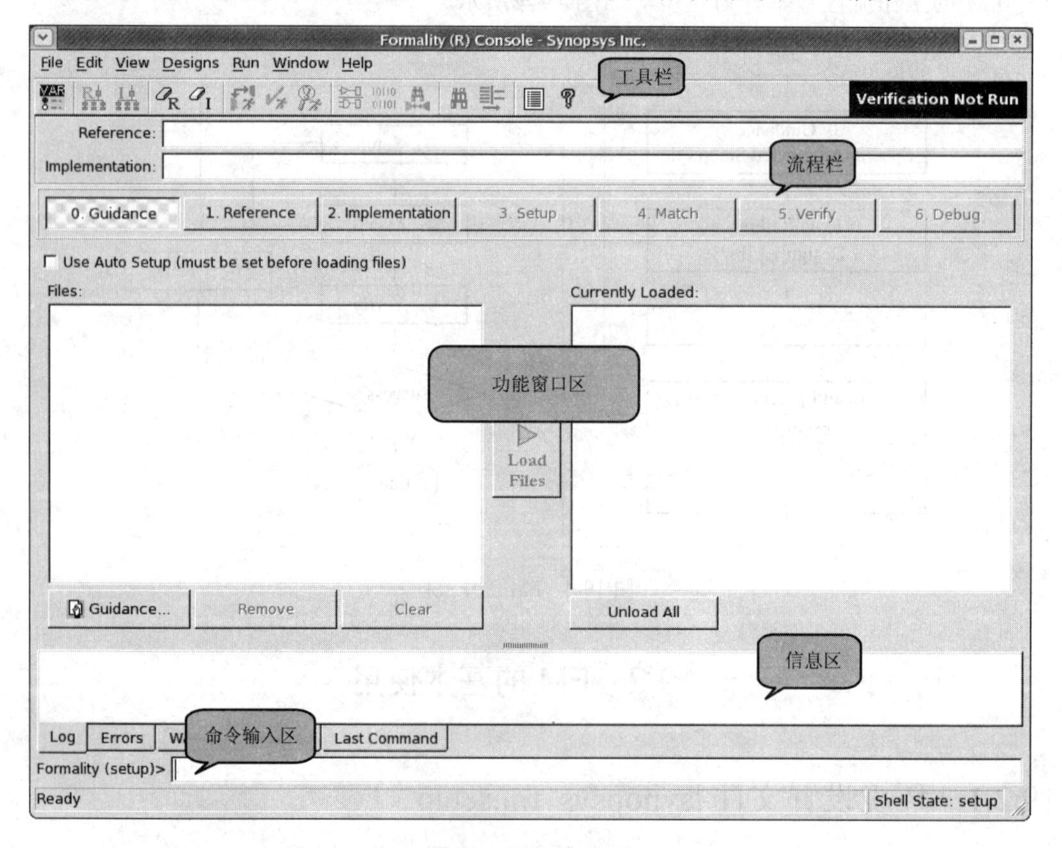

图 19-5　FM 主界面

~]$ formality

功能窗口区的界面在不同的流程栏按钮下显示界面不同。我们可以在图示的命令输入区输入并执行命令。以下实验流程以命令行的方式进行，与之对应的 GUI 方式，请用户自己熟悉。

19.2.4　设置导航文件

导航文件用于处理设计流程中其他工具所引起的设计改变，FM 应用此文件能自动进行比较点的匹配和验证过程，减化了繁冗设置信息的人工输入。执行以下命令：

Formality(setup)> set_svf svf_uart.svf

注意：本实验中没有用到导航文件，在此只是介绍软件的功能。不执行以上命令。

为正确运行，需要进行变量设置。输入以下两条命令，或点击工具栏按钮，打开变量设置对话框完成以下设置：

Formality(setup)> set hdlin_error_on_mismatch_message false

Formality(setup)> set hdlin_warn_on_mismatch_message FMR_ELAB-147

19.2.5　读入参考设计与实现设计

应用 FM 时，首先要提供两个设计：一个是所谓的 Golden 设计，即认为是功能正确的设计，也就是 19.1.1 节的参考设计；另一个设计就是实现设计，它是参考设计的改变版本，FM 就是要验证实现设计的功能是否正确。

(1) 在读入参考设计之前，首先要读入参考设计的目标工艺库 DB 文件。因为本实验的参考设计为 RTL 描述，无映射的工艺库，所以不用执行读入库文件命令 read_db。

(2) 输入以下命令读入参考设计(参数-r 表示参考设计)，本实验的参考设计存放在目录~/uart_lab/fm_lab/ref_design/vhdl/src 下：

Formality(setup)> read_vhdl –r ../ref_design/vhdl/src/uart_top.vhd

Formality(setup)> read_vhdl –r ../ref_design/vhdl/src/uart_rx.vhd

Formality(setup)> read_vhdl –r ../ref_design/vhdl/src/uart_tx.vhd

Formality(setup)> read_vhdl –r ../ref_design/vhdl/src/fifo.vhd

Formality(setup)> read_vhdl –r ../ref_design/vhdl/src/mod_m_counter.vhd

(3) 输入以下命令设置参考设计的顶层设计模块名：

Formality(setup)> set_top r:/WORK/uart_top

(4) 在读入实现设计之前，首先读入目标工艺库 DB 文件，它是实现设计综合时的工艺库，工艺库的路径与库名已经在.synopsys.fm.setup 中进行了设置。输入以下命令：

Formality(setup)> read_db –technology_library typical

(5) 输入以下命令读入实现设计(参数-i 表示实现设计)，即 DC 综合输出的 VHDL 网表文件，本实验的实现设计文件存放在目录~/uart_lab/fm_lab/imp_design 下：

Formality(setup)>read_vhdl –i ../imp_design/uart_top_clk20ns_mapped.vhd

(6) 输入以下命令设置实现设计的顶层设计模块名：

Formality(setup)> set_top i:/WORK/uart_top

FM 可以用来验证两个 RTL 设计、两个门级设计或一个 RTL 设计和一个门级设计。门级设计可以是逻辑综合或版图综合后的网表。

输入设计的文件格式可以是 SystemVerilog、VHDL、Verilog 或 Synopsy 的内部数据格式文件(.db, .ddc, 或 Milkyway database)。

19.2.6　设置信息

这一步主要是给 FM 提供一些没有包括在设计网表或是为了优化而另外指定的设置信息。例如输入以下命令设置参考设计 uart_top 的端口 scanmode 的值为常数 0。

Formality(setup)> set_constant -type port r:/WORK/uart_top/scanmode 0

设计类型转换后可能需要进行其他信息设置，包括内部扫描(internal scan)、边界扫描(boundary scan)、门控时钟(clock-gating)、有限状态机的重编码(FSM re-encoding)、黑盒及流水线再定时(pipeline retiming)等。设置信息将会使 Formality 精确验证在某种程度上已经转换的设计，否则报告不等价。

19.2.7　匹配比较点

匹配是将参考设计和实现设计划分为多个逻辑单元——逻辑锥，完成参考设计的每一比较点与实现设计每一比较点的匹配，确保没有不匹配的逻辑锥。输入以下命令：

Formality(setup)> match

19.2.8　验证

证明参考设计与实现设计是否等价。输入以下命令：

Formality(setup)> verify

验证结果将会被分为以下三类：

(1) PASS：验证通过的比较点。

(2) FAIL：验证失败的比较点。

(3) INCONCLUSIVE：验证时忽略或没有验证的比较点。

19.3　结果分析与调试

19.3.1　FM 调试流程

在验证结果为 FAIL 或 INCONCLUSIVE 时，需要对设计进行调试修改。出错的主要原因一般有两个：一个是设置信息的问题；另一个是设计的逻辑确实不等价。不同的失败原因要有不同的调试方案。图 19-6 示出 FM 调试的基本流程，在验证失败后，据此流程进行结果分析、调试与设计修改将有利于问题的解决。

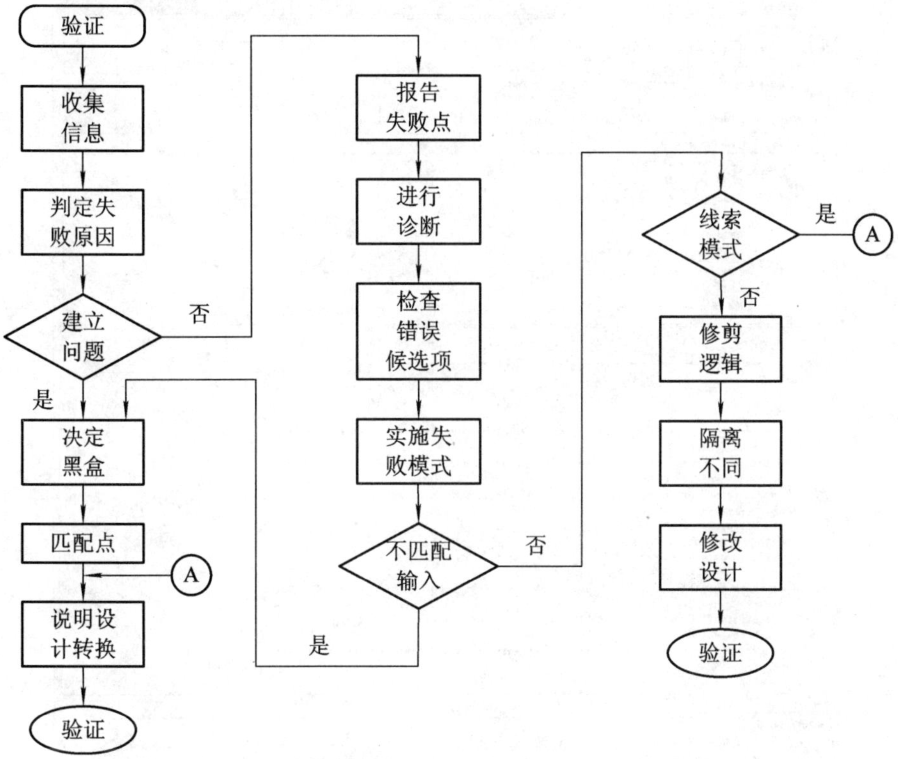

验证
收集信息
判定失败原因
建立问题
是
否
决定黑盒
匹配点
A
说明设计转换
验证
报告失败点
进行诊断
检查错误候选项
实施失败模式
不匹配输入
是
否
线索模式
是
A
否
修剪逻辑
隔离不同
修改设计
验证

图 19-6 FM 出错调试流程

19.3.2 运行 Script 文件

UART 设计的 FM 验证 Script 文件 fm_script_uart.tcl 存储在目录~/uart_lab/fm_lab/scripts 下。启动 FM 后，点击 File→Run Script，在打开的对话框中选择文件 fm_script_uart.tcl 后执行。结果如图 19-7 所示。可以点击流程栏各按钮看输出结果。点中 6.Debug 按钮后，其下面的功能窗口区列表栏将出现各种不同类型的输出结果，通过点击对应标签查看。下部的信息输出栏显示了验证的统计结果。

19.3.3 结果分析

通过综合的网表文件 uart_top_clk20ns_mapped.vhd 的连接关系进行某些改动，然后重新运行 Script 文件 fm_script_uart.tcl，这时验证结果显示两种设计不等价。在中间的功能窗口区的 Failing Points 标签栏中将列出比较点不等价的节点名、类型等，如图 19-8 所示。

在调试时，选中失败的比较点，然后点击右键，弹出图 19-8 所示弹出菜单。选择弹出菜单中最上一行 Show Logic Cones(或点击工具栏图标)打开逻辑锥图，如图 19-9 所示。

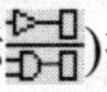

通过查看逻辑锥中示出的错误标示，就可以据此分析两种描述不对应之处，进行必要修改。修改后重新运行，查看结果。

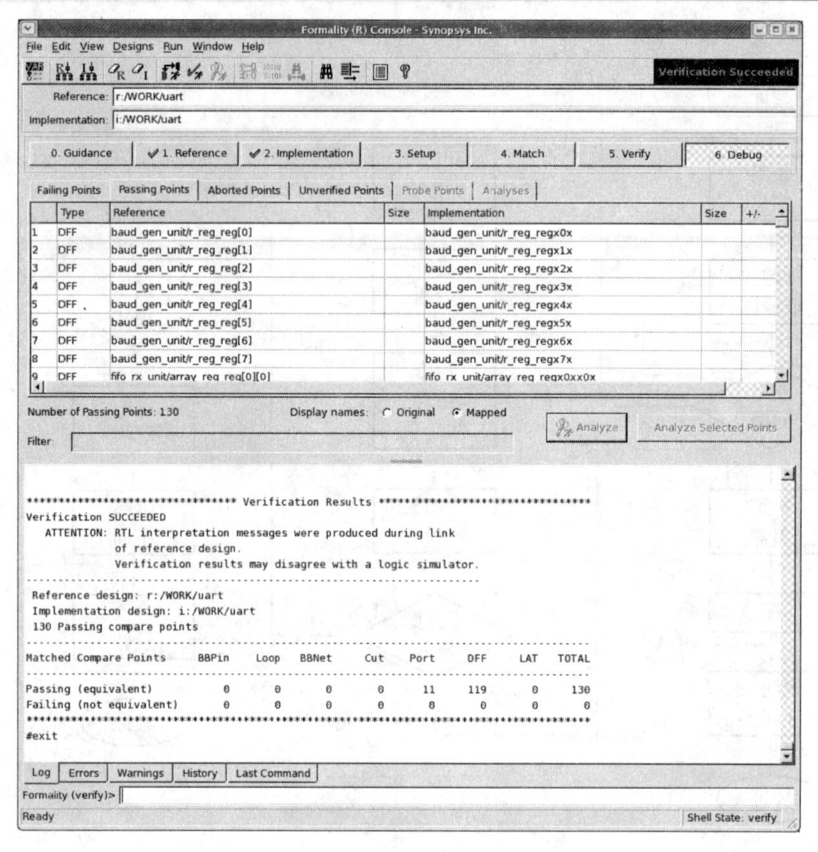

图 19-7　成功验证的结果

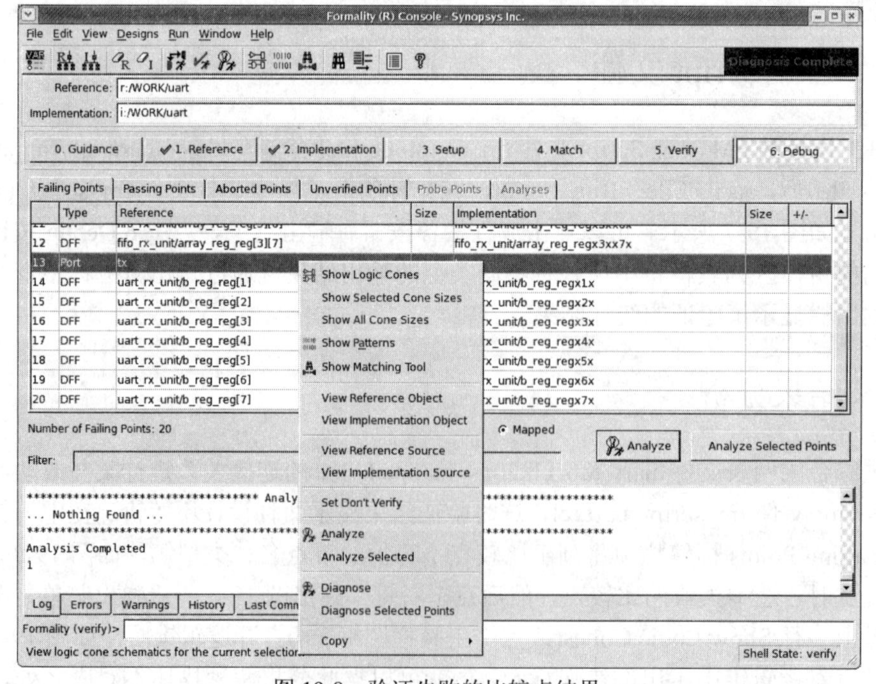

图 19-8　验证失败的比较点结果

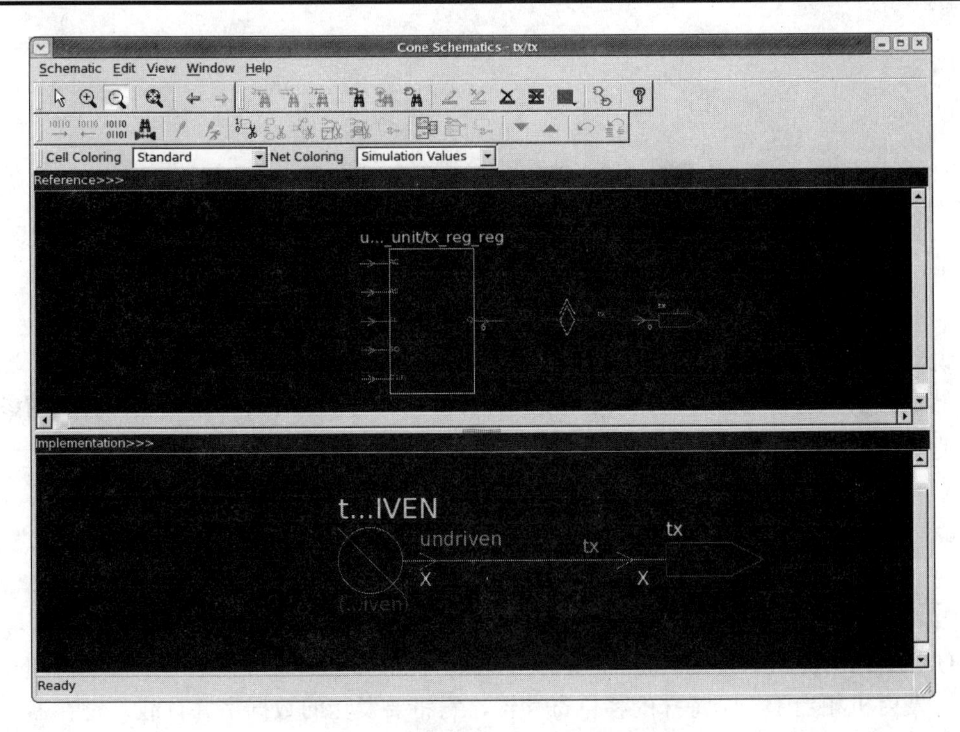

图 19-9　查看失败比较点的逻辑锥

第 20 章　UART 设计

说明：UART 的 VHDL 源码存储在目录~/uart/modelsim_lab/source/vhdl/src 下，测试文件存储在目录~/uart/modelsim_lab/source/vhdl/testbench 下。实验前阅读以下内容时请参考设计源码。

20.1　UART 概述

UART(Universal Asynchronous Receiver and Transmitter)通常包括一个接收机和一个发射机。发射机相当于一个特殊的移位寄存器，它将要发送的数据字并行载入寄存器，然后以一定的速率一位一位地串行移出。而接收机则是将接收到的串行数据一位一位地移入并组合成一个数据字。发送时，通过一个状态为‘0’(低电平)的“开始位(start bit)”指示发送数据的开始，接着是数据位(d0, …, d7)和可选的奇偶校验位的发送，最后以一个状态为‘1’(高电平)的“停止位(stop bit)”标志一个数据字发送的结束。当无数据发送时，信号线上状态保持为‘1’，表示空闲(idle)。发送的数据字位宽可以是 6、7 或 8 位。奇偶校验位用于纠错，可以是奇校验或偶校验。停止位可以是 1、1.5 或 2 位。

UART 的数据传输格式如图 20-1 所示。

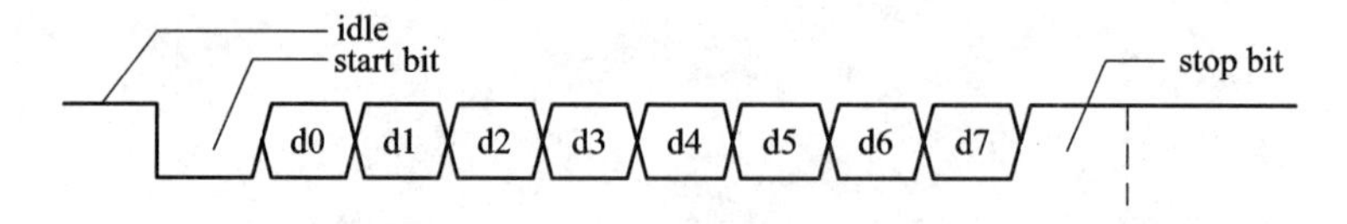

图 20-1　UART 的数据传输格式

UART 进行数据传输时，没有有关时钟信息可用。发送开始之前，发送方和接收方必须提前设置相同的传输参数，包括波特率(Baud，每秒传输的码元数。二进制时与比特率相等)、数据字位宽和停止位位数、是否使用奇偶校验等，这些规定相当于 UART 的通信协议。UART 常用的波特率有 2400 Baud，4800 Baud，9600 Baud 和 19200 Baud 等。实验中的 UART 代码默认参数设置为：19 200 Baud，8 bits 数据字位宽，1 bit 停止位。

图 20-2 示出 UART 的系统结构，它由 5 个模块构成，分别是：波特率产生器(baudrate generator)，UART 接收机(receiver)，接收机与主机间缓冲(FIFO_r)，UART 发射机(transmitter)，发射机与主机间缓冲(FIFO_t)。

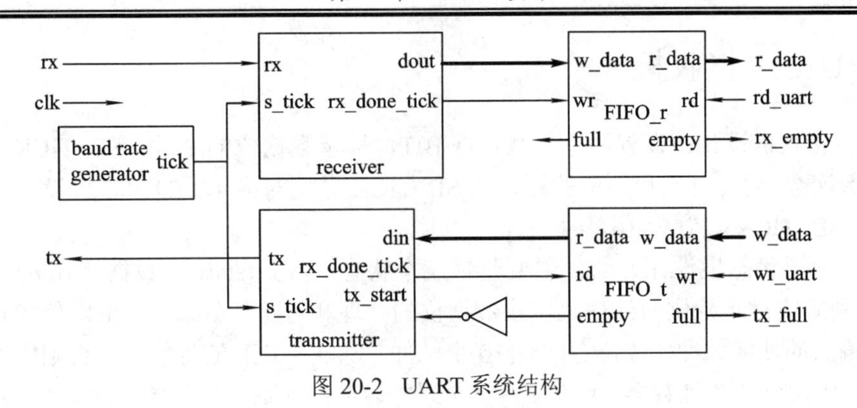

图 20-2　UART 系统结构

20.2　UART 接收子系统

20.2.1　过采样与可靠接收

由于没有时钟信息传输，接收机恢复信号只能依靠提前约定的传输参数。为了提高接收的可靠性，设计中使用过采样来估计发送数据位的信号中点，并据此恢复信号。

实验中的过采样率是波特率的 16 倍，也就是说串行线上传送的每一个数据位被采样 16 次。假定通信使用 N 个数据位，M 个停止位。过采样接收过程如下：

(1) 从串行线上接收的信号变为‘0’，即起始位，然后开始采样计数。

(2) 当计数器计到 7，输入信号到达起始位的中点。复位计数器，并重新开始计数。

(3) 当计数器计到 15，输入信号为达到第一个数据位的中点，恢复它的值并将其移入一个寄存器，然后重启计数器。

(4) 重复 N – 1 次第③步，恢复其余数据位。

(5) 如果使用了奇偶校验位，重复第③步 1 次以获得奇偶校验位。

(6) 重复 M 次第③步去获得停止位。

过采样方案基本实现了时钟信号的功能。它利用了采样计数去估计每一数据位的中点，代替了使用上升沿去标示输入信号的有效状态。因为接收机没有关于起始位的精确开始时间，所以最大估计偏差为 1/16 数据位周期。接下来的数据位恢复的最大中心估计偏差也为 1/16 数据位周期。

20.2.2　波特率产生器

波特率产生器生成一个采样时钟信号，它的频率是 UART 约定波特率的 16 倍。为了避免创建一个新的时钟域而违背同步设计原则，对 UART 接收机采样信号应该使用计数而不是时钟信号。

在波特率为 19 200 baud 时，采样率应当为 307 200(19200 × 16)Hz(脉冲数每秒，注意此单位)。由于系统时钟为 50 MHz，波特率产生器需要一个模 163(即 $50 \times 10^6/307\ 200$)计数器，即每 163 个时钟周期出现一个持续一个时钟周期的脉冲。

20.2.3　UART 接收机

UART 接收机设计中设置两个常数：D_BIT，标示数据位的个数；SB_TICK，标示停止位的计数次数，对 1，1.5 和 2 位的停止位 SB_TICK 分别对应 16，24 和 32。设计中 D_BIT 设置为 8，SB_TICK 设置为 16。

接收机应用状态机设计方法，主要包括三个状态：开始(start)、数据接收(data)和停止(stop)，分别完成对起始位的处理、接收数据位的处理和停止位处理。s_tick 信号是从波特率产生器输出的使能脉冲，各位之间有 16 个脉冲。除非 s_tick 信号触发，否则所处的状态不变。设计中用到两个计数器：s 寄存器记录采样脉冲的次数，在起始位时计数到 7，在数据位时计数到 15，在停止位时计数到 SB_TICK；n 寄存器记录在 data 状态中接收到的数据位的次数。恢复的数据位移入 b 寄存器并在其中进行重新组合。状态指示信号 rx_done_tick 指示接收过程完成，并持续一个时钟周期。

20.2.4　接口电路与数据缓冲

在一个大的系统中， UART 通常只是一个外围电路。主系统周期性地检查它的状态以恢复和处理接收到的数据字。接收接口电路有两个主要功能：① 它提供标志一个新接收数据字的有效机制，并且防止重复接收数据。② 它可以在接收机和主系统间提供缓冲空间。接收缓冲通常有寄存器和 FIFO 两种，本设计采用 FIFO 形式。

FIFO 是一个存储容量具有“弹性”的存储设备。它有两个控制信号 wr 和 rd，分别用于写入和读出数据。当 wr 有效，输入数据被写入缓冲器。FIFO 缓冲器的顶部存储单元总是可用，因此可以在任意时刻进行读操作。当 rd 有效时，FIFO 的顶部存储单元中的数据被读出，而次顶部的单元这时则变为顶部单元。

通常可以将一个寄存器组安排为环形寄存器，再加上其他控制信号，则可以构成一个 FIFO。FIFO 通常通过两个指针来控制环形寄存器组的数据存取：一个是写指针，它指向环形寄存器组的头部；另一个读指针则指向环形寄存器组的尾部。在每一个读或写数据后，指针向前进一个位置。通常 FIFO 还应包含两个状态信号：满(Full)和空(Empty)，分别用于表示 FIFO 存储空间已存满了数据(此时不能进行写操作)和没有存储一个数据(此时不能进行读操作)。

rx_ready_tick 信号连接到 FIFO 的 wr 信号。当接收到一个新的数据字后，wr 信号维持一个时钟周期，相应的数据字被写入 FIFO。主系统从 FIFO 的读端口获得数据字。恢复一个数据字之后，维持 FIFO 的 rd 信号一个时钟周期以移除对应项。FIFO 的 empty 信号用于指示任何接收的数据字是否可用。当一个新的数据到达并且 FIFO 满时，产生一个数据溢出错误。

20.3　UART 发射子系统

UART 的发射子系统与接收子系统相似。它由一个 UART 发射器，波特率产生器和接口电路组成。接口电路与接收子系统的接口电路相似，只是这时是主系统对 FIFO 写入，而 UART 发射器则是读 FIFO。

一个发射器实质上是一个以一定速率工作的移位寄存器，数据速率可以由波特率产生器所生成的一个时钟周期使能脉冲控制。因为发射器中没有过采样，所以脉冲的频率比接收器慢 16 倍。UART 的发射器通常与接收器共享波特率产生器，并且使用一内部计数器记录使能脉冲的次数。每 16 个使能脉冲移出 1 位。

UART 发射器的状态机与接收机相似。tx_start 信号有效后，装入数据，然后依次经过 start、data 和 stop 状态移出相应位。发射完成后，tx_done_tick 维持一个时钟周期(高电平)。1 位缓冲 tx_reg 用于滤除可能的干扰。

参 考 文 献

[1] 西安交通大学微电子学实验室. 集成电路 CAD 实验指导书(上册)：模拟电路全定制设计. 2008.

[2] P R Gray, P J Hurst, S H Lewis, et al. Analysis and design of analog integerated circuits.(4th Edition). John Wiley & Sons, Inc., 2001.

[3] B Razavi. Design of analog CMOS integrated circuits. McGraw-Hill Companies, Inc., 2001.

[4] TSMC. TSMC 0.18 μm mixed signal/RF 1P6M salicide 1.8V/3.3V design rule(Document No: T-018-MM-DR-001).

[5] Cadence Guide Documents. Analog design environment user guide; XL layout Editor user guide; Physical verification user guide.

[6] Synopsys Guide Documents:

① Design Compiler User Guide.

② PrimeTime Fundamentals User Guide.

③ DFT Compiler Scan User Guide.

④ TetraMAX User Guide.

⑤ Formality User Guide.

[7] Cadence Guide Documents: SOC Encounter User Guide.